普通高等教育"十一五"国家级规划教材

丛书主编　谭浩强

高等院校计算机应用技术规划教材

应用型教材系列

Visual Basic 程序设计

（第3版）

谭浩强　袁玫　薛淑斌　编著

清华大学出版社

北京

内 容 简 介

本书主要介绍 Visual Basic(简称 VB)的基础知识以及怎样使用 Visual Basic 进行程序设计、开发 Windows 的应用程序。

本书遵循"概念清晰,实例丰富,通俗易懂,应用性强"的原则,以编写 VB 应用程序为主线,把界面设计与程序代码设计二者紧密结合,互相渗透,同步展开,逐步深入。每学完本书的一章或一节,都能进一步掌握 VB 新的应用技能,在实现一个个具体任务的过程中学会使用 VB。本书最后一章介绍了两个综合应用实例。通过全书的学习,读者能全面地了解怎样进行 VB 应用程序的开发,并且能由浅到深、由简单到复杂地学会设计一个 VB 应用程序。这样读者会愈学愈有兴趣,愈学愈深入。

本书的作者有丰富的教学和编著教材的经验,善于把复杂的问题简单化,用读者容易理解的方法和语言阐明复杂的概念。对于本书涉及的每一个概念和程序中的关键问题,都做了明确、清晰、通俗的说明。读者完全可以通过自学掌握本书的内容。

本书可作为高等学校(尤其是应用型大学)本科和程度较好的高职学校的教材,也可作为计算机培训班的教材以及自学者的参考书。

图书在版编目(CIP)数据

Visual Basic 程序设计 / 谭浩强,袁玫,薛淑斌编著 .—3 版. —北京:清华大学出版社,2012.11
(2023.6重印)
高等院校计算机应用技术规划教材——应用型教材系列
ISBN 978-7-302-30353-4

Ⅰ. ①V… Ⅱ. ①谭… ②袁… ③薛… Ⅲ. ①BASIC 语言—程序设计—高等学校—教材
Ⅳ. ①TP312

中国版本图书馆 CIP 数据核字(2012)第 239855 号

责任编辑:谢　琛
封面设计:常雪影
责任校对:白　蕾
责任印制:曹婉颖

出版发行:清华大学出版社
　　　　　网　　　　址:http://www.tup.com.cn,http://www.wqbook.com
　　　　　地　　　　址:北京清华大学学研大厦 A 座　　邮　　编:100084
　　　　　社　总　机:010-83470000　　邮　　购:010-62786544
　　　　　投稿与读者服务:010-62776969,c-service@tup.tsinghua.edu.cn
　　　　　质　量　反　馈:010-62772015,zhiliang@tup.tsinghua.edu.cn
　　　　　课　件　下　载:http://www.tup.com.cn,010-83470236
印　装　者:三河市君旺印务有限公司
经　　销:全国新华书店
开　本:185mm×260mm　　印　张:21.25　　字　数:490 千字
版　次:2000 年 1 月第 1 版　2012 年 11 月第 3 版　印　次:2023 年 6 月第 14 次印刷
定　价:59.90 元

产品编号:044954-04

丛书序

《高等院校计算机应用技术规划教材》

进入21世纪,计算机成为人类常用的现代工具,每一个有文化的人都应当了解计算机,学会使用计算机来处理各种事务。

学习计算机知识有两种不同的方法:一种是侧重理论知识的学习,从原理入手,注重理论和概念;另一种是侧重于应用的学习,从实际入手,注重掌握其应用的方法和技能。不同的人应根据其具体情况选择不同的学习方法。对多数人来说,计算机是作为一种工具来使用的,应当以应用为目的、以应用为出发点。对于应用型人才来说,显然应当采用后一种学习方法,根据当前和今后的需要,选择学习的内容,围绕应用进行学习。

学习计算机应用知识,并不排斥学习必要的基础理论知识,要处理好这两者的关系。在学习过程中,有两种不同的学习模式:一种是金字塔模型,亦称为建筑模型,强调基础宽厚,先系统学习理论知识,打好基础以后再联系实际应用;另一种是生物模型,植物并不是先长好树根再长树干,长好树干才长树冠,而是树根、树干和树冠同步生长的。对计算机应用型人才教育来说,应该采用生物模型,随着应用的发展,不断学习和扩展有关的理论知识,而不是孤立地、无目的地学习理论知识。

传统的理论课程采用以下的三部曲:提出概念—解释概念—举例说明,这适合前面第一种侧重知识的学习方法。对于侧重应用的学习者,我们提倡新的三部曲:提出问题—解决问题—归纳分析。传统的方法是:先理论后实际,先抽象后具体,先一般后个别。我们采用的方法是:从实际到理论,从具体到抽象,从个别到一般,从零散到系统。实践证明这种方法是行之有效的,减少了初学者在学习上的困难。这种教学方法更适合于应用型人才。

检查学习好坏的标准,不是"知道不知道",而是"会用不会用",学习的目的主要在于应用。因此希望读者一定要重视实践环节,多上机练习,千万不要满足于"上课能听懂、教材能看懂"。有些问题,别人讲半天也不明白,自己一上机就清楚了。教材中有些实践性比较强的内容,不一定在课堂上由老师讲授,而可以指定学生通过上机掌握这些内容。这样做可以培养学生的自学能力,启发学生的求知欲望。

全国高等院校计算机基础教育研究会历来倡导计算机基础教育必须坚持面向应用的正确方向,要求构建以应用为中心的课程体系,大力推广新的教学三部曲,这是十分重要的指导思想,这些思想在"中国高等院校计算机基础课程"中做了充分的说明。本丛书完全符合并积极贯彻全国高等院校计算机基础教育研究会的指导思想,按照"中国高等院校计算机基础教育课程体系"组织编写。

这套"高等院校计算机应用技术规划教材"是根据广大应用型本科和高职高专院校的迫切需要而精心组织的,其中包括4个系列:

(1)基础教材系列。该系列主要涵盖了计算机公共基础课程的教材。

(2)应用型教材系列。适合作为培养应用型人才的本科院校和基础较好、要求较高的高职高专学校的主干教材。

(3)实用技术教材系列。针对应用型院校和高职高专院校所需要掌握的技能技术编写的教材。

(4)实训教材系列。应用型本科院校和高职高专院校都可以选用这类实训教材。其特点是侧重实践环节,通过实践(而不是通过理论讲授)去获取知识,掌握应用。这是教学改革的一个重要方面。

本套教材是从1999年开始出版的,根据教学的需要和读者的意见,几年来多次修改完善,选题不断扩展,内容日益丰富,先后出版了60多种教材和参考书,范围包括计算机专业和非计算机专业的教材和参考书;必修课教材、选修课教材和自学参考的教材。不同专业可以从中选择所需要的部分。

为了保证教材的质量,我们遴选了有丰富教学经验的高校优秀教师分别作为本丛书各教材的作者,这些老师长期从事计算机的教学工作,对应用型的教学特点有较多的研究和实践经验。由于指导思想明确,作者水平较高,教材针对性强,质量较高,本丛书问世7年来,愈来愈得到各校师生的欢迎和好评,至今已发行了240多万册,是国内应用型高校的主流教材之一。2006年被教育部评为普通高等教育"十一五"国家级规划教材,向全国推荐。

由于我国的计算机应用技术教育正在蓬勃发展,许多问题有待深入讨论,新的经验也会层出不穷,我们会根据需要不断丰富本丛书的内容,扩充丛书的选题,以满足各校教学的需要。

本丛书肯定会有不足之处,请专家和读者不吝指正。

全国高等院校计算机基础教育研究会会长
《高等院校计算机应用技术规划教材》主编 **谭浩强**

2008年5月1日于北京清华园

前言

Visual Basic(简称 VB)是在国内得到迅速推广和应用的一种可视化的计算机高级语言,它适用于面向对象的程序设计。

计算机技术在迅速地发展,字符界面的 DOS 操作平台早已被图形界面的 Windows 平台所取代。在 Windows 平台上所使用的大量的应用程序也是具有图形界面的。使用图形界面,用户感到形象、生动,具有吸引力,一扫以往应用程序用户界面枯燥单调的感觉。然而,在 Windows 环境下设计具有图形界面的应用程序,如果用传统的计算机高级语言设计,工作量十分巨大。其中绝大部分的工作量花在界面设计上(用程序语句在屏幕上画出所需的界面),用传统的程序设计语言开发 Windows 应用程序,感到捉襟见肘,难以胜任。

为了解决这个问题,为开发 Windows 应用程序提供有效的开发工具,Microsoft公司于 1991 年推出 Visual Basic 语言,Visual 意为"可视的",Visual Basic 即"可视化的 Basic"。用 Visual Basic 能方便地进行可视屏幕设计,Visual Basic 和其他可视化开发工具的出现,使应用程序的设计进入了一个新的阶段。

Visual Basic 问世后,以其突出的优点得到迅速的推广使用。许多过去在 DOS 平台上开发应用程序的人纷纷转向在 Windows 平台上开发应用程序,许多人对 Visual Basic 产生兴趣,想学习 Visual Basic。

与过去传统的计算机高级语言(如 BASIC、FORTRAN 语言)相比,Visual Basic 在功能和使用方法上有较大的不同,有些习惯于传统的面向过程程序设计的人员在开始学习 Visual Basic 时可能感到不大习惯。

其实,学习 Visual Basic 要比学习其他面向对象的计算机语言(如C++、Java 语言)容易得多,而且用 VB 开发的应用程序用户界面友好、使用方便、形象直观,很能引起人们的兴趣,因此受到广大初学者和应用软件开发人员的欢迎,许多受欢迎的应用软件都是用 VB 写的。

十多年来,很多高校开设了 Visual Basic 程序设计课程,许多学生通过短短的数十小时的学习,就能用它编写一些相对简单的 VB 应用程序,为今后的深入应用打下很好的基础。事实证明,VB 可以作为非计算机专业的大学生(包括文科学生)学习程序设计的第一种语言。

Visual Basic 程序设计包括两个部分:一是界面设计(包括属性的设置);

二是程序代码的设计。二者互相交叉，紧密结合。而且 VB 涉及的概念比较多，内容比较广泛，有关规则比较繁杂，如果不善于组织教学体系，可能会使读者感到思路不清，内容凌乱，难以入门和掌握。因此作者认为必须深入了解读者对象的特点和需要，准确对教材定位，合理取舍内容，构建合理的教材体系，用读者容易理解的方法组织教学，使广大初学者兴趣盎然地进入 VB 的天地。

为了在我国推广 Visual Basic，中央电视台在 1998 年举办了一次 VB 电视讲座，邀请谭浩强教授在中央电视台教育频道面向全社会讲授 Visual Basic。这开创了全国范围内利用电视媒体推广 Visual Basic 的先河。为了配合这个电视讲座，谭浩强和薛淑斌共同编写了教材《Visual Basic 语言简明教程》（电子工业出版社出版），该书采取了与传统教材不同的写法，通过实例来介绍 VB 的使用方法以及怎样开发一个 Windows 应用程序。读者在计算机上照样做一遍就可以基本了解 VB 各部分的功能以及使用它们的方法。讲座取得了很好的效果，许多初学者觉得 VB 很有趣、很有用、容易入门。

根据高校教学的需要，在《Visual Basic 语言简明教程》的基础上，2000年谭浩强、薛淑斌、袁玫合作编写了《Visual Basic 程序设计》一书，由清华大学出版社出版。该书出版后，受到了全国各校的欢迎，许多学生反映该教材很好学，特别容易自学。

2004 年作者对《Visual Basic 程序设计》一书进行了修订，扩充了内容，提高了深度，加强了系统性，出版了《Visual Basic 程序设计（第 2 版）》（谭浩强、袁玫、薛淑斌编著，清华大学出版社出版），对象是应用型大学本科和程度较高的高职高专学生和在职科技人员。

根据计算机技术和教学改革的发展，从 2011 年开始进行第 3 版的编写工作，于 2012 年 6 月完成。第 3 版的内容和体系与第 2 版相比，有很大的变化。重新组织了教材体系，以编写 VB 应用程序为主线，把界面设计与程序代码设计二者更加紧密结合，互相渗透，同步展开，逐步深入，本书最后一章介绍了两个综合应用实例。通过全书的学习，读者能全面了解怎样进行 VB 应用程序的开发，并且能由浅到深、由简单到复杂地学会设计一个 VB 应用程序。

考虑到学生学习本课程的目的是学会利用 VB 开发 Windows 应用程序，因此不应当把它作为一门纯理论的课程来学习，而应当突出技能和应用。本书的写法不是沿用理论课程传统的三部曲："提出概念—解释概念—举例说明"，而是针对应用型课程的特点，采用了新的三部曲："提出问题—解决问题—归纳分析"。学习的目的很明确，就是学以致用。学生每学完本书的一章或一节，都能进一步掌握 VB 新的应用技能，在实现一个个具体任务的过程中学会使用 VB。这样就使学生愈学愈有兴趣，愈学愈深入。

本书遵循"概念清晰，实例丰富，通俗易懂"的原则，注意把复杂的问题简单化，使读者容易理解和接受。对于涉及的每一个概念和程序中的关键问题，都做了明确、清晰、通俗的说明。力求不留下模棱两可、似是而非之处。读者完全可以通过自学掌握本书的内容。

由于 VB 的功能很丰富,尤其是各种属性、事件和方法众多,在一本为初学者使用的教材中不可能全部介绍,只能选其中最基本的、最常用的或典型的部分进行介绍,目的是使读者了解和初步掌握 VB 程序设计的基本方法。读者绝不应该满足于书中所介绍的具体内容,而应当掌握进行 VB 程序设计的基本方法,在此基础上举一反三,不断深入。

本课程不是理论课程,而是应用型的课程,应当十分重视实践环节的学习。有些问题如果不清楚,自己上机亲自试验一下即可。要学会自主学习,自己发展知识。

本书的几个版本是由谭浩强教授、袁玫教授和薛淑斌高级工程师共同完成的,整个团队分工收集资料,共同研讨教材的指导思想,制订写作大纲,选取内容,设计例题,分工编写,讨论定稿。本次修订工作主要由袁玫教授执笔,她在本书第 2 版的基础上,根据丰富的教学经验,重新改写,补充了许多新的内容和实例,使本书的内容更加丰富。谭浩强教授对书稿进行了逐字逐句的修改加工,特别是用容易理解的方法和语言阐明复杂的概念,使本书更加通俗易懂。

本书肯定会有不足之处,祈广大读者不吝赐教。

作　者
2012 年 6 月于北京

目录

Visual Basic 程序设计的初步知识

1.1　Visual Basic 是易学易用的计算机语言

1.1.1　从初期的 BASIC 到 Visual Basic

BASIC 语言是 20 世纪后半叶推出并受到国内外广大计算机爱好者欢迎的语言,自 1964 年问世以来,从实验室走向校园,从校园走向社会,从一个国度走向全世界,始终不衰。

BASIC 是 Beginners All Purpose Symbolic InterChange Code(初学者通用符号代码)的缩写。与其他高级语言相比,它的语法规则相对简单,容易理解和掌握,且具有实用价值,被认为是比较理想的初学者语言。20 世纪 80 年代初掀起的全国第一次计算机普及高潮就是以 BASIC 语言作为主要普及内容的。我国至少有一两千万人学习过 BASIC 语言,许多人由此入门进入计算机领域并成长为专家。

BASIC 语言诞生以来,在广泛使用中不断地发展。迄今为止,BASIC 已经历了四个发展阶段。第一代 BASIC 指最早期的 BASIC(1964 至 20 世纪 70 年代初期),它的功能简单,只有十几个语句,常称为基本 BASIC。第二代 BASIC 指微机出现初期的 BASIC(20 世纪 70 年代中期到 80 年代中期),功能有较大扩充,应用面较广,其代表为 Microsoft 的 BASIC(即 MS-BASIC)。第三代 BASIC 是在 20 世纪 80 年代中期出现的结构化的 BASIC 语言,其代表为 True BASIC、Quick BASIC、Turbo BASIC、QBASIC。第四代就是 Visual Basic,它是为 Windows 环境下编程使用的 BASIC。目前,第一、二代 BASIC 早已被淘汰,第三代 BASIC 的使用者也越来越少了。随着 Windows 环境的推广使用,更多的人开始学习和使用 Visual Basic。

实践证明:BASIC 最容易学习;BASIC 在不断发展;BASIC 拥有最广大的学习者; BASIC 具有强大的生命力;BASIC 在普及计算机中立下汗马功劳。我们应当继续利用 BASIC 的优势,推广计算机的普及和应用。

1.1.2　Windows 的出现使 Visual Basic 应运而生

前三代的BASIC语言,尽管功能不断丰富,但都是在DOS操作环境下使用的,它提供给用户的是字符界面,看起来单调枯燥。Windows 提供的是图形界面,即提供给用户的界面不仅包括字符,而且还包括各种图形。这就是所谓 GUI(Graphical User Interfaces,图形用户界面)。利用计算机处理问题,不仅要求能得出正确的结果,而且要考虑提供一个"与用户友好"的界面,使用户在生动、活泼的环境下便捷、愉快地进行操作。

例如,想计算 c＝a＊b,如果提供给用户的界面如图 1-1 所示,用户在"被乘数 a"的框内输入 a 的值,再在"乘数 b"的框内输入 b 的值,然后单击"相乘"按钮,在"a＊b 的值"的框内就会显示出 c＝a＊b 的结果。显然用户会感到直观方便。用 Visual Basic 可以很容易设计出这样的界面。熟悉 Windows 应用软件的读者对此是不会感到陌生的。

图 1-1　乘法计算界面

Windows 操作平台是微软公司提供的现成的软件产品。但是,在 Windows 环境下开发各种具有专门用途的应用程序,就是广大程序人员的任务了。许多用户要求在 Windows 环境下使用的软件都应该提供像 Windows 那样优美的环境和丰富的功能。在 Visual Basic 出现之前,对广大程序人员来说,这是一个大难题。例如,怎样才能在屏幕上画出命令按钮?怎样做到用鼠标单击一个命令按钮时就能产生相应的操作?怎样出现一个菜单?怎样做到用鼠标单击某个菜单项就能实现所选择的功能……即使要设计很简单的界面,用程序来画出一个形象的按钮,使数据准确地输入到指定的位置上,然后送入内存进行运算,也非易事。需要编写相当长的程序才能解决问题。开发 Windows 应用程序要比开发 DOS 平台上的应用程序难得多。

Windows 的出现一方面为广大用户提供了深受欢迎的图形界面,另一方面,又给广大程序设计人员出了一道大难题——如何设计出图形界面。所以有人说,"Windows 的出现预示业余程序人员的末日"。意思是,要开发 Windows 应用程序,一般人是难以胜任的,必须由高水平的程序专家编写出相当复杂的程序才能实现。一个简单的界面,可能需要几百行程序。这就意味着那些非专业出身的(即"业余"的)程序人员被挤出应用程序开发队伍之外。这使得广大计算机应用人员面临严重危机。程序设计又将成为少数专家的"专利"了。

正当广大"业余"程序员困惑惶恐之时,Microsoft 于 1991 年推出 Visual Basic 1.0 版本。真是"山重水复疑无路,柳暗花明又一村"。Visual Basic 的意思是"可视化的 BASIC",是对原来 BASIC 语言的扩充。既保留了 BASIC 语言简单易用的优点,又充分利用了 Windows 提供的图形环境,提供了崭新的可视设计工具。

Visual Basic 的推出使大批"业余"程序人员又感到大有用武之地,任何一个有初步程序设计基础的人,都能够在很短的时间内掌握 Visual Basic,并用它来编写出各种 Windows 应用程序。具有便捷操作、丰富多彩界面的应用程序如雨后春笋般涌现,使程序设计进入了一个新的阶段。

可以说,Windows 的产生呼唤着 Visual Basic 的问世,Windows 是 Visual Basic 的催生婆。同时,Visual Basic 的产生大大推动了 Windows 应用程序的开发工作,它使 Windows 更贴近老百姓,使千百万"业余"的程序人员能在 Windows 平台上进行有效地开发工作。

1.1.3　Visual Basic 的基本特点

Visual Basic(简称 VB)是一种新型的程序设计语言。与传统的程序设计语言相比，它在许多方面有重要的改革和突破。在此只介绍从用户的角度来看最基本的最容易理解的两个特点。

1. VB 提供可视化的编程工具

用传统的高级语言编程序，主要的工作是设计算法和编写程序。程序的各种功能和显示的结果都要由程序语句来实现。而用 VB 开发应用程序，主要包括两部分工作：一是设计用户界面；二是编写程序代码。

所谓用户界面设计，就是要设想准备让用户看到什么。VB 向程序设计人员提供许多图形工具(例如窗体、命令按钮、菜单等)来设计应用程序的界面。例如程序设计人员可以根据用户的需要在屏幕上"画出"如图 1-1 所示的界面。在传统的程序设计中，为了在屏幕上显示出一个图形，就必须编写一大段程序语句。而 VB 使界面设计变得十分简单。VB 提供一个"工具箱"，内放若干个"控件"。程序设计者可以自由地从工具箱中取出所需控件，放到窗体中的指定位置，而不必为此编写程序。也就是说，屏幕上的用户界面是用 VB 提供的可视化设计工具直接"画"出来的，而不是用程序"写"出来的。设计用户界面如同用各种不同的印章在一张画纸上盖出不同的图形来。被认为最难办的界面设计，就这样轻而易举地被 VB 解决了。其实这些编程工作只是不由用户来做，而由 VB 系统完成而已。

Windows 之所以比 DOS 受欢迎，就是因为具有生动直观、对用户"友好"的界面。现在，VB 成功地解决了用户界面设计的难点，这就为设计应用程序提供了良好的基础。

2. 程序采取"事件驱动"方式

在设计好用户界面后，才开始编程序。VB 中的编程与传统的编程方法不同。

传统的编程方法是：根据程序应实现的功能，写出一个完整的程序(包括一个主程序和若干个子程序)。在执行时，从第一个语句开始，直到结束语句为止。在执行过程中，除了需要用户输入数据时暂停外，程序开始运行后按程序中指定的顺序执行各个指令，直到程序结束。因此程序设计者必须十分周到地考虑到程序运行的顺序和每一个细节：什么时候应该发生什么事情，什么时候屏幕上应该出现什么。因此对编写应用程序的程序设计人员提出了较高的要求。

VB 改变了程序的结构和运行机制，没有传统意义上的主程序，程序执行的基本方法是由"事件"驱动子程序的运行(在 VB 中将"子程序"称为"**过程**(subroutine)")。例如，在屏幕上已画出了一个"相加"按钮，用户用鼠标单击此按钮，就产生一个"单击命令按钮的事件"，由此执行一个相应的子程序(称为"**单击命令按钮事件的过程**")，该过程应执行将两个数相加，并显示出计算结果的操作。执行完该过程后程序暂停，等待用户下一次操作。

如果屏幕上画有 6 个命令按钮(如"相加"、"相减"、"相乘"、"相除"、"求余"和"打印")，用户按哪一个按钮，对该按钮来说就产生一次"单击事件"。这 6 个命令按钮分别有相应的"单击命令按钮的事件过程"，单击不同的按钮，就执行不同的过程，完成不同的操作。程序设计人员只需分别编写出这样一些单个的过程即可。一般来说，每个过程要实现的功能是单一的（如上述"相乘"、"相加"的操作），过程的规模一般不会太大。也就是说，把原来一个由统一控制的、包罗万象的大程序分解为许多个独立的、小规模的过程，分别由各种"事件"来驱动程序的执行。程序人员编程的难度大大降低了。

通过第 2 章的例题，读者会对上面的叙述有具体的感受。

Visual Basic 是支持面向对象的、结构化的计算机语言。VB 的界面由对象（窗体、命令按钮等控件）组成，每个对象有若干反映其特征的属性（例如，颜色、显示的字体等），以及对象能够响应的事件（例如，窗体能够响应"单击"和"双击"事件）。程序人员的任务是设计这些对象和对象的事件过程。VB 的语法和 BASIC 基本相同，学过 BASIC 的人只需稍加训练就可以熟练地进行 VB 编写代码的工作。

本书将以 Visual Basic 6.0 中文版为背景介绍用 VB 进行程序设计的方法和有关概念。

1.2 程序设计的有关知识

人们都知道计算机能够完成各种复杂的任务。有人感到计算机很神秘，甚至不可思议。其实计算机执行每一个操作都是按照人们事先指定的内容和步骤进行的。这些事先指定的内容和步骤就是**程序**（program）。

计算机程序设计语言是人与计算机进行信息交换的工具。随着计算机技术的发展，计算机程序设计语言也在不断地发展，出现了功能、特点各不相同的多种程序设计语言。程序设计方法和技术也不断发展。

1.2.1 结构化程序设计

结构化程序设计技术是为了解决最初程序结构比较随意、程序难读懂的问题而提出的一种程序设计方法。结构化程序设计强调程序设计的风格和程序设计的规范化，提倡清晰的程序结构。这里所说的程序设计风格就是具有良好的程序代码编写习惯，程序设计规范化是指编写程序应该按照规范进行，不能把编写程序当成随心所欲的个人的艺术作品创作。

结构化程序设计方法的基本思路是：把一个复杂问题的求解过程分阶段进行，每个阶段所要处理的问题都被控制在人们容易理解和处理的范围内。实际上，这种思想与我们一般工作的思路是一致的。

人们在接受一个任务后怎样着手进行呢？一般有两种不同的方法：一种是自顶向下，逐步细化；一种是自下向上，逐步积累。我们以写文章为例来说明这个问题。有的人在写文章之前，先构想文章的提纲（即文章的结构），如包括哪些部分，每部分分成哪几节，每一节包含哪些内容，等等。用这种方法逐步细化，直到作者认为可以直接将各部分表达为文字为止。这种方法称为"自顶向下，逐步细化"。

采用使用"自顶向下，逐步细化"的结构化设计方法的过程是对问题求解的过程。这个过程也是把一个规模较大的问题逐步具体化的过程。使用这种方法便于检查程序的正确性。在每一步细化之前，仔细检查当前的设计是否正确。如果每一步细化、设计都没有问题,则整个程序的算法是正确的。由于每一次向下细化都不太复杂,因此容易保证整个算法的正确性。这样做,思路清楚,有条不紊,既严谨又方便。

除了"自顶向下,逐步细化"之外,在处理较大的复杂任务时,常采取"模块化"的方法,即在程序设计时不是把全部内容都放在同一个模块中,而是分成若干个模块,每个模块实现一个功能。划分模块的过程可以使用自顶向下的方法实现。模块化的思想实际上是"分而治之"的思想,把一个大的任务分为若干子任务,子任务还可以继续划分为更小的子任务。这些子任务对应于模块。在程序中往往用子程序实现模块的功能。

结构化程序设计的三个要素(自顶向下,逐步细化,模块化)中,最核心的是"逐步细化"。这种从抽象到具体、从总体到细目的分解过程,以及最后注意实现这些细目的过程具有严密的逻辑性。逐步细化方法是由"程序设计目标"到写出源程序的正确途径。

在设计一个结构化的算法之后,还要进行结构化编码,即采用结构化的计算机语言表示算法,也就是编写程序。

1.2.2　面向对象程序设计

尽管结构化程序设计方法已得到广泛的使用,但是仍有一些问题没有得到很好的解决。其中一个主要的问题是:这种设计方法重点在于用结构化的方法表示系统的操作过程,相应的语言称为"**面向过程的语言**"。"面向过程的语言"把所要处理的数据与相关操作分离,因此程序中的操作与其所要处理数据的关系是松散的。例如,设计一个管理汽车的程序,既要记录汽车的品牌、生产厂家、颜色、车牌号等基本数据,还要编写处理这些数据的程序段,例如管理汽车的销售、维护等。汽车的数据和对汽车的管理程序彼此是分离的。这种处理方式与人们的一般思维习惯和处理问题的方式不太一致,不利于软件系统的设计和维护。面向对象的程序设计方法正是针对这个问题提出的一种程序设计技术。

面向对象程序设计(Object Oriented Programming)最基本的概念是将数据与处理数据的操作合并成一个单元,每个单元称为一个**对象**。例如,可以建立一个"汽车对象",这个对象既包含表示汽车特性的数据(称为对象的**属性**,如汽车的颜色、牌照号、品牌等),还包含对汽车数据的有关处理操作(例如,汽车销售统计、汽车保养记录等)。也就是说,在一个对象中包含需要处理的数据以及对这些数据的操作。

按照面向对象的原则设计程序时,重要问题是如何将一个复杂的问题分解为若干个对象。这种设计方法与人们的思维习惯比较一致,便于分析复杂的问题,也有利于软件的维护。

使用面向对象程序设计方法,并不是放弃结构化程序设计方法。在面向对象程序设计过程中,仍需要使用结构化程序设计技术。

VB具有结构化的高级语言的语句结构,同时支持面向对象的程序设计技术,具有强大的功能。

1.3　算法和流程图

计算机是按照程序所规定的内容和步骤进行工作的。不论用哪一种语言进行程序设计,都应该建立起"程序"的概念。

为了有效地进行程序设计,至少应当具备两个方面的知识,即:

(1) 至少掌握一门高级语言(例如 VB 或 C,Java);

(2) 掌握解题的方法和步骤,也就是说在拿到一个需要求解的问题后,怎样将其分解成一系列的操作步骤。这就是"**算法**"(algorithm)需要研究的问题。

计算机语言只是一种工具,只学习程序设计语言,而不掌握设计问题求解的方法与步骤,是不能解决问题的。可以说程序设计的灵魂是算法,而语言只是形式。有了正确的算法,可以利用任何一种语言编写程序。因此本书在正式介绍 Visual Basic 之前,先介绍如何设计算法和表示算法的问题。有了这些基础后,使用哪种语言编程程序都不会太难。

1.3.1　算法的概念

所谓"算法"是指为解决一个问题而采取的方法和步骤,或者说是解题步骤的精确描述。做任何事情都有一定的步骤,也就是说,处理任何问题都有"算法"的问题。例如,发电子邮件。首先登录邮件系统——然后选择"新建邮件"——填写收件人邮箱地址——填写邮件主题——输入邮件内容——发送邮件。在这个过程中有些必须做,如必须填写邮件地址,有些事情可以不做,如填写邮件主题。不论怎样,有两个问题需要确定,一是必须做什么,二是按什么顺序去做。

对同一个问题,可以有不同的解题方法和步骤。例如,计算 $1+2+3+\cdots+100$,即 $\sum\limits_{n=1}^{100} n$,就有不同的方法。有人先计算 $1+2$,再加 3,再加 4,一直加到 100,得到结果为 5050。有的人采用另外的方法: $\sum\limits_{n=1}^{100} n = 100+(99+1)+(98+2)+\cdots+(51+49)+50 = 100+49\times100+50 = 5050$。显然,对于心算来说,后一种方法要比前一种更容易得到正确结果。当然,还有其他解题的方法。由此可见,为了有效地解决问题,不仅需要保证算法正确,还要考虑算法的质量,即方法简单,运算步骤少,能够迅速得出正确结果等。

要完成一件工作,应包括设计算法和实现算法两个步骤。设计算法只是指出应进行的操作和步骤,本身并未付诸实施。设计算法的目的是为了实现算法。因此不仅要考虑如何设计算法,还要考虑如何实现一个算法。在用计算机解题时,根据已经设计好的算法编写程序,然后运行该程序就是实现该算法。

计算机算法可分为两大类:数值运算算法和非数值运算算法。数值运算算法的目的是求数值解。例如,求方程的根等。非数值运算包括的范围非常广,如企业管理、行车调度等。目前计算机主要的应用领域是非数值运算。

1.3.2　算法的表示形式

算法的表示是非常重要的,描述一个算法的目的在于使其他人能够理解,并利用算法解决问题。使用什么方式描述算法没有统一的规定。可以使用自然语言、伪代码或流程图等多种方式来描述算法。

自然语言就是我们日常生活中所使用的语言。这种语言大家都懂,易于理解。但是,自然语言不严格,对一些问题的描述可能存在歧义或二义性。

伪代码是一种类似于高级语言的一种描述算法的方法。它的特点是比较接近自然语言,表达方式简单,便于理解,而且伪代码通常接近于某种程序设计语言,因此比较容易将算法的描述转化为程序。

流程图是用一些图框、流程线以及文字说明来描述操作过程。用图描述算法,更直观、清晰、易于理解。图 1-2 是美国国家标准化协会 ANSI(American National Standard Institute)规定的一些常用的流程图符号。

图 1-2 流程常用符号

"起止框"表示算法的开始和结束。

"判断框"表示判断操作,在框中要标明判断条件,判断框具有两个或两个以上的出口,根据判断结果确定后续执行的路径。

"处理框"用来表示具体的处理操作。

"流程线"用于连接流程图中的各个组成部分。流程线有一个箭头,表示流程的方向。

"连接点"用于将画在不同地方的图连起来。连接点中标有数字或字母。当流程图比较复杂或分别画在多张纸上,用连接点能够表示各图之间的联系。

"注释"不反映流程的处理和操作,只用作对流程图进行注释说明。注释不是流程图所必须的部分。

图 1-3 是一个流程图的示意。程序开始,分别输入 a、b,判断当 a>b,输出 a,否则输出 b。

1.3.3 三种基本结构

当程序的功能比较复杂、规模比较大的时候,算法是否容易被理解成为一个重要的问题。因为流程图是给人看的,而不是给计算机看的。可读性好的流程图才有可能保障程序的可靠性和可维护性。

研究发现,不论多么复杂的程序总可以使用顺序、分支和循环三种基本结构描述。

1. 顺序结构

图 1-4(a)是顺序结构示意,表示 A 与 B 顺序执行。图 1-4(b)也是一个顺序结构的示例——发送电子邮件,这个图表示填写收件人地址、填写邮件主题、写邮件、发送等处理框是顺序执行的。这是一种最基本的结构。

2. 选择结构

选择结构中包含有一个条件判断框,如图 1-5(a)所示。根据给定的条件,判断是否满足条件。当满足条件执行 A,不满足条件执行 B。图 1-5(b)是一个选择结构的实例。

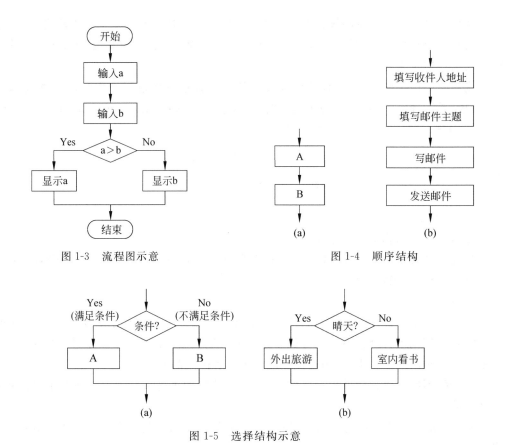

图 1-3　流程图示意　　　　图 1-4　顺序结构

图 1-5　选择结构示意

3. 循环结构

循环是在指定的条件下,多次重复执行一组操作。这组操作被称为循环体。循环结构主要由循环条件和循环体构成。通常有两类循环结构:当型(While)循环和直到型(Until)循环。

1)当型循环

当型循环的特点是:当满足指定条件时,就执行循环体,否则就不执行。当型循环有两种形式。

(1)"前测试"型

先测试条件,后执行循环体,如图 1-6(a)所示。执行时,先检查是否满足条件,若满足条件,执行循环体 A。然后再检查条件是否满足,若满足,继续执行 A。如此反复,到某一次条件不满足时,就不再执行 A,结束循环过程。

(2)"后测试"型

先执行循环体 A,然后再测试条件是否满足。若满足继续执行循环体 A,否则,不再执行 A。如图 1-6(b)所示。由此可知,后测试的当型循环,至少执行一次循环体,而前测试的当型循环若开始时循环条件不满足,就一次循环体都不执行。当型循环的特点可以概括为:当条件满足时,反复执行循环体。

2）直到型循环

直到型循环的特点是：执行循环体，直到满足指定条件时，不再执行循环体。直到型循环同样分为"前测试"型和"后测试"型两种。

（1）"前测试"型

先测试循环条件，后执行循环体，如图 1-7(a)所示。执行这个循环结构时，先测试循环条件是否满足，如果满足条件，则不执行循环体 A。

（2）"后测试"型

先执行循环体 A，然后再测试循环条件是否满足，如果不满足条件就重复执行循环体 A，然后再对循环条件进行测试，如果仍不满足，继续执行循环体……直至条件满足，结束循环。

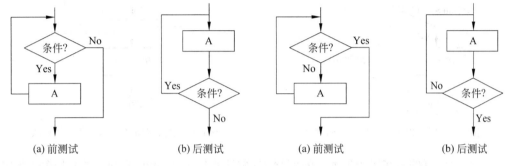

(a)前测试　　　　　(b)后测试　　　　　(a)前测试　　　　　(b)后测试

图 1-6　当型循环　　　　　　　　　　图 1-7　直到型循环

直到型循环可以概括为："反复执行循环体，直到条件满足"。

对比分析以上 4 种循环类型，可以发现，当型循环（图 1-6（a））和直到型循环（图 1-7(a)）的前测试的循环结构图的形式相同，只是在判断条件时不同，前者是不满足条件，则结束循环；而后者是满足条件时结束循环。对于同一个问题，既可以用当型循环，也可以用直到型循环进行处理。

【例 1-1】　用流程图描述 1+2+3+…，直到其和等于或大于 100 为止。

按照题目的要求，计算一系列整数的累加和。这些整数是从 1 开始的序列，后一个数以前一个数为基础增加 1。计算的终止条件是累加和达到或超过 100。

设一个变量 sum 保存累加和，在累加的过程中，sum 的值是不断变化的。再设一个变量 i，保存不断变化的加数，1、2、3……

在循环求和的过程中，要不断地检查循环条件：是否达到或超过 100，即 sum>=100是否成立。

这个问题的求解主要包括初始化保存累加和的变量 sum 和加数 i；在循环中完成累加和的计算；输出计算结果。按照这个思路，设计算法如图 1-8 所示。

由图 1-8 可以看到，这是一个后测试直到型循环，先执行循环体，然后检查条件"sum>=100"是否满足，满足就终止循环。这个问题可以概括为：执行累加操作，直到满足条件"sum>=100"为止。

实际上，这个算法可以看作 3 个部分构成：两个顺序结构 A、C，一个循环结构 B。

图 1-8 的直到型循环也可以改用当型循环实现,如图 1-9 所示。

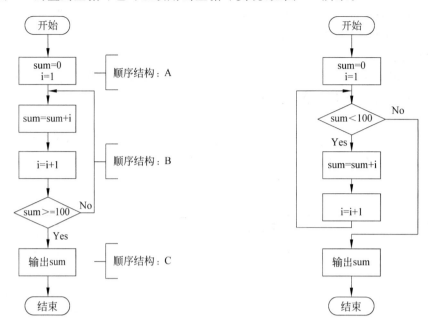

图 1-8　用流程图表示例 1-1 的算法　　　图 1-9　用当型循环表示例 1-1 的算法

特别要注意的是在图 1-9 所示的流程中,循环条件改为 sum<100,而不是图 1-8 中的 sum>=100。原因是什么?请思考。

总结上述三种基本结构,可以总结出以下特点:

(1) 每种结构都只有一个入口。

(2) 每种结构都只有一个出口。

(3) 每一个基本结构中的每一部分都有机会被执行到。也就是说,每一个框都应该有一条从入口到出口的路径。

(4) 基本结构内没有"死循环"(无法终止的循环)。

已经被证明,由上述基本结构所描述的算法,可以解决任何复杂的问题。由基本结构构成的算法属于"结构化"的算法。

思考与练习

1. VB 的特点是什么?

2. 理解事件驱动的程序设计的含义。

3. 结构化程序的基本含义是什么?

4. 了解结构化程序与面向对象程序设计的区别。

5. 什么是算法?为什么要了解算法的概念?

6. 用什么方式描述算法?各有什么优缺点?

7. 结构化算法的三种基本结构是什么?

8. 当型循环和直到型循环各有什么特点？举例说明二者的差异与相同。

9. 用流程图描述计算 sum＝1＋2＋3＋…＋100 的算法。

10. 用流程图描述如下函数的算法流程：

$$y = \begin{cases} 3 \times x + 5 & x < 0 \\ x \times x & x >= 0 \end{cases}$$

11. 用流程图描述算法：找出 1,2,3,…,100 之间所有能被 3 整除的数。

12. 自行选择日常学习、生活中的简单过程，用流程图描述详细的过程。

实验 1　安装 Visual Basic 6.0

1. 实验目的

了解 Visual Basic 6.0 中文版的安装环境和方法，完成 Visual Basic 6.0 中文版的安装。

2. 实验内容

在 Windows 环境中，安装 Visual Basic 6.0。

（1）检查、确认计算机的操作系统符合 Visual Basic 6.0 中文版的安装要求。

（2）运行 Visual Basic 6.0 中文版安装盘，按照提示完成 Visual Basic 6.0 中文版软件的安装。

（3）确认安装操作成功。在 Windows 系统中，将光标移到桌面左下角的"所有程序"按钮上，在右侧展开的菜单中选择"Microsoft Visual Basic 6.0 中文版"上，它的右边出现 Visual Basic 6.0 程序组，再将光标移到"Microsoft Visual Basic 6.0 中文版"上，单击鼠标左键，以启动 Visual Basic 的开发环境，此时出现一个创建新的工程文件的对话框，选择"标准 EXE"，单击"打开"命令按钮，出现 VB 集成开发环境界面，如图 1-10 所示。至此，VB 安装完成，可以正常运行。

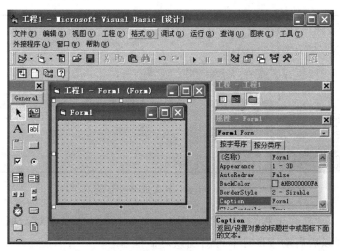

图 1-10　VB 集成开发环境

第2章

设计最简单的 Visual Basic 应用程序

编写并运行一个 VB 程序的工作复杂吗？从什么地方入手开始学习编写 VB 程序的工作？这一章将通过简单的示例，介绍在 VB 集成开发环境中编写并运行简单程序的过程。

2.1 了解 Visual Basic 集成开发环境

为了使用 VB，必须首先确认在所用的计算机上是否已经安装好 Visual Basic 系统。在微机上目前常用 Visual Basic 集成开发系统。它提供了一个统一的工作界面，在其中可以进行程序的输入、编辑、编译、调试和运行等功能，用户使用十分方便。

如果已安装好 Visual Basic 6.0 系统，要使用 VB 编程和运行，应当先启动 Visual Basic 系统。启动 VB 最直接的方法是：在 Windows 系统中，将光标移到桌面左下角的"所有程序"按钮上，在右侧展开的菜单中选择"Microsoft Visual Basic 6.0 中文版"，其右边会出现 Visual Basic 6.0 程序组，再将光标移到"Microsoft Visual Basic 6.0 中文版"（如图 2-1 所示）上，单击鼠标左键，以启动 Visual Basic 开发环境。

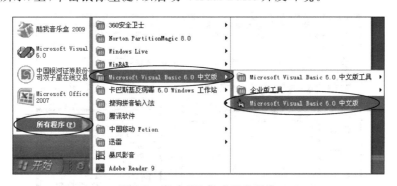

图 2-1　启动 VB 集成开发环境

此时出现一个"新建工程"对话框，如图 2-2 所示（可以选择此对话框中的"不再显示这个对话框"，则以后启动 VB 时不再出现该对话框）。

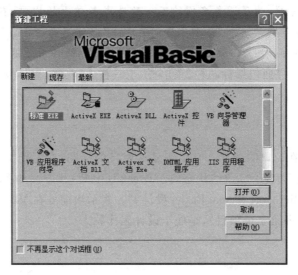

图 2-2　创建新工程的对话框

在图 2-2 的对话框中选择"标准 EXE"选项,单击"打开"命令按钮,进入 VB 集成开发环境,如图 2-3 所示。

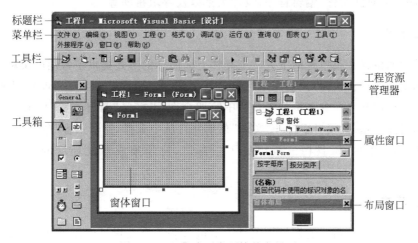

图 2-3　VB 集成开发环境的主界面

还可以采取另一种快捷的方法启动 VB:先对图 2-1 右面的"Microsoft Visual Basic 中文版"建立快捷方式,在桌面上建立 VB 的快捷图标,需要启动 VB 时,只需双击桌面上该图标即可,即可出现图 2-3 所示的界面。所有的 VB 应用程序的编辑、调试、运行都在这个环境下进行,因此这个环境又称集成开发环境。

说明:在这里先对前面出现的"工程"这个术语作些说明。按 VB 的规定,把要处理的一个任务作为一个项目(Project),为它建立一个项目文件(Project File)。为解决此任务所编写的程序属于这个项目文件。由于 Project 这个单词可以译成"项目"或"工程",作者认为译为"项目"比较贴切,也很好理解,但有些人把它译为"工程"。Visual Basic 6.0 中文版的开发人员用的是"工程"这一名词。由于用 VB 6.0 时,在计算机显示的 VB 界面上出现的是"工程"字样,为了避免名词的不一致造成教学上的困难,在本书中也使用"工程"这样的术语。许多初学者对"工程"、"工程文件"感到不易理解,只要把它理解为"项目"或"项目文件"即可。图 2-2 显示的"新建工程"对话框的作用是建立一个新的项目。

图 2-3 所示的主界面包括标题栏、菜单栏、工具栏、工具箱、窗体窗口、工程窗口、属性窗口等组成部分。

1. 标题栏

标题栏的位置在窗口的顶部。它用来显示窗口的标题,在标题文字后面方括号内指出了目前处在"设计"状态,"运行"状态,或"Break"(中断)状态。如图 2-3 中显示在标题栏中的是"工程 1-Microsoft Visual Basic[设计]"。表示当前处在 VB 集成开发环境,正在工作的是"工程 1"(即第 1 个项目),是处于设计工作状态。

2. 菜单栏

菜单栏的位置在标题栏的下方。共包括 13 个下拉式菜单,即:"文件"、"编辑"、"视图"、"工程"、"格式"、"调试"、"运行"、"查询"、"图表"、"工具"、"外接程序"、"窗口"和"帮助",每项菜单都含有若干命令。选择菜单上的命令,就可执行相应的操作。例如,打开一个工程、保存或删除文件、编辑程序、设计菜单以及寻求帮助等。

3. 工具栏

工具栏的位置在菜单栏的下方。工具栏上以图标的形式提供了常用的菜单命令。这些图标都是快速操作按钮,只要用鼠标单击某个按钮,就可执行相应的动作,不必再去打开某个菜单选取某个命令。例如工具栏中第四个图标 🖙 是"打开工程"(Open Project),用鼠标单击图标 🖙 就相当于打开"文件"菜单并且从中选择"打开工程"命令。

标题栏、菜单栏、工具栏三者组成了主窗口,位于集成开发环境的顶部,如图 2-3 所示。

4. 工具箱

工具箱的位置在窗口的左侧。工具箱中包含若干个在设计时需要使用的常用工具。这些工具以图标的形式排列在工具箱中。设计人员在设计阶段可以使用这些工具在窗体上构造出所需的应用程序界面。

5. 窗体窗口

窗体窗口的位置在屏幕正中。设计人员根据需要可以使用工具箱中的工具在其上画出各种图形,以便设计出用户所需的应用程序界面。窗体相当于一张画纸,可以在其上画出所需图形界面。

6. 工程资源管理器窗口

工程资源管理器窗口(简称"工程"窗口)在屏幕的右上方。它列出当前应用程序所包含的文件清单。一个应用程序可以包含多种类型的文件，它们分别是：后缀为.frm的窗口文件，后缀为.bas的标准程序模块文件，后缀为.cls的类文件，后缀为.ctl的用户控件文件，后缀为.pag的属性页文件，如图2-4所示。

7. 属性窗口

属性窗口的位置在工程窗口的下方。属性窗口中列出当前激活的一个窗体或控件（统称对象）的所有属性。图2-5显示了窗体的属性窗口。

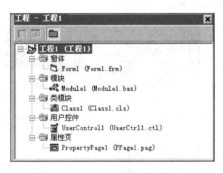

图2-4　工程窗口

图2-5　窗体的属性窗口

VB集成开发环境的使用方法将在后续章节予以介绍。

2.2　最简单的 Visual Basic 程序

下面通过一个简单的例题说明VB程序的建立和运行方式。

【例2-1】　设计一个程序，要求在程序运行时，若用鼠标单击窗体，在窗体上显示出"您好，欢迎您！"一行文字。如图2-6是运行程序，并连续两次单击窗体的情况。

分析这个问题，首先需要一个能够显示文字的窗体，而且当单击此窗体时，能够执行显示上面文字的操作。实际上，这就是用VB程序解决问题时必须解决的两类问题：

图2-6　运行例2-1

(1) 需要设计一个用户操作界面。用户输入或输出操作都在这个界面中进行。当然，这个界面应当让用户感到操作方便，界面美观。

(2) 需要设计程序代码。使程序运行后能按指定的目标和步骤进行操作，以完成题目的要求。

首先，按照前面介绍的方法启动VB集成开发环境。然后，在VB集成开发环境的"文件"菜单中选择"新建工程"命令，打开"新建工程"对话框，如图2-2所示，新建一个工程文件。为简化描述，本书将这种连续选择菜单命令的操作用如下方式表示："文件"→

"新建工程",选择"标准 EXE",然后单击"确定"按钮,进入如图 2-3 所示的集成开发环境。

对本例来说,用户界面无特殊要求,只要求在窗口中输出一行文字,因此不必专门设计用户界面,也不必使用工具箱中的工具,只需编写程序代码,使其输出所要求的信息即可。

编写程序代码要在"程序代码窗口"中进行。当前看到屏幕中的窗口是 Form 窗口(窗体窗口),怎样从 Form 窗口进入代码窗口呢?

说明:有以下三种途径可以进入代码窗口。

(1) 双击当前窗体(双击一个控件可进入该控件所对应的代码窗口)。

(2) 单击工程窗口的"查看代码"按钮,如图 2-7 所示。

(3) 在菜单栏中选择"视图"→"代码窗口"命令,如图 2-8 所示。

图 2-7　工程窗口中的"查看代码"按钮

图 2-8　"视图"菜单中的"代码窗口"命令

现在双击窗体,屏幕上出现与该窗体对应的代码窗口,如图 2-9 所示。

代码窗口的标题栏中显示窗体的名字(图 2-9 中的窗体名为 Form1)。下面有两个部分:左边是"对象框",右边是"过程框"。对象框包含所有与当前窗体相联系的对象。由于是双击**窗体**进入代码窗口,所以对象框中显示的是 Form。如果现在要对其他对象进行编码,应单击对象框右侧的箭头打开一个下拉列表框,其中列出了本窗体用到的所有对象。用鼠标单击任一个**对象名**,对象框中就显示出被选中的对象。图 2-9 和图 2-10 中显示的是 Form 对象(窗体对象)及该对象的事件。

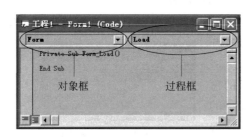

图 2-9　代码窗口

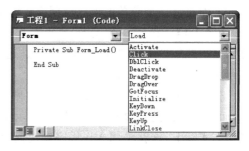

图 2-10　选择"窗体对象的单击事件"

代码窗口右边的过程框包含了与当前选中对象相关的所有**事件**,单击过程框右侧的箭头,可以展开一个下拉列表框,用鼠标单击所需的**事件名**,就可以对当前所选择的对象和事件进行编码,如图 2-10 选择的是对应 Form **窗体**的单击事件(Click)。

题目要求在程序运行时,若单击窗体就应显示出一行字符,所以应该这样做:

① 在对象框中选择 Form(窗体);

② 在过程框中选择单击事件(Click)。当选择了对象和事件后,在代码窗口立即自动

出现相应的过程框架：

```
Private Sub Form_Click()                    (过程首部)
End Sub                                      (过程结束)
```

表示当前要进行编码的过程的名字是 Form_Click，这是系统根据用户所指定的对象和事件而自动生成的。我们需要做的工作是在 Private Sub Form_Click() 与 End Sub 两行命令之间输入程序语句。现在输入以下一个语句：

Print "您好,欢迎您!"

以上 Print 语句的作用是将双引号中的内容原样输出到窗体上。执行一次 Print 就进行一次输出的操作。

至此，已经编写出了一个**对窗体单击事件的响应过程**，在程序运行时，当用户用鼠标单击窗体，系统就会自动执行下面这个过程：

Private Sub Form_Click()
　　　Print "您好,欢迎您!"
End Sub

在屏幕的窗体上输出"您好,欢迎您!"一行文字。其中关键字 Private(私有)表示该过程只能在本窗体文件中被调用，应用程序中其他窗体或模块程度不可以调用它。关键字 Sub 是过程的标志，Form_Click 是过程名，它由两部分组成：对象和事件名，之间用下划线连接。End Sub 表示过程结束。

说明：Print 实际上是一个 VB 提供的专用子程序，用来输出信息。除了 Print 外，VB 还提供了许多专用的子程序供用户编程时使用。这种专用的子程序在 VB 中称为方法(method)。Print 称为 Print 方法。在第 3 章会对"方法"作进一步介绍。

编写好程序后怎样运行一个程序呢？VB 中提供了几种运行程序的方法(本章 2.3.2 节将介绍)，其中之一是选择菜单栏的"运行"→"启动"命令。

本程序进入运行状态后，用鼠标单击窗体，窗体上就出现一行"您好,欢迎您!"，再单击一次再显示一行。前面的图 2-6 所显示的是单击两次窗体的结果。当选择菜单中"运行"→"结束"命令后，程序结束运行。

到目前为止我们已经遇到了几个新名词。读者自然会问：什么是对象？什么是事件？控件又是什么？

工具箱中包含了许多工具，例如文本框、标签、命令按钮等，它们以不同的图标形式排列在工具箱中，用这些工具可在窗体上画出各种各样的图形。**工具箱中每一个图标就代表了一个控件(Control)。每一个控件都是"对象"**。前面已说明窗体是"对象"，也就是说，对象有两类：窗体和控件。

"事件"是由系统事先设置好的、为某一对象可以识别的动作。通俗地说，"事件"是作用在对象上的某种事先规定的动作，如在窗体上按一次鼠标(单击窗体)；在窗体上连续按两次鼠标(双击窗体)等。不同的对象可以识别不同的事件。如在例 2-1 中，窗体能识别单击事件(Form_Click)。在运行时，当用户用鼠标单击窗体时，就发生了"窗体的单击事件",这时窗体会对该事件做出响应,至于具体做出什么样的响应,要由程序人员所编写的事件过程来实现。本章例 2-1 中,事件过程 Form_Click 中规定对用户单击事件的响应是:在屏幕上显示出一行文字"您好,欢迎您!"。在 VB 中用来响应事件的过程称为"**事件过程**"。

【**例 2-2**】 修改例 2-1 程序,要求在窗体上添加两个命令按钮,一个是"显示",一个是"退出"。程序开始运行后,用户若单击一次"显示"命令按钮,就会在窗体上输出一行文字。单击"退出"按钮,则结束程序的运行。

那么,如何将命令按钮加到窗体上呢?可以通过以下两种方法添加命令按钮:

(1)把鼠标移到工具箱中的命令按钮图标□上,单击鼠标左键(被单击后的命令按钮改变为灰白色),将光标移至窗体,这时光标由箭头形状变成"十"字形状。将"十"字移到所希望放置按钮的位置,拖动鼠标左键改变按钮的尺寸,然后释放鼠标,一个命令按钮就被添加到窗体上了。

(2)在工具箱中双击命令按钮图标后,一个命令按钮的图形就自动加到窗体的中心位置上了。如果想将此命令按钮移动到所需的位置,只要将鼠标移到命令按钮上,按住鼠标左键不放,将命令按钮拖到所需位置,然后放开鼠标左键即可。

添加了命令按钮的窗体如图 2-11 所示。

观察图 2-11 会注意到,Command1 命令按钮的四周有 8 个小方块,这表明 Command1 命令按钮控件为当前操作的控件,又称为"激活"该对象。如果想改变控件的大小,可以将光标移到这 8 个小方块之一处,按下鼠标左键,然后拖曳鼠标,则控件的大小随之改变。如果选中的是对象矩形框水平线中点处的小方块,并作上下运动,则拖动鼠标时会改变矩形的高度;如果选中矩形框两侧垂直边中点的方块,并作左右运动,则会改变矩形框的宽度;如果选中四个角的方块之一,并作斜线运动,则同时改变高度与宽度。

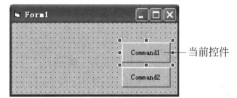

图 2-11　添加命令按钮的窗体

到目前为止,我们已经设计好了本应用程序的界面(见图 2-11)。这个界面由标题为 Form1 的窗体和标题为 Command1、Command2 的两个命令按钮组成。Form1、Command1 和 Command2 都是系统自动赋给窗体和命令按钮的默认标题。"标题(Caption)"是对象(包括窗体及控件)的一个"属性"。对象的标题是该对象的外在标记,它显示在对象上面(见图 2-11)。如果不想使用系统提供的默认标题,可以为它们的标题重新赋值。

说明:在 VB 中会经常使用属性和属性值的概念。什么是属性?属性值又是什么?在 VB 中属性是用来描述对象特性的。比如,在现实生活中我们常常会问"这位先生姓名是什么?","那位小姐芳龄多少?"。我们会回答这位先生姓王名富,那位小姐 18 岁。这种问题放到 VB 中就变成"这位先生的'名字属性'是什么?","那位小姐的'年龄属性'是什么?"。"王富"就是这位先生的名字属性值、"18"就是那位小姐的年龄属性值。为了描述一个人的特征只有名字或年龄属性是不够的,往往还需要其他一些属性,如性别、身高、体重、学历、住址等。

VB 中每种对象有若干个属性。例如命令按钮有名称、标题以及按钮的尺寸属性等。不同对象的属性类型和属性个数是不同的。例如窗体和命令按钮所能使用的属性类型和个数是不同的。通常在一个程序中，并不需要使用到一个对象的全部属性，而只需要从系统所提供的属性中设置和选用所需的一部分。

现在设置以上用户界面的三个对象（一个窗体和两个命令按钮）的属性。将窗体的 Caption（标题）属性值定为一个文字串："最简单的应用程序"，"名称"的属性值定为 frm2_2，指定窗体的前景色、背景色和字体尺寸等属性值。命令按钮的 Caption（标题）属性值定为"显示"，"名称"属性值定为 cmdDisplay，"字体大小"的属性值定为五号字。各属性的设置如表 2-1 所示。

表 2-1　例 2-2 对象属性设置

对　象	属　性	含　义	设置属性的值
窗体	（名称）	控件的名称	frm2_2
	Caption	控件的标题	最简单的应用程序
	BackColor	背景色	&H00FFFFFF&
	ForeColor	前景色	&H000000FF&
	Font	字号	四号
命令按钮 1	（名称）	控件的名称	cmdDisplay
	Caption	控件的标题	显示
	Font	字号	五号
命令按钮 2	（名称）	控件的名称	cmdExit
	Caption	控件的标题	退出
	Font	字号	五号

怎样设置以上这些属性值呢？在程序设计阶段，设置属性值要在属性窗口中进行。属性窗口位于屏幕的右下方。前面的图 2-5 就是窗体的属性窗口。

首先单击窗体上某一控件，使其"激活"，成为当前活动控件。这时可以看到属性窗口上部的"对象框"中出现了该对象的名字（例如图 2-5 中的 Form1）。然后在属性窗口中找到需要设置的属性，再指定属性值。例如，单击窗体使其处于活动状态，在属性窗口找到属性 Caption（标题），可以看到系统事先为窗体设置的 Caption 属性值（称为默认值）为 Form1。单击此行，此行变为醒目（蓝色）显示。为了改变系统给定的标题，删除 Form1 并用汉字重新输入"最简单的应用程序"。此时可以看到窗体中的标题已由 Form1 改为"最简单的应用程序"，第一个属性就设置好了。下面再设置（名称）属性。同样在属性窗口中找到属性（名称），可以看到（名称）的默认属性值为 Form1。单击此行，然后改变系统给定的名字，先删除 Form1 并输入 frm2_2，"名称"属性也设置完毕。

有些属性值不需要用户从键盘上输入，只需从系统给出的若干个值中选择一个即可。例如，定义窗体的背景颜色 BackColor。在属性窗口上找到 BackColor 并单击它，右侧出现一个向下的黑色箭头,单击这个箭头打开调色板(见图 2-12)。本例要把背景色定为白色。用鼠标单击调色板中的白色,系统将白色所对应的属性值(&H00FFFFFF&)显示在属性表中 BackColor 属性行的右侧。以同样的方法对前景色 ForeColor 属性值进行设置,我们把前景色定为红色(&H000000FF&)。最后设置字体(Font)属性,在属性窗口找到属性 Font 并单击它,右侧出现按钮 ...。单击这个按钮,立刻打开一个对话框(见图 2-13),其中包括有"字体"、"字形"、"大小"等。我们把"大小"中的"小五"(系统默认值)改为"四号",然后用鼠标单击"确定"退出对话框。至此已将需要设定的属性值设置完毕。设置后的属性窗口如图 2-14 所示。从属性窗口中可以看到系统提供的窗体的属性是很多的,这里只改变了其中 4 项,其他属性均采用系统提供的默认值。

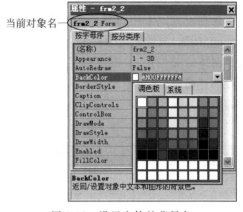

图 2-12　设置窗体的背景色

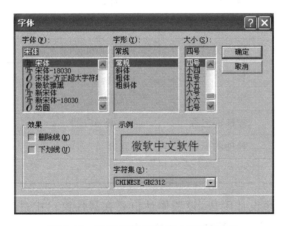

图 2-13　改变窗体的字体、字号等属性

图 2-14　窗体属性设置

　　窗体属性值设置完毕后,接着设置命令按钮的属性值。将光标移到命令按钮 Command1 上,单击左键使命令按钮激活(可以看到,激活后的命令按钮周边有 8 个小方块),同时可以看到属性窗口中对象框的内容已自动变成 Command1,表示当前操作的对象是 Command1。在属性窗口找到属性 Caption,开始设置命令按钮的属性值。命令按钮标题的默认属性值为 Command1,单击此行,然后改动该系统默认的标题。删除 Command1,并输入汉字"显示",可以看到命令按钮中的文字已由 Command1 改为"显示",命令按钮的第一个属性已设置完毕。再定义"(名称)"属性,同样在属性窗口找到属性"(名称)",它的默认属性值为 Command1,单击此行,然后改动系统给定的名字。删除 Command1,再重新输入 cmdDisplay,名称属性值设置完毕。最后定义字体大小。在属性窗口找到 Font 属性,然后按上述介绍的方法对字体大小属性值进行设置,将"小五"改为

"五号",再用鼠标单击"确定"按钮退出对话框。

用同样的方法设置"退出"(Command2)按钮的各属性值。

有些读者可能会问:"标题"(Caption)和"名称"属性有什么不同?"标题"是显示在对象上的,用户可以在屏幕上看到它,目的是使用户能找到这个对象或者使用户知道这个对象的作用。而"名称"不显示在对象上,它是用来给程序识别的。例如,本例中命令按钮的Caption(标题)属性值是"显示",它显示在窗体中的命令按钮上。命令按钮的"名称"属性值是cmdDisplay,它在屏幕上是看不到的,只供程序识别。即在窗体上看到的是"显示",而在程序中使用的对象名字是cmdDisplay。我们在后面将看到cmdDisplay这个名字会出现在程序中。

属性设置完毕后,就应该编写事件过程的程序代码了。过程代码是针对某个对象事件编写的。题目要求单击命令按钮后,在窗体上输出文字串。也就是说,要对命令按钮这个对象的单击事件编写一段程序,以指定用户单击命令按钮时要执行的操作。为了编写程序代码,必须使屏幕显示出代码窗口。双击命令按钮进入代码窗口(也可以从工程窗口单击"查看代码"按钮,进入代码窗口),此时代码窗口出现如下内容:

```
Private Sub cmdDisplay_Click()
End Sub
```

表示要求对名称为cmdDisplay的对象(即命令按钮)的单击鼠标事件(Click)进行编写程序(或者说编写代码)。根据题意在上述两行命令之间输入以下代码:

```
Print "您好,欢迎您!"
```

在程序运行时,当出现单击cmdDisplay对象(即标识为"显示"的命令按钮)时,系统就会自动执行以下过程:

```
Private Sub cmdDisplay_Click()
    Print "您好,欢迎您!"
End Sub
```

注意:请读者比较本过程与例2-1中的过程有何异同。粗看起来好像差不多,最后两行是完全一样的,都是在屏幕上显示相同的文字,区别在第一行的过程名,例2-1中的过程名为Form_Click(),本例的过程名为cmdDisplay_Click(),二者对象名不同,前者的作用是当单击窗体对象时显示指定的文字,后者的作用是当单击"显示"按钮对象时显示指定的文字。

与前面介绍的类似,写出用户单击"退出"按钮时的操作过程的代码。

```
Private Sub cmdExit_Click()
    End
End Sub
```

其中的End命令将结束程序的运行。

选择"运行"→"启动"命令,程序运行。单击窗体上的"显示"命令按钮,屏幕上的按钮就像被按下一样,同时在以白色为背景的窗体上显示出红色的文字串"您好,欢迎您!"。多次按下"显示"按钮,窗体上就会多次显示这个短语(运行结果见图 2-15)。通过这个例题,读者将开始体会到 VB 的特色了。

图 2-15　运行例 2-2

图 2-16　例 2-3 界面设计

【例 2-3】　设计一个 VB 程序,用户界面由三个命令按钮和一个图片框组成。当单击其中"显示图片"命令按钮,在图片框中显示一个图片,单击"显示文本"命令按钮时,显示"您好!"。单击"退出"按钮,结束程序的运行。根据题目要求,设计界面如图 2-16 所示。

首先添加图片框控件到窗体上。参照上题的做法把鼠标指针移到工具箱中图片框的图标 上,单击鼠标左键,图片框呈现被按下的状况,然后将光标移到窗体上希望放置图片框的位置,按住鼠标左键作斜线运动,拖拉成所需要的尺寸,然后释放左键,一个图片框就被添加到窗体上了。

按照例 2-2 的办法把三个命令按钮放到窗体所需的位置上。此时窗体上建立了一个图片框和三个命令按钮。按照例 2-2 所介绍的办法分别设置各对象的属性值如表 2-2 所示。

表 2-2　例 2-3 对象属性设置

对　　象	属　　性	设置属性的值
窗体	(名称)	Form1
	Caption	Form1
图片框	(名称)	pic1
命令按钮 1	(名称)	cmdShowPic
	Caption	显示图片
	FontSize	五号
命令按钮 2	(名称)	cmdShowText
	Caption	显示文本
	FontSize	五号
命令按钮 3	(名称)	cmdExit
	Caption	退出
	FontSize	五号

在本例中，窗体的 Caption（标题）和 Name（名称）属性均使用了系统的默认值 Form1。

图片框的作用是用来显示图片（图片框的有关内容将在第 4 章详细介绍）。下面设置图片框的属性。

用鼠标单击窗体上的图片框，使其处于激活状态，从属性表中找到"名称"属性，系统默认的图片框名字是 Picture1，将其删除，修改为 pic1。

接着，按要求分别设置三个命令按钮的属性值（见表 2-2）。

下面是为"显示图片"命令按钮的"单击事件"编写相应的程序代码，编写的过程如下：

```
Private Sub cmdShowPic_Click()
    pic1.Picture=LoadPicture("D:\Basketball.jpg")
End Sub
```

其中第 2 行中的 pic1 是图片框的"名称"属性的值（即图片框的名字）。Picture 是图片框的"图片属性"。这个语句称为赋值语句。其中的"＝"称为"赋值号"，该语句的含义是将赋值号右面的内容赋给赋值号左侧 pic1 对象的属性，使 pic1. Picture 的值等于右侧的字符串。LoadPicture 是一个函数，作用是装载指定路径的一个图片。括号里写明这个图片文件所在的路径和文件名。上面赋值语句的作用是把 D 盘中的一个图片文件 Basketball. jpg 添加到图片框中。这样窗体的图片框中就存放了这个图片了。它的作用与在属性窗口中为窗体、命令按钮等对象设置属性值是一样的。

说明：可以通过两种方法修改对象的属性值。一是在设计阶段在属性表中进行（如例 2-2 的属性设置方法），二是在程序运行过程中用语句来实现（如本例）。

前面已说明"标题"和"名称"属性的作用是不同的。"标题"用来给对象做标记，它显示在对象上，能够在屏幕上看到"标题"。而"名称"是用来让程序识别对象的，它不能在屏幕上显示出来。上面程序中的赋值语句是修改一个图片框的 Picture 属性值。但要让程序知道修改的是哪一个图片框，就用**名称**（例如 pic1）**来代表一个对象**，就相当于我们人的名字（例如"张三"，"李四"）的作用。

下面是另一个事件过程。若单击"显示文本"命令按钮，就在图片框中显示"您好！"。

```
Private Sub cmdShowText_Click()
    pic1.Print "您好!"
End Sub
```

例 2-1 中用 Print 直接在窗体上显示了一段文字。而这个题目要求在图片框中显示文字。仍然使用 Print，但是必须指明是在图片框中显示文本，因此要写成：pic1. Print "您好！"。（如果没有"pic1"，就会在窗体上显示文字。）

"退出"按钮的过程同例 2-2。

运行时单击"显示"按钮后的结果见图 2-17。Basketball. jpg 是一个篮球的图片文件。

图 2-17　例 2-3 程序运行情况

2.3 开发 Visual Basic 应用程序的步骤和有关问题

2.3.1 开发 Visual Basic 应用程序的步骤

总结上述几个例题,开发一个 VB 应用程序的主要步骤如下:

1. 设计用户界面

首先要设计应用程序的用户界面,也就是用户在使用本应用程序进行工作时,在屏幕上进行工作的界面。从上述几个例题已经看到,可以用工具箱中的控件在窗体上"画出"所需的用户界面。用户界面由窗体和控件两部分组成。窗体就是我们进行界面设计时在其上画控件的窗口。执行"文件"→"新建工程"命令,所看到的即是窗体。有关窗体的详细介绍见第 3 章。

2. 设置控件的属性

对窗体和每一个控件都可进行属性设置。在属性窗口中所进行的是设置属性初始值,用户也可在程序中对它们进行设置或修改,如例 2-3 所述。

3. 编写事件过程代码

这里的过程指的是一组 VB 语句,即 VB 的源程序。一个"事件过程"是指当一个对象出现某种事件(如单击事件)时产生的响应,即进行相应的操作。在本章例题中可以看到,当单击对象(窗体或命令按钮)时,就会执行相应的过程以完成具体的操作。这些具体操作在过程中是用 VB 语句实现的,例如语句 Print"您好,欢迎您!"。

2.3.2 怎样运行和保存 Visual Basic 应用程序

1. 怎样运行 VB 应用程序

为了运行一个 VB 程序,可以通过以下几种途径:
(1)从菜单栏中选择"运行"菜单的"启动"命令。
(2)按 F5 快捷键。
(3)从工具栏中选择"启动"图标 ▶ 。
如果想终止程序的运行,可从菜单栏中选择"运行"→"结束"命令,或从工具栏中选择"结束"图标 ■ 。

2. 怎样保存 VB 应用程序

前已说明,一个 VB 程序称为一个工程(即一个项目),一个工程中往往包含多个不同类型的文件。这些文件需要分别保存。

保存程序时,从菜单栏中选择"文件"→"Form 另存为"命令,屏幕上出现一个对话框。这个对话框的标题为"文件另存为"(见图 2-18),系统提供一个供选用的文件名,如果不想使用这个名字,可以输入指定的路径和文件名,然后单击"保存"按钮,这时,文件被保存(窗体文件的后缀是.frm),同时关闭对话框。

图 2-18　保存窗体文件

如果一个 VB 的工程(项目)包含多个文件,例如,有多个窗体文件,或有其他类型的文件,均应按此方法分别保存在不同的文件中。同时还需要保存一个"工程文件"(即项目文件)。选择"文件"→"工程另存为"命令,在出现的标题为"文件另存为"对话框中,输入工程文件名,单击"保存"按钮即可。工程文件的后缀为.vbp。

2.3.3　Visual Basic 应用程序的执行方式

前面的例子都是在 VB 集成环境下运行的。有人可能会问:编好的 VB 应用程序离开 VB 环境能运行吗? 这就需要了解 VB 应用程序的执行方式。

从前面的 VB 程序中可以看到,所写的 VB 代码是由英文字母、数字和一些专用符号(如＝、＋、?、_ 等)组成的。这样的表示方法使人们容易看懂,但是计算机是不能直接识别和执行这些指令的。从本质上说,计算机只能执行由 0 和 1 组成的指令。因此必须将由 VB 语言写的程序翻译成为由 0 和 1 组成的计算机指令(称为机器指令)后,计算机才能执行。这个翻译工作显然不是由人工完成的,而是由称为"编译系统"的软件完成的。

有两种翻译方式:一种是翻译一句执行一句(如同口译一样翻一句说一句),即逐行翻译逐行执行,这种方式称为"解释方式",前面的例子采用的都是解释方式。它不保留完整的机器指令,也就是说不生成完整的可执行文件(后缀为.exe 的文件)。如果先后多次运行此程序,VB 系统会又对它进行多次重复的翻译。显然,它只能在 VB 环境下才能进行,离开了 VB 环境就无法进行解释和执行。

另一种翻译方式是把由 VB 语言写的程序(称为 VB 源程序)一次性地全部翻译成机器指令,生成一个后缀为.exe 的可执行文件。这种方式如同笔译,全部译完才执行。由于这种文件是由机器指令组成的,计算机能直接识别和执行。因此即使在未安装 VB 系统的计算机上,也能运行。

如果想生成可执行的.exe 文件。具体做法如下:

从菜单栏中选择"文件"→"生成工程 1. exe"的菜单命令,选择它后出现一个对话框(见图 2-19),从键盘上输入想要的可执行文件名,然后单击"确定"按钮,对话框关闭,一个可执行文件(. exe 文件)便生成了。

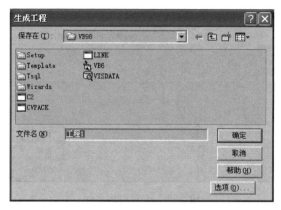

图 2-19　生成工程文件的对话框

如果需要运行编译后的程序,可以在 Windows 的"资源管理器"或"我的电脑"中找到该文件,然后双击文件名即可执行。也可以在 DOS 的系统提示符下直接输入可执行文件名运行它。

2.4　Visual Basic 编程的初步知识

从前面的例子中可以看到 VB 编程的特点是:编程始终是围绕"对象"进行的,首先需要确定本项目需要用到哪几个对象,然后设置对象的属性,最后编写该对象在发生某种事件时应执行的"过程"。

具体地说,设计一个 VB 应用程序包括两个方面的工作:

一是利用 VB 提供的对象(窗体和控件)设计用户界面,并且为这些对象设置属性的值(使对象具有指定的属性)。这些是为用户提供可视化的界面,这是过去的 BASIC 语言所没有的,这就是 Visual 的体现。

二是编写程序代码,以实现任务的要求。如果没有程序,那么什么事情都做不了。本章的例题是比较简单的(要求显示一行文字,调出一个图像),因此程序比较简单,在一个过程中只有一个可执行语句(输出语句或赋值语句),如果任务复杂,程序会复杂得多。因此必须学习和掌握 Visual Basic 的语法规则,学会用它编写源程序。在本书中将 Visual Basic 的语法分散在各章中,结合具体的任务循序渐进地介绍。下面先介绍最基本的知识。

(1) VB 程序是由一个个相对独立的**过程**(subroutine)组成的,所谓编写程序就是编写一个个过程(如响应某个事件的过程)。VB 和过去的 BASIC 以及其他高级语言(如 FORTRAN,C 等)不同,在其他传统的计算机语言中,一般有一个主程序和若干子程序,在开始运行后从主程序开始执行,在执行主程序过程中先后调用各子程序,顺序执行直至主程序结束。在 VB 中,一个 VB 应用程序是由若干个过程(subroutine)组成,没有主程序。程序运行开始后并不自动执行各过程,只有当发生某一对象(如窗体)的某一事件(如单击事件)时,才会触发相应的过程,执行有关的操作。

(2) VB 程序的每个过程包括三部分:

① 过程首部,即过程第一行,如:

```
Private Sub Form_Click()
```

包括过程的名字(如 Form_Click)、过程的类型(如 Private)和过程中用到的参数(过程名后面的括号内包含过程中可能用到的参数,本例中没有参数,所以括弧内是空的)。

② 过程中的语句。这是过程中的实质部分,由它完成所需要的操作。

③ 过程结束标志。表示本过程至此结束,以 End Sub 表示。

(3) 过程中的语句是由若干个语句行构成的,每一行称为一个语句行。一行中可以包含一个语句,也可以包含一个以上的语句。如果一行内包含两个或更多的语句时,语句间以冒号间隔,如"a=10:b=10:c=30"。

(4) VB 提供了多种语句。前面见到的输出语句(Print)和赋值语句是最基本的,几乎所有的 VB 程序都会用到这两种语句。其他还有条件判断语句(If 语句)、循环语句(For 语句)、跳转语句(Goto 语句)、注释语句(Rem 语句)等。VB 语句分为执行语句和非执行语句。执行语句使计算机产生动作,如 Print、If、End 等。非执行语句计算机不产生操作。例如注释(Rem)语句,它的作用是为程序或语句作注释,是供用户看的(便于理解程序),而不是让计算机执行某些操作。

(5) 一般在语句行前没有标号,程序按语句排列的顺序依次执行。如果需要可以使用标号。标号由字母或数字再加一个冒号组成。它的作用是作为行的标志,常用于转移语句的指向。例如,下面程序段中的"a:"就是一个行标号(简称标号)。

```
Private Sub P()
    Rem The area of triangle
    a=10: b=4: c=5
    If a+b<c Or b+c<a Or c+a<b Then Goto a:
    s=(a+b+c)/2
    area=Sqr(s * (s-a) * (s-b) * (s-c))
    Print "Area="; area
    Exit Sub
a:
    Print "Error!"
    End
End Sub
```

第 1 行是注释语句,用于程序的注释(说明本程序段的作用是求三角形的面积)。第 2 行的作用是分别为 a、b、c 三个变量(代表三角形的三个边长)赋值。第 3 行的作用是判断三角形中任意两边之和是否大于第三边。如出现任一组"两边之和不大于第三边",则流程转到标号为"a:"的语句行,也就是不执行计算三角形的面积的语句,直接给出一个错误提示,并结束程序的运行。

思考与练习

1. VB 集成开发环境的主要构成部分有哪些? 各个部分的主要功能是什么?
2. VB 集成开发环境的三种工作状态是什么?
3. 设计 VB 程序的主要工作是什么?
4. 如何编辑、保存、运行 VB 程序?

实验 2 了解 Visual Basic 集成开发环境

1. 实验目的

(1) 了解 Visual Basic 6.0 中文版集成开发环境,能够在该环境中创建、保存、运行、打开工程文件。

(2) 通过在 VB 开发环境中运行简单程序,了解 VB 程序设计、运行的基本方法。

2. 实验内容

1) 了解 VB 集成开发环境

进入 VB 集成开发环境中,通过在窗体上添加控件、设置控件的属性、保存工程文件等操作掌握 VB 集成开发环境的简单使用。

(1) 建立如图 2-20 所示的窗体,并保存为工程文件。

① 在窗体上添加 1 个文本框,2 个命令按钮,如图 2-20 所示。

② 按表 2-3 在属性窗口中设置控件的属性。

图 2-20　上机练习

表　2-3

对　　象	属　　性	设置属性的值
窗体	(名称)	Form1
	Caption	Form1
文本框	(名称)	txtTest
	Text	VB 集成开发环境
命令按钮 1	(名称)	cmdShow
	Caption	显示
命令按钮 2	(名称)	cmdExit
	Caption	退出

③ 分别保存窗体文件和工程文件。

④ 运行上述程序。

（2）建立如图 2-21 所示的窗体，并保存为工程文件。

① 在窗体上添加 1 个图片框控件，如图 2-22 所示。

图 2-21　设计时的窗体外观

图 2-22　运行效果

② 按表 2-4 在属性窗口中设置控件的属性。其中图片框控件的 Picture 属性可以是磁盘上的任意图片文件。

表　2-4

对　象	属　性	设置属性的值
窗体	（名称）	Form1
	Caption	Form1
图片框	（名称）	picTest
	Picture	C:\an04323-.WMF

③ 分别保存窗体文件和工程文件。

④ 运行以上程序，如图 2-22 所示。

2）运行简单的 VB 程序

（1）按照本章例 2-1，建立 VB 程序，并运行。

（2）按照本章例 2-2，建立 VB 程序，并运行。

（3）按照本章例 2-3，建立 VB 程序，并运行。

第3章

Visual Basic 程序设计初步

第 2 章中已提到设计一个 VB 应用程序主要包括两项工作,一项是设计用户操作界面,VB 中所有的用户界面是以窗体为基础的。另一项是设计程序代码,使用 VB 语言编写程序要遵循 VB 的语法规定。本章将进一步讨论窗体的属性和事件以及 VB 的基本语法规定等。

3.1 利用窗体进行界面设计

在第 2 章的程序中已经涉及了窗体的使用。我们曾将窗体比喻为一张画纸,在 VB 集成开发环境中,可以使用"工具箱"中的控件在窗体上进行界面设计,也可以使用窗体的属性来"装扮"窗体(如改变窗体的外观,添加丰富的色彩,装入事先准备好的图片,改变它的尺寸等)。

在 Windows 系统中,窗体是最常用的对象,例如,打开资源管理器实际上就是打开一个窗体。Windows 中的窗体都有类似的结构和特点。图 3-1 所示是一个窗体的结构。窗体右上方有三个按钮,自左而右分别是:"最小化"按钮 ▬、"最大化"按钮 ▢ 和"关闭"窗体按钮 ✕。若单击窗体"最小化"按钮 ▬,窗体消失,窗体缩小为屏幕底部任务栏上的一个按钮 ▣ Form1,表示它不是当前打开的窗体;单击该按钮可以恢复窗体,使之成为当前窗体。单击窗体的"最大化"按钮 ▢,可使窗体充满屏幕,此时窗体的 "最大化"按钮变成两个重叠的小方块 ▣;单击该按钮,能够恢复原来的窗体。单击"关闭"窗体按钮 ✕ 可以关闭窗体。若再单击工程窗口的"查看对象"按钮,可再次打开窗体,此时窗体被激活。

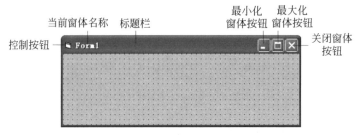

图 3-1 窗体的基本元素

下面举例说明怎样利用窗体进行 VB 应用程序设计。

【**例 3-1**】 设计一个 VB 程序,窗体上画有三个命令按钮,标题分别是"窗体变小"、"窗体变大"和"关闭窗体"。运行程序时,在窗体上会装入一幅图片。当单击"窗体变大"命令按钮时,窗体变大;单击"窗体变小"按钮时,窗体变小;单击"关闭窗体"按钮,结束程序的运行。窗体界面设计如图 3-2 所示。

图 3-2 例 3-1 的窗体外观

先选择需要的控件,根据题意应选择 3 个命令按钮控件。对窗体和控件的有关属性进行设置,如表 3-1 所示。

表 3-1 例 3-1 对象属性设置

对 象	属 性	设 置
窗体	(名称)	Form1
	Caption	改变窗体尺寸
命令按钮 1	(名称)	cmdLarge
	Caption	窗体变大
命令按钮 2	(名称)	cmdSmall
	Caption	窗体变小
命令按钮 3	(名称)	cmdExit
	Caption	关闭窗体

然后根据题目要求编写有关事件过程的代码:

```
Private Sub Form_Load()                 (窗体装入事件的相应过程)
    Picture=LoadPicture("D:\flower.jpg")
End Sub
```

运行程序的时候,系统自动将窗体装入内存,这就出现了窗体的 Load 事件,触发了 Form_Load 事件过程。Form_Load 事件过程通常用来对窗体的属性和变量进行初始化。

要在窗体上显示图片,需要使用 LoadPicture 函数。LoadPicture 函数的作用是将括号中指定的图形文件调入内存。括号中双引号里的内容是图形文件名,调用 LoadPicture 函数的一般格式为:

LoadPicture("文件名")

"文件名"要求要包含完整的文件路径。调用图片的目的是把它装入某一对象,因此要把它赋值给一个对象,其一般形式为:

[对象.]Picture=LoadPicture("文件名")

其中的"对象"指窗体、图片框、图像框等(注意不是所有的对象中都可以装入图片的,例如不能把图片装入文本框)。

LoadPicture("D:\flower.jpg")的作用是将 D 盘中的图形文件 flower.jpg 调入内存,并将此值赋给 Picture 属性。赋值号左侧的 Picture 是窗体的一个属性。在第 2 章中已提到,指定属性值有两种方法,一是在属性窗口中设置属性值,二是在程序中设置属性值。在程序中设置属性时,需要指明是哪一个对象的属性。在程序中引用一个属性时,一般要在其前面加上对象名(如 cmdLarge.Caption 指命令按钮 cmdLarge 的 Caption 属性值)。如果在属性前不指定对象名,则默认指当前窗体,所以 Picture 与 Form1.Picture 是等价的。

要想改变窗体的大小尺寸,需要使用窗体的两个相关属性 Height 和 Width。Height 指窗体的高度,Width 指窗体的宽度,单位为 twip(缇),一英寸约等于 1440twip。

如果希望程序运行后,单击一次"窗体变小"命令按钮,窗体的高 Height 和宽 Width 在原来尺寸的基础上减少 500 缇;再单击一次,Height 及 Width 的值再减少 500;不断单击,不断递减,窗体越变越小,那么可以写出使窗体变小的代码如下:

```
Private Sub cmdSmall_Click()
  Form1.Height=Form1.Height-500
  Form1.Width=Form1.Width-500
End Sub
```

程序中的 Form1.Height 表示窗体的高度,其中的对象名 Form1 可以省略。但为了增强程序的可读性,建议不要省略对象名。运行程序后,单击"窗体变小"按钮,其效果见图 3-3。

与窗体变小的程序相反,如单击"窗体变大"按钮,窗体的 Height 及 Width 属性值在原有属性值的基础上增加 500,使窗体的尺寸变大。编写窗体变大的代码如下:

图 3-3　运行例 3-1

```
Private Sub cmdLarge_Click()
  Form1.Height=Form1.Height+500
  Form1.Width=Form1.Width+500
End Sub
```

不断单击"窗体变大"命令按钮,Height 和 Width 属性值不断递加,使窗体越变越大。

在编写程序时,可以选择自己喜欢的图片。需要注意的是要写出图形文件所在位置的完整路径。

下面编写"关闭窗体"按钮事件的代码:

```
Private Sub cmdExit_Click()
  End
End Sub
```

End 语句命令的作用是结束程序的运行。

注意:一般来说,一个程序中应该包括结束程序运行的操作。例如,本例题中的"关闭窗体"按钮对应的事件过程能够结束程序的运行。

【例3-2】 设计一个程序,当单击"改变位置"命令按钮时,使窗体的位置改变到屏幕的左上角,单击"还原位置"命令按钮又使它的位置还原,并在标签中显示出所在位置。

图3-4 例3-2窗体外观

用户界面设计如图3-4所示。各个控件的属性设置见表3-2。

表3-2 例3-2对象属性设置

对 象	属 性	设 置
窗体	(名称)	Form1
	Caption	确定窗体的位置
	BackColor	&H00FFFF80&(浅蓝色)
	BorderStyle	1(Fixed Single)
命令按钮1	(名称)	cmdMove
	Caption	改变位置
命令按钮2	(名称)	cmdReset
	Caption	还原位置
命令按钮3	(名称)	cmdExit
	Caption	退出
标签	(名称)	Lable1
	Caption	置空
	BorderStyle	1(Fixed Single)

说明:窗体的属性 BackColor 的值决定窗体的背景颜色(该属性的设置方法参阅第2章)。属性 BorderStyle 决定窗体的"边界风格"(BorderStyle)。它有4种可以选择的值。

- 0(None):窗口无边界。
- 1(Fixed Single):窗口的边界为单线条,且运行期间窗口的尺寸是固定的(即不能改变其大小)。
- 2(Sizable):窗口的边界是双线条,且运行期间可以改变窗口的尺寸。
- 3(Fixed Double):窗口的边界是双线条,且运行期间不可以改变窗口的尺寸。

此处选择1(Fixed Single),即窗口的边界为单线条,且运行期间窗口的尺寸是固定的。

和例3-1一样,程序开始运行时,执行 Form_Load 事件过程,进行初始化窗体的工作,编写该事件过程的代码如下:

```
Private Sub Form_Load()
    Form1.Left=2000
```

```
        Form1.Top=2000
        Label1.Caption="Left 值是:2000,Top 值是:2000"
    End Sub
```

程序开始运行,先将 2000 分别赋给窗体的 Left 和 Top 两个属性。Left 和 Top 是用来确定窗体位置的两个属性。Left 属性指明窗体左边界距屏幕左边界的距离(x 轴方向)。Top 属性指明窗体窗口顶部距屏幕顶部的距离(y 轴方向)。确定了 Left 和 Top 属性值,也就确定了窗体在屏幕上的位置。执行 Form_Load 事件过程后,窗体左上角的坐标为(2000,2000),然后,将窗体窗口的位置信息显示在标签中(即 Top 和 Left 属性值)。

题目要求当单击"改变位置"命令按钮时,把窗体移动到指定的位置,可以编写以下事件过程以实现改变窗体位置的功能。

```
Private Sub cmdMove_Click()
    Form1.Left=100
    Form1.Top=100
    Label1.Caption="Left 值是:100,Top 值是:100"
End Sub
```

单击"改变位置"命令按钮时,执行 cmdMove_Click 事件过程,将窗体的位置改变到屏幕的左上角,即坐标为(100,100)的位置。分别将 100 赋给窗体的 Left 和 Top 两个属性,并把这两个值显示在标签中。

如果单击"还原位置"命令按钮,应恢复窗体的初始位置,只需将最初的 Top 和 Left 属性值重新赋给这两个属性即可。其过程代码如下:

```
Private Sub cmdReset_Click()
    Form1.Left=2000
    Form1.Top=2000
    Label1.Caption="Left 值是:2000,Top 值是:2000"
End Sub
```

即 Left 属性值及 Top 属性值均为 2000,窗体回到原来位置。

3.2 Visual Basic 语言的语法基础

进行程序设计必须使用相应的计算机语言。计算机语言有很多种(例如 FORTRAN、PASCAL、C、C++ 等),各有不同的用途。任何一种计算机语言都有其特定的语法规定。在使用这些语言编写程序时,必须要遵守相应的语法规则。这一节介绍最常用的 VB 语法知识。

3.2.1 Visual Basic 的数据类型

计算机能够处理不同类型的信息,如数值、文字、声音、图形、图像等,这些统称为**数据**。数据可以分为不同的种类,称为**数据类型**,如数值类型的数据、字符类型的数据等。

不同类型的数据,在内存中的存储结构不同,占用空间不同,取值范围不同,能够对数据进行的操作也不同。

程序中的数据有两种表示形式:**常量**和**变量**。常量是一个固定的值,如 3、4.5。变量的值在程序运行期间是可以改变的,可以先后向一个变量赋予不同的值。每一个数据(无论常量或变量)都属于一定的数据类型,如 12 是整数类型,34.67 是实数类型。

在 VB 中主要有两大类数据类型,一种是**基本数据类型**,包括数值类型、字符类型等,一种是用户**自定义数据类型**。

在程序设计中,对不同类型的数据可以进行不同的操作。例如,数值型数据之间能够进行算术运算,(2+3.5)是合法的运算。而(2+'VB 程序设计')是非法的运算,因为数值数据与字符数据不能直接进行加法运算。因此在程序设计中需要注意数据的类型。表 3-3 中列出 Visual Basic 所允许使用的基本数据类型及取值范围。

表 3-3 Visual Basic 基本数据类型

类　　型	占用字节数	值的有效范围	类型声明符
Integer(整型)	2	$-32\,768\sim32\,767$	%
Long(长整型)	4	$-2\,147\,483\,648\sim2\,147\,483\,647$	&
Single(单精度实型)	4	$+1.40E-45\sim+3.40E38$	!
Double(双精度实型)	8	$+4.97D-324\sim+1.79D308$	♯
Currency(货币类型)	8	$-922\,337\,203\,685\,477.580\,5$ $\sim922\,337\,203\,685\,477.580\,7$	@
String(字符串类型)	1/每字符	$0\sim65\,535$ 个字符	$
Byte(字节)	1	$0\sim255$	
Boolan(布尔型)	2	True 或 False	
Date(日期类型)	8	1/1/100~12/31/9999	无
Variant(变体类型)		上述有效范围之一	

"类型声明符"的作用是用简洁的方式表示数据的类型,例如 a% 表示 a 是整型变量。如何使用类型声明符将在本章例 3-3 介绍。

VB 中的整型数据和长整型数据都属于**整型数据**,它们的区别在于数据的取值范围不同。整型数据是不带小数点、范围在 $-32\,768$ 到 32 767 之间的数。在这个范围内的某个数或尾部加一个%符号,表示该数据是一个整型数据。

长整型数是在 $-2\,147\,483\,647\sim2\,147\,483\,647$ 之间不带小数点的数。在这个范围中数或尾部带一个 & 符号的数表示为一个长整数。

VB 中带小数点的实数可以用单精度数或双精度数据表示。**单精度数**是带小数点的实数,有效值数为 7 位。在内存中用 4 个字节(32 位)存放一个单精度数。通常以指数形式(科学记数法)来表示,以 E 或 e 表示指数部分。

双精度数也是带小数点的实数,有效数为 15 位。在内存中用 8 个字节(64 位)存放一个双精度数。双精度数通常以指数形式(科学记数法)来表示,以 D 或 d 表示指数部分。

货币类型(Currency)是专门为计算货币而设置的定点数据类型,它的精度要求高,规定精确到小数点后 4 位。一般的数值型数据在计算机内是通过二进制方式进行运算的,因而可能会有误差,而货币型数据是用十进制方式进行运算的,所以具有比较高的精确度。

字符串类型用以定义一个字符序列,例如,"VisualBasic"就是一个字符串。在内存中一个字符用一个字节来存放。"VisualBasic"需要 11 个字节保存。

日期类型用以表示日期,在内存中一个日期型数据用 8 个字节来存放。其实,有时也可以用字符串表示日期,例如"2011-07-20"。但是用字符串表示的日期不能确保其日期是有效的,也就是说,字符串有可能出现"2014-13-32"。而使用日期数据类型,系统按照日期数据类型的约束和限制,对数据进行检查,就可以有效地避免出现不合理日期数据的情况。

VB 中还有一种 Variant 数据类型,称为**变体类型**或**通用类型**。变体类型可以表示上述任何一种数据类型。假设定义 a 为变体类型变量:

```
Dim a As Variant
```

则在变量 a 中可以存放任何类型的数据,如:

```
a=3.5                    (存放一个实数)
a="BASIC"                (存放一个字符串)
a="03/31/1998"           (存放一个日期型数据)
```

根据赋给 a 的值的类型不同,变量 a 的类型不断变化,这就是称之为变体类型的由来。如果没有定义变量的数据类型,VB 自动将该变量定义为 Variant 类型。不同类型的数据在 Variant 变量中是按其实际的数据类型存放,例如将一个整数赋给变体类型变量 a,在内存区中按整型数据的方式存放。用户不必进行任何数据类型的转换工作,数据类型的转换工作由 VB 系统自动完成。

怎样知道一个变体类型的变量在程序中究竟被作为何种数据类型?VB 中有一个函数 VarType,能够测定一个 Variant(变体型)变量在程序中实际的数据类型。VarType 函数的值是一个数值,其含义如表 3-4 所示。

表 3-4　**VarType 函数值**

VarType 函数值	数值类型	VarType 函数值	数值类型
0	空	5	双精度
1	Null	6	货币型
2	整型	7	日期型
3	长整型	8	字符串型
4	单精度		

【例 3-3】　编写一段程序,给不同的变量赋予不同的值,利用 VarType 函数测试这些变量的数据类型。为了完成这项工作,在窗体上添加一个名称为 cmdTest 的命令按钮,

在该命令按钮的事件过程中编写数据类型测试的代码如下：

```
Private Sub cmdTest_Click()
  Dim Var1 As Variant           (指定变量 Var1 是通用类型)
  Int1=123
  Long1=186&
  Single1=12.6!
  Double1=34.5
  Str1="abcd"
  Cur=8886@
  Da=#10/21/1997#
  Print VarType(Var1), VarType(Int1), VarType(Long1), VarType(Single1)
  Print VarType(Str1), VarType(Cur), VarType(Double1), VarType(Da)
End Sub
```

Var1 被定义为 Variant(变体型)变量,其他各变量(如 Int1,Long1,Single1 等)均未定义为何种类型,因此都作为 Variant 类型处理。当分别对 7 个 Variant 型变量赋值后,再用 VarType 函数测试这 8 个变量实际的数据类型。运行此程序,输出结果如图 3-5 所示。

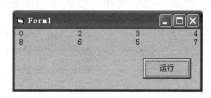

图 3-5　VarType 函数测试结果

Var1 是变体型变量,由于程序中未对它赋值,因此 VarType(Var1)的值为 0。Int1 也是变体变体型变量,由于已被赋值为整数 123,因此 VarType(Int1)的值为 2,由表 3-4 可知变量 Int1 的类型为整型。与此类似,变体型变量 Long1 被赋以长整数 186&,因此 VarType(Long1)的值为 3,表示此时该变量为长整型。其他变量的类型可以用类似的方法判定。

Print 是输出语句,在 Print 前面没有指定对象,故默认为在窗体上输出为各函数的值。

仅有以上基本数据类型有时不能满足设计的需要。有些情况下,我们希望将不同类型的数据组合成一个有机的整体,以便于引用。例如把一个职工的职工号、姓名、年龄、电话、地址等简单数据组合成一个复合的数据,这样一个复合的数据可以由若干不同类型的、互相有联系的数据项组成。在程序设计领域一般把这种复合的数据称为**记录**(record)。在 Visual Basic 中,用户可以用 Type 语句来自己定义这种数据类型。它的一般形式为:

Type 类型名
　成员名　**As**　类型
　成员名　**As**　类型
　成员名　**As**　类型
　　⋮
End Type

例如可以定义一个名为 Employee(职工)的类型,其中包括有职工号、姓名、年龄、电话和住址等信息：

```
Type  Employee
 EmpNo    As   Integer
 Name     As   String * 10
 Age      As   Integer
 Tel      As   String * 10
 Address  As   String * 20
End Type
```

在定义了 Employee 类型之后，就可以用它定义 Employee 类型的变量了。例如可以定义一个 Emp 类型的变量：

```
Dim  Emp  As  Employee
```

此语句定义了 Employee 类型的变量 Emp，它包括有 5 个成员。在程序中我们可以用"变量.成员"这样的形式来引用各个成员，如下面这样：

```
Emp.Name        表示 Emp 变量中的 Name 成员的值(某一职工的名字)
Emp.Address     表示 Emp 变量中的 Address 成员的值(某一职工的地址)
Emp.EmpNo       表示 Emp 变量中的 EmpNo 成员的值(某一职工的号码)
```

3.2.2 变量名和变量值

在程序执行过程中，其值可以发生变化的量称为**变量**（**variable**）。例 3-2 中有一个赋值语句：

```
Form1.Left=2000
```

赋值号左侧的 Form1 是窗体对象的名字，Left 是窗体的属性，可以看到属性 Left 的值是可以改变的，因此在 VB 程序中它是一个变量。

变量需要有一个名称，作为标识，这就是**变量名**。在 Visual Basic 中，对变量命名有如下规定：

（1）变量名的第一个字符必须是字母，如 12ab 是非法的变量名。

（2）变量名的第二个字符及其后的字符可以是字母、数字及下划线。

（3）变量名的长度不能超过 255 个字符。

（4）可以用表示变量类型的字符（如 $，%，# 等）作为变量名的最后一个字符。

（5）不能将 Visual Basic 语言中规定的保留字（如语句命令、函数名等）作为变量名使用，例如，Print 不是合法的变量名。

（6）在变量名中，大小写字母是等价的，例如在同一个程序中，变量名 Abc、abc、ABC 表示的是同一个变量。

（7）变量名中间不能有空格。例如，wang hong 不是合法的变量名。

（8）在同一个程序模块中，不能有相同的变量名。

根据上述规则，变量名 a、a1、flag、well$ 等均是合法的变量名。

（9）变量名的前面可以有对象名，指明是哪个对象中的变量，在对象名和变量名之间用句点(.)相隔，如 a.b 表示 a 对象的 b 变量。同样，Form1.Left 表示 Form1 对象的 Left 变量(此属性是变量)。如果不出现对象名，默认为当前对象(例如窗体)。

3.2.3 定义变量

前已说明，所有变量都属于一定的数据类型。在 VB 程序中应当对变量进行定义(define)，定义的作用是告诉 VB 系统该变量是什么类型，以便系统据此对该变量进行适当的内存分配(不同类型的数据在内存中所占的存储空间和存储方式是不同的)。可以用 Dim 或 Static 对变量进行定义，也可以使用表 3-3 中列出的类型声明符指定变量的类型。例如：

```
Dim a  As Integer         (指定变量 a 为整型)
Dim ch As Char            (指定变量 ch 为字符型)
Y=123%                    (没有指定变量 Y 的类型)
```

上述语句中的第 1 条语句定义了一个整型变量 a。第 2 条语句定义了一个字符变量 ch。第 3 条语句未显式地指定变量 Y 的类型，VB 允许不定义变量直接使用，凡是未指定变量类型的，均默认为变体类型变量(通用类型)。在第 3 条语句中将 123% 赋给变量 Y，而"%"是"类型声明符"，其作用是用简洁的方式指定数据的类型，即 123% 是一个整型数据，因此变量 Y 当前是整型变量。

1. 用 Dim 定义变量

使用 Dim 定义变量的语句格式如下：

Dim <变量名>As <数据类型>

例如：

```
Dim  Name  As  String
Dim  Sum  As  Long
Dim  Num  As  Integer
Dim  X Integer,Y As Single
```

上述 Dim 语句定义了几个变量：变量 Name 为字符串类型变量；变量 Sum 为长整型变量；变量 Num 为整型变量；变量 X 为整型变量，变量 Y 为单精度型变量。

可以省略 Dim 语句中的 As 子句，即按照如下格式定义变量：

Dim <变量名>

由于省略了 As 子句，未指定类型，VB 把变量默认为变体 Variant 类型。例如，如下语句定义了名称为 What 的变体类型变量：

```
Dim  What
```

需要特别说明的是，若使用一条 Dim 语句定义多个变量，例如：

```
Dim x,y as Integer
```

不会同时将 x、y 两个变量都定义为整型变量。而是把变量 x 定义为变体类型变量，y 定义为整型变量。若要将两个变量都定义为整型变量，应该是：

```
Dim x as Integer,y as Integer
```

2. 用 Static 定义变量

VB 中还可以使用 Static 定义变量，语句格式如下：

Static <变量名> As <数据类型>

使用 Static 定义的变量称为静态变量。它与 Dim 定义的变量不同之处在于在执行一个过程结束时，过程中所用到的 Static 变量的值会保留，下次再调用这个过程的时候，变量的初值是上次调用结束时被保留的值，而用 Dim 语句定义的变量在过程结束时不保留，每次调用时需要重新初始化。

【例 3-4】 编写一个程序，观察静态变量的特点。在窗体上添加一个命令按钮，命令按钮的名称为 cmdExec，Caption 属性是"执行一次"。当单击"执行一次"按钮时，执行相应的单击事件过程。该过程的代码如下：

```
Private Sub cmdExec_Click()
  Static  a As Integer
  Dim   b As Integer
  a=a+1
  b=b+1
  Print "a="; a, "b="; b
End Sub
```

当第一次单击命令按钮，运行 cmdExec_Click 事件过程时，由于没有对 a 和 b 赋初值，系统对它们赋以默认值 0。执行完此过程的最后一个语句后，a 和 b 均等于 1。由于 a 是静态变量，因此，变量 a 不被释放，a 的值被保留起来；而变量 b 被释放，b 的值不保留。第 2 次单击命令按钮，运行 cmdExec_Click 事件过程时，a 的初值为 1，b 为 0，执行完此过程的最后一个语句后，a 的值为 2，b 的值为 1。单击按钮 4 次后，界面如图 3-6 所示。

图 3-6　运行例 3-4

编写程序时，提倡用 Dim、Static 显式地定义所使用变量的数据类型，即对变量**"先定义后使用"**。这样，有利于提高程序的可读性，便于按照定义的变量类型进行语法检查，有利于程序的调试。

3.2.4　使用数组

一个变量用于保存一个数据，例如，用字符类型变量 name 存放一个员工的姓名，用整型变量 salary 存放一个员工的工资。

```
Dim Name As String
Dim Salary as integer
```

如果程序要处理 10 个员工的姓名,就要定义 10 个字符串变量。要处理 100 个人的工资,就要定义 100 个整型变量。这是非常麻烦、甚至是难以实现的。为了解决这个问题,高级语言中提供了一种数据类型——**数组**(array)。

把一组具有相同属性、相同类型的数据用一个统一的名字作为标识,就成为数组。数组中的每一个数据称为一个**数组元素**,数组元素用数组名和该数据在数组中的序号来标识,序号称作**下标**。例如,统计 100 个人的工资,可以定义一个含有 100 个职工工资的数组 Salary,Salary(0)代表序号为 0 的职工的工资,Salary(1)代表序号为 1 的职工的工资……Salary(100)代表序号为 100 的职工的工资。

在 VB 中如果没有特别的说明,数组元素的下标是从 0 开始的,即第一个元素的下标为 0。在 VB 中定义数组的一般格式为:

Dim 数组名([下界 To]上界)[As 数据类型]

例如:

```
Dim Salary(100) As Integer
```

或:

```
Dim Salary(0:100) As Integer
```

定义了一个名称为 Salary、含有 101 个元素的整型数组(数组元素的下标从 0 到 100,故共有 101 个元素)。需要注意的是在定义数组时,必须说明数组的大小(即元素个数)。使用数组时(如赋值、运算等操作)都是以数组元素为对象的。例如:

```
Salary(0)=3000                           (把 3000 赋给数组元素 Salary(0))
Salary(1)=4000                           (把 4000 赋给数组元素 Salary(1))
Salary(2)=3500                           (把 3500 赋给数组元素 Salary(2))
Salary=Salary(0)+Salary(1)+Salary(2)     (3 个数组元素值相加)
```

注意:不能对数组进行整体赋值或整体运算,如:

```
Print Salary                (企图输出数组中所有元素的值,错误)
Salary=3000                 (企图对数组中所有元素都赋予 3000,错误)
```

不能对数组名赋值,只能对变量和数组元素赋值。数组元素的性质相当于一个变量,在其中存放一个数据。编写程序时,不要对变量和数组用相同的名字,以免造成混淆。

3.2.5 使用标准函数

在程序执行过程中,往往会用到一些通用的计算或处理,例如,计算正弦函数、计算绝对值等。VB 把许多常用的功能编写成一个个子程序,称为**函数**(function)。从 funtion 的英文含义可以知道,所谓**函数就是功能**,一个函数用来实现一个功能。如果想调用一个函数,需要写出这个函数的名字,一般还要求给定参数。VB 系统提供了一批常用的标准函数。例如,要计算 x+y 的平方根,只要写出 Sqr(x+y)即可。

VB 的标准函数可按功能分为数值函数、转换函数、字符串函数、日期函数和其他函数等。以下按照类别介绍。

1．数值函数

数值函数是用来进行数值运算的函数。表 3-5 是一些最常用的进行数值运算的函数及其功能和说明。

表 3-5　常用数值函数

函　　数	功　　能	说　　明
Abs(x)	求 x 的绝对值$|x|$	
Sqr(x)	求 x 的平方根(正根)	$x \geqslant 0$
Int(x)	得到一个不大于 x 的最大整数	如 Int(8.6)=8,Int(−8.6)=−9
Fix(x)	对小数简单截断取整	如 Fix (8.6)=8,Fix (−8.6)=−8
Log(x)	$\log_e x$,求以 e 为底的对数值,即 $\ln x$	$x > 0$
Sin(x)	$\operatorname{Sin} x$,求 x 的正弦函数值	x 以弧度表示
Cos(x)	$\operatorname{Cos} x$,求 x 的余弦函数值	x 以弧度表示
Tan(x)	$\operatorname{Tan} x$,求 x 的正切函数值	x 以弧度表示
Atn(x)	$\operatorname{Arctan} x$,求 x 的反正切函数值	x 以弧度表示
Exp(x)	e^x,求以 e 为底的 x 的指数函数值	e=2.718 28
Sgn(x)	符号函数	$\operatorname{Sgn}(x)=\begin{cases} 1 & (当\ x>0) \\ 0 & (当\ x=0) \\ -1 & (当\ x<0) \end{cases}$
Rnd 或 Randomize(x)	产生一个在[0,1)区间的随机数	使用 Randomize 可以避免反复产生随机数时出现的重复情况

从上表可以看到,每个函数有一个名称,函数名之后有括号,括号中的数据称为函数的参数,例如 Sin(x),Sin 是函数名,表明函数的功能,括号中的 x 是 Sin 函数所要求的参数,即要计算 x 的正弦值。

说明:

(1) 函数的参数可以是一个常量,也可以是变量或表达式,如 Sng(8),Int(7 * 19)等。参数必须用括弧括起来。

(2) 一个数值函数的值是数值,它可以和其他数值数据进行数值运算。例如:

```
x=Int(10.5) * Exp(10)
```

2．转换函数

有时需要进行一些转换操作,例如大、小写字母的转换或数据类型的转换等,这些转换操作可以使用转换函数完成。常用的转换函数见表 3-6。

表 3-6　常用转换函数

函　　数	功　　能	说　　明
Asc(C)	求字符串表达式第一个字符的 ASCII 码	C 是字符或字符串
Chr $ (N)	把 N 的值转换成 ASCII 字符	N 是数值
LCase (C)	大写字母转换为小写字母	C 是字符或字符串
UCase(C)	小写字母转换为大写字母	C 是字符或字符串
Str(N)	把数值 N 转换成字符	N 是数值
Val(C)	把字符转换为数值	C 是字符或字符串

【例 3-5】　编写一个程序,产生一个范围在 65~90 之间的随机整数。这也是 26 个大

写字母所对应的 ASCII 码。以这个随机数作为字
母的 ASCII 码,将该随机数转换为相应的大写字
母,然后再转换为小写字母。

首先启动 VB,然后按照题目的要求,从工具箱
中选择命令按钮控件,在窗体上画出三个命令按
钮,并按照表 3-7 设置这些控件的属性。设置了各
控件属性的窗体外观如图 3-7 所示。

图 3-7　例 3-5 窗体外观

表 3-7　例 3-5 对象属性设置

对　　象	属　　性	设　　置
窗体	(名称)	Form1
	Caption	使用函数
命令按钮 1	(名称)	cmdNum
	Caption	产生随机数字
命令按钮 2	(名称)	cmdUcase
	Caption	数字转换为大写字母
命令按钮 3	(名称)	cmdLcase
	Caption	大写字母转换为小写字母

Rnd 函数能够产生一个范围在[0,1)之间的随机数。由于题目要求产生 65~90 之间
的随机整数,因此,写出以下表达式:

```
x=Int(Rnd * 26+65)
```

由于 Rnd 函数的值在[0,1)之间,因此 Rnd * 26 的值在[0,26)之间,(Rnd * 26+65)
的值在[65,91)之间,用 Int 函数对它取整,得到一个 65 到 90 之间的随机整数,把它赋给
变量 x。

按照题目要求,在单击"产生随机数字"按钮时,程序应执行相应的操作。因此要将显示命令等操作写在按钮的单击事件的代码中。该过程的代码如下:

```
Dim x As Integer
Private Sub cmdNum_Click()
    x=Rnd * 26+65
    Print "随机数是"; x
End Sub
```

上面第 1 行是定义 x 为整型变量。由于在其他两个命令按钮的事件过程中都要使用到随机数 x,因此 x 不应当在某一过程中定义(它只在本过程中有效),而应将 x 设为窗体级的变量,即定义变量的语句不包含在任何事件过程中。第 3 行是产生随机数,并将该随机数赋值给变量 x。由于已定义变量 x 的类型为整型,因此可以将前面的表达式

```
x=Int(Rnd * 26+65)
```

中的取整函数 Int 省略,即:

```
x=Rnd * 26+65
```

表达式"Rnd * 26+65"的值是[65,91)范围内的一个随机数,一般情况下是一个实数,而 x 已定义为整型变量,它只能存放整数,因此在向 x 赋值过程中会自动舍弃小数部分,只把随机数的整数部分赋给 x,即自动执行了取整的操作。

有关"数字转换为大写字母"按钮的代码如下:

```
Private Sub cmdUcase_Click()
    Print "相应的大写字母是: "; Chr(x)
End Sub
```

程序中只有一条显示语句,其作用是在窗体上显示一个字符串。函数 Chr 的作用是把括号中的整数(即 ASCII 码值)转换为相应的字符。由于产生的随机数的范围是 65～90,因此只能产生大写字母。

关于"大写字母转换为小写字母"按钮的代码如下:

```
Private Sub cmdLcase_Click()
    Print "相应的小写字母是: "; LCase(Chr(x))
End Sub
```

过程中的 LCase 函数的功能是将括号中的参数(字母)变为小写字母。

运行程序,顺次单击三个按钮,就能够产生一个满足要求的随机数,然后将该随机数转换为大写字母,最后转换为小写字母。图 3-8 是两次操作的运行结果。

若多次运行这个程序会发现,每次重新运行程序所产生的随机数序列是相同的(例如第 1 个随机数都是 83,第 2 个随机数都是 79)。把 Rnd 函数改

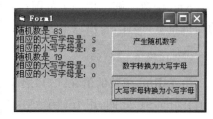

图 3-8　运行例 3-5

用 Randomize 函数,就可以消除这种现象,得到真正的随机数序列。

通过这个例题,可以了解到如何使用函数。

3. 字符串函数

字符串处理是比较常用的操作,表 3-8 列出常用的字符串处理函数。

表 3-8　字符串处理函数

函　数	功　能	说　明
Instr(字符串 1,字符串 2)	在字符串 1 中查找字符串 2 第一个字符的位置	返回值是整数
Left $ (字符串,n)	取字符串左部的 n 个字符	返回值是从原字符串的左侧截取的子串
Len(字符串 | 变量名)	返回字符串的长度或变量所占的存储空间	返回值是数值型数据
LTrim $ (字符串)	去掉字符串左部的空白字符	返回值是去掉前导空格的字符串
Mid $ (字符串,p,n)	从 p 位置开始取字符的 n 个字符	返回值是原字符串的子串
Right $ (字符串,n)	取字符串右部的 n 个字符	返回值是从原字符串的右侧截取的子串
RTrim $ (字符串)	去掉字符串右部的空白字符	返回值是去掉尾部空格的字符串
String $ (n,字符串)	返回由 n 个字符组成的字符串	

4. 日期函数

使用日期函数,有助于对日期的处理,能够较好地避免出现不符合规范的日期。表 3-9 列出了几个常用的日期处理函数。

表 3-9　日期处理函数

函　数	功　能	说　明
Date	返回系统当前日期	
Time	返回系统当前时间	
Day(Now)	返回当前日期的"日"	Now 是系统内部的变量,表示当前日期时间
Month(Now)	返回当前的月份	
Year(Now)	返回当前的年份	

【例 3-6】　日期函数的使用。窗体上只有一个按钮,名称为 cmdDate,其 Caption 属性为"使用日期函数"。按钮的单击事件的代码如下:

```
Private Sub cmdDate_Click()
    Print "Now :"; Now, VarType(Now)
```

```
    Print "Date:"; Date, VarType(Date)
    Print "Time:"; Time, VarType(Time)
    Print "Day :"; Day(Now), VarType(Day(Now))
End Sub
```

运行程序,单击命令按钮"使用日期函数",窗体上显示了 4 行信息:系统当前的日期

和时间,即 Now 的值及 Now 的数据类型;当前日期
Date 函数值及 Date 的数据类型;当前时间 Time 函数
值及 Time 的数据类型;以及 Day 函数值及数据类型。
运行结果见图 3-9。

图 3-9　运行例 3-6

从图中可以看到,Now 返回当前日期、时间,Date
返回当前日期,Time 返回当前时间,Day 返回的是指
定时间的日数。这 4 个函数中只有 Day 的数据类型
不是日期型(返回值为 2,对应于整型变量),其他三个函数的返回值都是 7,即日期型
变量。

5. 颜色函数

在 VB 中有两个函数可以设置颜色,一个是 RGB,一个是 QBColor。

RGB 是一个颜色函数,R 代表 Red(红),G 代表 Green(绿),B 代表 Blue(蓝),RGB
函数有三个参数,分别代表红、绿、蓝的比例,每个参数的值为 0~255。RGB(255,0,255)
含义是无绿色的成分,红和蓝成分相等,效果为紫红色。这 3 个参数不同值的组合可以产
生许许多多种颜色。表 3-10 列出了一些颜色的组合。

表 3-10　RGB 颜色效果

RGB 函数	返 回 值	颜 色
RGB(0,0,0)	&H0	黑色
RGB(255,0,0)	&HFF0	红色
RGB(0,255,0)	&HFF00	绿色
RGB(0,0,255)	&HFF0000	蓝色
RGB(0,255,255)	&HFFFF00	青蓝色
RGB(255,0,255)	&HFF00FF	紫红色
RGB(255,255,0)	&HFFFF	黄色
RGB(255,255,255)	&HFFFFFF	白色

颜色也可以用 QBColor 函数来表示。学过 BASIC 或 QBASIC 语言的读者已经知道
可以用颜色号 0~15 代表 16 种颜色。VB 中用 QBColor(i)代表一种颜色,如表 3-11
所示。

表 3-11 QBColor 函数颜色效果

i 值	颜 色	i 值	颜 色
0	黑色	8	灰色
1	蓝色	9	亮蓝色
2	绿色	10	亮绿色
3	青色	11	亮青色
4	红色	12	亮红色
5	粉红色	13	亮粉红色
6	黄色	14	亮黄色
7	白色	15	亮白色

如 QBColor(2)代表绿色。

3.2.6 算术运算符与表达式

在程序设计语言中,常用一些简洁的符号描述基本的运算,这些符号称为运算符或操作符。例如,我们熟悉的表达式:

2+3 * 5

其中的＋、* 被称为算术运算符。参与运算的 2、3、5 等被称为运算量或操作数(operation)。运算量可以是常量、变量或函数等。

VB 有三类运算符:

(1) 算术运算符,用来进行算术运算;

(2) 关系运算符,用来比较两个运算量的大小;

(3) 逻辑运算符,用来进行逻辑运算。

与此相应,有三种表达式,即算术表达式、关系表达式和逻辑表达式。这里首先介绍算术运算符,另外两种运算符将在第 4 章中介绍。

VB 提供的算术运算符如表 3-12 所示。

表 3-12 Visual Basic 的算术运算符

运算符	含义	举 例	说 明	优先级
＋	加	10＋2,结果等于 12		6
－	减	7.4－3,结果等于 4.4		6
Mod	求余	7 Mod 2,结果等于 1	结果是两个数相除后之余	5
\	整除	7\2,结果等于 3	整除结果取商的整数部分	4
*	乘	8 * 2,结果等于 16		3
/	除	7/2,结果等于 3.5		3
－	负号	－10,结果等于－10	进行单目运算,10 取负	2
^	指数	4^3,结果等于 64	进行乘方运算,4^3 是 4^3	1

说明：整除运算(\)的结果是商的整数部分。例如整除运算7\2,商为3.5,取整结果为3。如果参加整除运算的数值是实数,则先按四舍五入的原则将它们变成整数,然后相除取商的整数部分。例如,4.8\2进行整除,先将4.8变成5再进行运算,商为2.5,取整结果为2。

Mod是求两个整数相除后的余数,如表中所示。如果参加运算的两个量是整数,则直接进行相除,然后取余数。如果参加运算的两个量是实数,则先按四舍五入原则将它们变成整数再进行求余运算。例如,12.33 Mod 4.75,先将12.33变成12,4.75变成5,然后12除以5,余2,两数求余结果为2。

用表3-10中的运算符、圆括号以及运算量构成的符合VB语法规则的表达式称为**算术表达式**。

表3-10中运算符按优先级由低到高排列,即指数运算的优先级最高,而加、减运算的优先级最低。在一个表达式中,先计算优先级别高的运算,后计算级别低的运算。可以使用圆括号改变运算的优先级。如果表达式中含有括号,先计算括号内表达式的值;若有多层括号,则要先计算内层括号中表达式的值。优先级相同的运算则从左向右进行计算。

例如,编写一段测试表达式值的程序的代码如下:

```
Private Sub Command1_Click()
    Print
    Print "(1)    (7+8) * 2=";  (7+8) * 2
    Print
    Print "(2)    13\5 * 2=";  13\5 * 2
    Print
    Print "(3)    9^2/3   =";  9^2/3
End Sub
```

图3-10　表达式的练习

运行结果如图3-10所示。

程序中有3条不带任何参数的Print语句,其作用是增加一个空行。在这里使用不带参数的Print语句主要是为了使显示的内容更容易清晰。Print "(1)(7+8) * 2=";(7+8) * 2的作用是将引号内的字符串原样显示到窗体上,在引号外面的表达式则是要先计算、再显示结果。

从图3-10可以看到,表达式(1)要先计算括号内7+8的值,再乘以2。

表达式(2)中乘法的优先级高于整除,因此先计算5 * 2,再计算13\10,结果为1。

表达式(3)中的指数运算优先级高于除法,因此先计算9^2,再计算81/3,结果为27。

3.2.7　用表达式对变量赋值

在前面的例题中已用过赋值语句,将一个数据赋给一个变量。赋值语句的一般格式为:

变量名=表达式

即把一个表达式的值赋给一个变量。"表达式"可以是算术表达式、关系表达式和逻辑表达式。赋值语句包括两部分操作：(1)先进行表达式的运算，求出表达式的值；(2)将表达式的值赋给指定的变量。即"先运算后赋值"。下面的赋值语句都是合法的：

```
Dim sum1 As Double
Dim price1 As Single, price2 As Single
price1=198.6
price2=1386.95 * 0.8
sum1=price1 * 23+price2 * 500
```

表达式的值的类型应当与被赋值的变量一致或兼容。如果赋值号两侧数据的类型一致(如都是整型或都是字符串型)，则直接进行赋值。如果不同而二者都属于数值型数据(如变量为整型，表达式的值为单精度实型)，则先进行类型转换(将表达式的值由单精度实型数据转换为整型数据)，这时赋值号两侧数据的类型一致了，可以进行赋值了。这种情况称为"赋值兼容"。数值型数据(如双精度、单精度、整型、长整型)之间可以互相赋值。数值型数据和非数值型数据(如整型和字符型)之间不是赋值兼容，不能互相赋值。

被赋值的变量可以是前面用到的普通变量，也可以是用户定义类型的变量。

3.3 对象、属性、事件和方法的概念

通过前面的学习，读者已对对象、属性、事件等有了初步的了解。这些是 Visual Basic 中最基本的和十分重要的概念，在每一个程序的设计中都会用到它们。在前面已对它们有初步了解的基础上，下面再对它们做简单的归纳。

3.3.1 Visual Basic 中的对象

Visual Basic 程序中所使用的窗体以及工具箱中的控件等都是对象。这些对象是系统预先设计好的，可以直接由编程人员调用的。

客观世界中任何一个事物都可以看成一个对象(object)。对象可以是自然物体(如汽车、房屋、狗熊)，也可以是社会生活中的一种逻辑结构(如班级、支部、连队)，甚至一篇文章、一个图形、一项计划等都可视作对象。

一个班级作为一个对象，它有两个要素：一是班级的**静态特征**，如班级所在的系和专业、学生人数、课程、班主任、班长等，这种静态特征称为对象的**属性**(**attribute**)；二是班级的**动态特征**，如上课、开会、文化活动、体育比赛等，这种动态特征称为对象的**行为**(**behavior**)。又如一个录像机是一个对象，它的静态特征(即属性)是生产厂家、牌子、重量、体积、颜色、价格等，它的动态特征(即行为)就是它的功能，例如录像、放像、快进、倒退、暂停、停止等操作。

说明：任何一个对象都应当具有属性和行为这两个要素。如果录像机没有上述行为(功能)，它就不成为录像机。

那么，怎样使对象实施其功能呢？例如怎样使班级学生上课呢？一般采取打上课铃的方法，班级学生一听见铃声就进入上课状态。这就是要从外部给对象发一个信息，出现

一个"事件",触发了对象产生一个行为。怎样使收录机播放呢? 需要外界(人)按"播放"按键,出现一个"按键事件",触发收录机的播放行为。外界给对象发出的动作信息称为**事件**(event)。

说明:要使某一个对象实现某一种行为,应当对这个对象发送一个事件。

每种对象都有自己特定的属性、行为和能识别的事件。例如,使收录机工作只能按"播放"按键而不应打铃,同样让学生上课不能按收录机的按键,因为班级不能识别按键事件。

在 VB 程序设计中涉及的对象只是程序能处理的对象,包括 VB 系统预先设定的窗体和控件,以及由用户自己定义新的对象。

在 VB 编程时,工具箱中的控件实际上是"空对象",或者可以认为只是对象的一个"模板",它还不是一个具体的对象。只有当这些控件被添加到窗体上,有了具体的属性值才成为真正的对象,能够识别特定的动作(如单击、双击等事件)。

3.3.2 什么是属性

属性(Property)用来表示对象的特性。VB 中每一种对象所具有的属性是不同的,千万不要混淆。例如,窗体有 Picture 属性(可以装入图片),而文本框没有 Picture 属性。文本框有 Text 属性,而无 Caption 属性,命令按钮则没有 Text 属性而有 Caption 属性。

设置属性值的方法主要有两种,一种是在设计阶段设置属性值,另一种是在程序运行时设置或改变属性的值。

(1) 在设计阶段,选中一个对象后,可从窗体右侧的属性窗口中的属性表中找到所需要的属性行,然后从键盘输入该属性的值,或者用鼠标从系统给出的几种可能值之中选其中之一。需要提醒的是,不少初学者常常犯这样的错误:本想为 A 对象设置属性,结果却在 B 对象的属性表中进行操作,真是"张冠李戴"。原因是:未选定对象或对象改变了而未发现。应该注意,必须先将所指定的对象激活(在该控件上应该出现 8 个小黑块),在此时,窗体右侧所显示的属性表才是该对象的属性表。如果对象未被激活,则显示出来的属性表必然不是该对象的。

(2) 在运行阶段,通过程序改变属性的值。其一般形式为:

[对象名.]属性名=属性值

例如:

```
Form1.Caption="Visual Basic"
```

注意一定要弄清楚给哪一个对象的属性赋值。不要写错对象名。如果省略对象名则隐含指窗体对象。例如:

```
Caption="VB"
```

则在当前窗体的标题栏处出现"VB"字样。

例如,为命令按钮 cmdDisplay 的 Caption 属性设置值:

```
cmdDisplay.Caption="显示文本"
```

为文本框 txtDisplay 的 FontName 及 FontSize 属性设置值：

```
txtDisplay.FontName="System"
txtDisplay.FontSize=18
```

如果为同一个对象的多个属性赋值，可以使用 With …End With 语句进行赋值，简化语句的表达。例如，为文本框控件 txtDisplay 设置属性值：

```
With txtDisplay                    (对于 txtDisplay 对象)
    .FontName="System"             (省写了对象名)
    .FontSize=18
End With
```

在 With ＜对象名＞及 End With 之间是为该对象各属性赋值的语句。这些赋值语句不必再重复写出对象名，但请注意属性名前的"．"不能省略。

一般无须设置全部属性的值。实际上，控件的多数属性均采用系统提供的默认值，只有在默认值不满足要求时才自己指定所需的值。

3.3.3 什么是事件

VB 程序不同于传统的面向过程的计算机高级语言。传统的高级语言程序由一个主程序和若干个过程和函数组成，程序总是从主程序开始运行，由主程序调用各个过程和函数。程序设计者在编写程序时必须将整个程序的执行顺序十分精确地设计好，然后程序按指定的过程执行。因此，这种语言称为面向过程的语言。

VB 程序没有传统意义上的主程序。在 VB 中，子程序称为**过程**。VB 中有两类过程：**事件过程**和**通用过程**，此外还有函数。程序的运行并不要求从主程序开始。每个事件过程都由相应的"事件"触发而执行。各事件的发生顺序是任意的。这样就使编写程序的工作变得比较简单了。人们只需针对一个事件编写出一段过程即可。

VB 中所指的"事件(Event)"是指由系统事先设定的、能被对象识别和响应的动作。每一种对象能识别(通俗地说是"能感受")的事件是不同的。例如窗体能识别单击和双击事件，而命令按钮能识别单击却不能识别双击事件。每一种对象所能识别的事件在设计阶段可以从该对象的代码窗口中右边过程框中的下拉列表中看出。如图 3-11 所示的是窗体对象(Form)所能识别的事件。

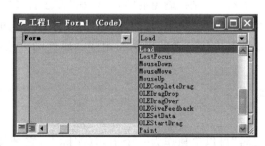

图 3-11 窗体所支持的事件

尽管每一种对象所支持的事件很多,但实际上,一个程序中往往只用到其中几种,可根据实际需要选定。例如,用户只要求在单击窗体时,在窗体中显示一句话,那么只用到窗体的单击事件,只需编写窗体的单击事件过程即可,对其他事件可以置之不理。

3.3.4 什么是方法

从前面的例子已知,在出现一个"事件"后,触发了一个相应的过程。执行此过程中的语句以实现相应的功能。在前面的例题中,在过程中利用了赋值语句和 Print 语句。用赋值语句对有关属性设置所需的值,使用起来比较简单。为了简化用户编程,VB 将一些常用的操作事先编写成一个个子程序,供用户直接调用,方便地实现某些功能。这些 VB 提供的专用子程序称为"方法"(Method)。例如 Print 就是一种方法,是用来输出信息的专用过程。

说明:"方法"是 VB 中的一个术语,所谓"方法"实际上是 VB 提供的一种特定的子程序,用来完成特定的操作。VB 提供了许多种方法,每一种对象可以使用的方法是不同的。窗体可以使用的方法见本章 3.5 节。

调用"方法"的形式与调用一般的过程或函数不同,应该指明是哪个对象调用的。其调用格式如下:

对象名.方法名

例如,Form1. Print 表示由 Form1 对象调用 Print 这个方法,就是调用一个名为 Print 的子程序,执行结果是在窗体 Form1 窗体内显示一段文字。如果有多个窗体,想在 Form2 窗体上显示文字,则应该写成 Form2. Print。如果写成 Picture1. Print,则是调用控件 Picture1 的 Print 方法,在控件 Picture1 中显示。如果写成 Printer. Print "Visual Basic",则在打印机上打印出该字符串。

如果省略对象名,则隐含指当前对象。如在 Form1_Click 事件过程中有以下形式的 Print 方法(即子程序)的调用:

```
Print
```

则隐含代表 Form1. Print,执行 Print 方法后,在窗体 Form1 上显示相关的信息。如果在 Text1_Click 过程中有: Print "VB",由于文本框不支持 Print 方法,故将"VB"输出在窗体上。在编写程序时,为了程序清晰,避免混淆,最好在"方法名"之前加上"对象名"。

每一种对象所能调用的"方法"是不同的,这些是都由系统定义的。

请仔细区分属性、事件和方法三者的含义和用法。属性和方法的使用方法在形式上有些类似,即:

对象名.属性名
对象名.方法名

但是,"对象名.方法名"可以单独作为一个语句(实际上,它是某种过程调用),而"对象名.属性名"只是引用了一个对象的属性,它不是一个完整的语句,只是语句的一个组成部分,如:

Form1.Caption="VB"   (将"VB"赋给 Form1 的 Caption 属性)

Form1.Caption 不能成为一个单独的语句。

属性名一般是名词（如 Caption、Text、Font、Width、Height 等），方法名一般是动词（如 Print，Move，Hide，Show 等）。事件名也是动词（如 Click，Load 等），但事件名不能出现在语句中，它只能出现在事件过程的名字中（如 Form_Click，Form_Load 等）。

为了便于理解，本章把对象的属性、事件和方法这些重要而往往难以理解的概念结合具体例子介绍，而没有放在本书的开头抽象地介绍它们的概念。读者在通过前面的学习初步接触了 VB 程序设计之后，对这些概念就容易理解了。

在本书中不可能也没有必要逐一介绍每种属性、事件和方法的特性及其应用。只能从中选择一些常用的，举例说明它们的用法。读者可以举一反三，在使用到一些不常用的属性、事件和方法时，查阅有关使用说明并上机试一下，应该是比较容易掌握的。

3.4 窗体的属性

除了在第 2 章和上一节的例题中用到的窗体属性外，窗体还有一些常用的属性，在此统一归纳如下：

1. Name 属性

Name 是窗体的**名称**属性，其作用是使程序能够识别窗体。为对象起一个什么样的名字，这对程序是否容易读懂是很重要的。系统为每个对象的各属性提供了默认值，例如 Form1（窗体 1）、Command1（命令按钮 1）、Text1（文本框 1）、Text2（文本框 2）等。可以采用系统提供的默认值，但应注意对象的名字应该具有一定的含义，做到"见名知意"。比如，有"命令按钮 1"控件，其名称属性的默认值是 Command1，如果题目要求单击此命令按钮便改变背景颜色，最好把控件的名称由默认值 Command1 改为 cmdChangeColor 含义就显得更清楚，程序的可读性好，易于理解。

2. Caption 属性

Caption 属性是窗体的**标题**。Caption 属性值是显示在窗体标题栏上的文字。默认情况下窗体的默认标题是 Form1、Form2 等。这个属性既可以在设计阶段通过属性窗口设置，也可以在事件过程中通过程序代码改变它的值。

例如，可以在程序中通过如下命令改变窗体的标题：

Form1.Caption="改变窗体的标题"

程序开始运行后，窗体标题栏中显示的就是上述字符串。

除了窗体，还有其他一些控件也有 Caption 属性，如命令按钮、标签、菜单等。

3. ControlBox 属性

ControlBox 的含义是"控制框"，此属性用于设置窗体窗口是否包含"关闭窗体"的按钮及功能。如果属性值为 True,窗体左上角出现一个下拉控制框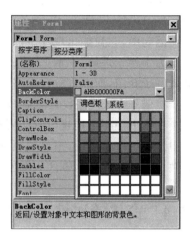按钮,右上角显示"关闭窗体"按钮⊠。如果属性值为 False,则窗体左上角的控制按钮和右上角的"关闭窗体"按钮均不出现。

4. BackColor 属性

BackColor 属性用于设置或改变窗体的**背景颜色**。颜色是一个十六进制的常量。可以通过调色板设置。在窗体的属性窗口选择 BackColor,单击右侧的箭头,打开一个设置颜色值的对话框,选择其中的"调色板",如图 3-12 所示。单击这个调色板上的某种颜色,窗体的背景颜色就会改为这种颜色。

5. BorderStyle 属性

BorderStyle 是"边框风格",此属性用于设置窗体**边框的类型**。系统提供了 6 种类型的边框,其属性值及含义如表 3-13 所示。

图 3-12　设置 BackColor 属性

表 3-13　BorderStyle 属性值

属　性　值	作　　用
0-None	窗体没有边框
1-Fixed Single	固定单边框。包含控制菜单按钮、标题栏、"最大化"按钮和"最小化"按钮
2-Sizable	默认属性,双线边框,且可调整窗体大小
3-Fixed Dialog	固定对话框。包含控制菜单框和标题栏,没有"最大化"按钮和"最小化"按钮,窗体大小固定
4-Fixed ToolWindow	固定工具窗口。窗体大小不能改变,只有关闭按钮
5-Sizable ToolWindow	可变大小的工具窗口。窗体大小可变,只显示关闭按钮

BorderStyle 属性只能在属性窗口中设置,程序运行期间,BorderStyle 属性是"只读"属性,不能改变。

6. Enabled 属性

Enabled 是"能够"的意思,此属性用于设置窗体是否能够响应鼠标或键盘事件。当窗体的 Enabled 属性值为 True,能够响应在窗体上发生的鼠标或键盘事件,系统默认的属性值为 True。如果程序中不需要用鼠标或键盘事件时,可以将 Enabled 属性值改为 False,这时窗体不能响应鼠标或键盘事件(用鼠标单击窗体时,不会触发窗体的单击事件过程),这样可以避免出现误操作。

7. MaxButton 和 MinButton 属性

MaxButton 和 MinButton 属性分别用于设置窗体的右上角是否显示最大化按钮▢

和最小化按钮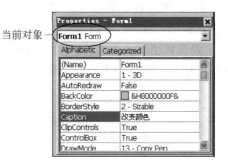。如果希望窗体上显示出这两个按钮并且按钮可用,就应把这两个属性值设为 True。如果其中一个属性为 False,则显示出该按钮,但按钮呈现灰色(不能使用)。这两个属性在程序开始运行时起作用。

8. Visible 属性

Visible 属性用于设置**窗体是否可见**,它有两个值可供选择:True(窗体可见)、False(窗体不可见)。当程序中有多个窗体时,使用这个属性可以使某些窗体为不可见。

设置属性时需要注意的问题是:必须先将所指定的对象激活(在该控件四周出现 8 个小黑块),在此时,窗体右侧所显示的属性表才是该对象的属性表。也可以在属性窗口选中要操作的对象,使其成为当前对象,如图 3-13 中的"当前对象"。如果对象未被激活,则显示出来的属性表必然不是该对象的。

图 3-13　设置窗体的 Caption 属性

3.5　窗体的方法

前已说明,所谓方法实际上是 VB 提供的特定的过程。在窗体操作中可以使用以下方法:

1. Show 方法

Show 方法用于显示窗体。当一个程序中包含多个窗体时,一般要使用 Show 方法显示窗体。Show 方法的格式为:

[窗体名称.]Show

如果省略"窗体名称",则显示当前窗体。Show 方法有装入和显示窗体两种功能。执行 Show 方法时,若窗体不在内存中,则 Show 方法能够自动地把窗体装入内存,再显示窗体。

2. Hide 方法

Hide 方法用于隐藏指定的窗体,使其不在屏幕上显示,但是,该窗体仍在内存中。

3. Cls 方法

Cls 方法用来清除由 Print 方法在窗体或图片框中显示的文本或使用作图方法在窗体或图片框中显示的图形。

例如,单击窗体执行以下过程:

```
Private Sub Form_Click()
    Print "Cls 方法用来清除窗体和图片框中的内容"
```

```
    Circle (2000,2000),200
    Picturel.Print "画圆"
    Picturel.Circle (500, 500), 80
End Sub
```

第 2 行用 Print 方法在窗体上显示一行字符串"Cls 方法用来清除窗体和图片框中的内容",第 3 行是在窗体的(2000,2000)处用 Circle 方法(请查阅第 10 章)画一个半径为 200 的圆,第 4 行是在图片框 Picturel 中用 Print 方法显示文本串"画圆",第 5 行在图片框中画一个半径为 80 的圆。

设窗体上有一个"清除"命令按钮,单击该按钮时,执行事件过程 cmdClear_Click,用 Cls 方法清除窗体和图片框。事件过程如下:

```
Private Sub cmdClear_Click()
    Cls
    Picturel.Cls
End Sub
```

第 2 行是清除窗体上的字符串和几何图形(圆),第 3 行是清除图片框 Picturel 中的字符串和绘制出的圆。从例中可以看到 Cls 的一般格式为:

```
[对象.]Cls
```

对象指窗体和图片框,默认为窗体。

4. Move 方法

使用 Move 方法可以使对象(时钟不包括在其中)移动,同时也可以改变被移动对象的尺寸。

例如:

```
Private Sub Form_Click()
    Move Left-20, Top+40, Width-50, Height-30
End Sub
```

开始运行后,如果单击窗体,每单击一下,窗体就会向屏幕的左下方移动一次,同时将窗体的宽度减少 50twip,高度减少 30twip。不断单击窗体,窗体便会变得越来越小,且越来越靠近屏幕的左下方。若 Move 方法前面没有指明对象,隐含指窗体。它的一般格式为:

```
[对象.]Move 左边距[,上边距[,宽度[,高度]]]
```

5. Print 方法

Print 方法可以在窗体和图片框上显示文字,也可以在打印机(Printer)上输出。
例如,程序运行后,可以单击窗体执行以下过程:

```
Private Sub Form_Click()
```

```
    a=100
    b=80
    Print "a+b="; a+b
    Printer.Print "a+b="; a+b
    Printer.Print "用 Print 方法在打印机上输出"
End Sub
```

先把 100 赋给 a,把 80 赋给 b,然后在窗体上显示出"a+b＝180",并在打印机上输出以下两行内容:

    a+b=180

用 Print 方法在打印机上输出。

Print 方法的一般格式为:

    [对象.]Print[输出表列]

3.6 窗体的事件

窗体的常用事件主要有如下几个。

1. Click 事件

Click 事件是单击鼠标左键时所发生的事件。当单击窗体上任一位置时,就会触发窗体的单击事件 Form_Click。

2. DblClick 事件

在窗体上快速击两下鼠标按钮时,就会产生 DblClick(双击)事件。需要注意的是双击鼠标的操作,实际上触发了多个事件。可以通过一个简单的测试,了解这个问题。

分别在窗体的 Click 和 DblClick 两个事件过程中添加程序代码如下:

```
Private Sub Form_Click()
    Print "这是 Click 操作!"
End Sub
Private Sub Form_DblClick()
    Print "这是 DblClick 操作!"
End Sub
```

当运行程序,在窗体上双击鼠标左键时,显示的内容如图 3-14 所示。

由此可以清楚地看到,一次双击操作包含了单击和双击两个操作。实际上,双击鼠标时,还会触发鼠标的 mouseDown 等事件,大家可以测试一下。

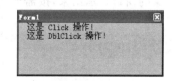

图 3-14 双击鼠标时所显示的内容

3. Load 事件

Load 事件是把窗体装载到工作区的事件。运行程序时，如果存在一个 Form_Load 过程，就首先执行这个过程。一般用于在启动程序时，初始化属性和变量。如果这个过程中没有任何语句，则直接显示该窗体。

4. Unload 过程

Unload 过程是卸载事件。程序运行时，如果关闭窗体，就会触发 Unload 事件。一般在进行应用系统开发时，把退出系统之前需要处理的一些工作，如保存数据等操作，写在 Unload 事件过程中。

例如，窗体 Form1 的 Unload 事件过程如下：

```
Private Sub Form_Unload(Cancel As Integer)
  Form2.Show
End Sub
```

程序开始运行后，单击窗体(Form1)窗口右上角的"关闭窗体"按钮，关闭 Form1 窗体。在关闭窗体的时候触发 Form_Unload 事件，执行 Form_Unload 过程，即执行 Form2.Show 方法，装入窗体 Form2，触发窗体 Form2 的 Load 事件，执行下面的过程过程，将"lion.wmf"图形文件(狮子图片)装入窗体。过程如下：

```
Private Sub Form_Load()
  Picture=LoadPicture("E:\TanVB6\lion.wmf")
End Sub
```

结果是：在关闭 Form1 窗体窗口时，打开了 Form2 窗体窗口，窗口显示出一只狮子。

Form_Unload 过程中的参数 Cancel 是系统定义的。默认情况下，Cancel 的值为 0。当 Cancel 为 0 时，表示关闭窗体；不为 0 时，不执行关闭窗体的操作。程序中，当退出程序、关闭窗体时，往往要确定是否保存文件、是否退出等，如果需要进行相关操作，暂时不退出程序，就可以设置 Cancel 的值为非 0，这样，窗体不会执行卸载操作。

以上介绍了窗体的主要的属性、事件和方法以及它们的使用方法。VB 中的每个对象都有其各自的属性、事件和方法。进行 VB 程序设计，实际上往往是设置各对象的属性值，使用系统提供的该对象的方法去完成某些功能，编写对象事件的代码(即相应的子程序)。

对于以上列出的具体的属性、事件和方法，不必死记，常用的用几次就记住了，一般会在对象的窗口显示出来，按需要选用，十分方便，其他的在需要时查一下即可。

思考与练习

1. 以下哪些变量名是 VB 合法的变量名？
Sin，6a，a+b，x_y，a％，b＄，Print

2. VB 中主要的数据类型有哪些？关键字和类型说明符是什么？

3. 定义变量的命令是什么？如果没有定义的变量，其数据类型是什么？

4. 把以下表达式写成 VB 合法的表达式：

(1) $[(3x+y)^2+\cos45°]\times8$

(2) $10+5\times(c+d)/(a+b)$

(3) $2e^2+\sin(30°)\lg x$

5. 说明以下语句所定义的数组有多少数组元素？

```
Dim a1(-1 To 4)  As Integer
Dim a2(0 To 1,-1 To 2)  As Integer
Dim a3(1 To 3,0  To 2)  As Integer
```

6. 窗体的 Name 属性与 Caption 属性有何区别？

7. 结合实际，举例说明什么是属性、事件、方法？

8. 当用鼠标单击窗体时，会触发哪些事件？

9. 设计一个程序，当单击窗体时，在窗体上显示任意一幅图片。

实验 3　窗体、函数与表达式

1. 实验目的

(1) 了解窗体的构成和窗体的事件，能够编写简单的窗体程序。

(2) 了解 VB 的变量、函数和表达式基本的概念，掌握常用函数的使用方法。

2. 实验内容

按照如下要求编写程序，并上机调试、运行。

(1) 设计一个程序。窗体背景设置为蓝色，窗体的标题为"显示文字"。单击窗体，在窗体上显示一串文字："VisualBasic 程序设计"，文字的颜色为红色。

(2) 设计一个窗体，外观如图 3-15 所示。要求窗体的标题为"显示图片"。窗体上有 1 个图片框和 2 个命令按钮，其标题分别是"显示"、"清除"。运行程序，单击"显示"命令按钮，在图片框中显示一幅图片。单击"清除"按钮，则清除图片框中的图片（提示：使用 LoadPicture 函数，图片文件名为空，即""）。

(3) 表达式练习。

设计一个程序，窗体上有两个命令按钮，标题分别是"计算"和"退出"，如图 3-16 所示。

设 $a=3,b=5,c=8,d=7$

单击"计算"命令按钮时，计算以下表达式的值，并将计算结果显示在窗体上。

① $(a*a)+(b+d)/3$

② $a>b$　And　$c=d$

图　　3-15

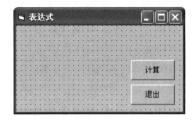

图　　3-16

③ $2e^2 + \sin(30°)\lg b$

（4）字符串函数使用练习

自己设计窗体界面及程序，完成如下功能：

设有字符串 VisualBasicProgramming，请使用函数分别取出该字符串的三个子字符串：Visual、Basic、Programming，并将 Visual 的字母都变为大写，Basic 的字母都变为小写。

（5）数值函数使用练习

自己设计窗体界面及程序，完成如下功能：分别使用 Int、Fix、CInt 等取整数的函数将一个实数转换为整数，并总结这几个函数的异同。

（6）颜色函数使用练习

设计一个含有 3 个命令按钮的窗体，命令按钮的标题分别是"红色"、"蓝色"及"绿色"。单击某个命令按钮，窗体的背景色改变为命令按钮上文字所标的颜色。例如，单击"红色"按钮，窗体的背景色改为红色。

第4章

在用户界面设计中使用常用控件

如果说窗体似一块画布,那么,在这块画布上作画所要使用的工具就是**控件**。在设计程序时,首先需要从工具箱中选择要使用的控件,并添加到窗体上,调整布局,完成界面设计,然后开始程序设计。

在前几章的例子中可以看到:在运行 VB 程序过程中,往往需要使用命令按钮发出执行命令,命令按钮就是一种控件。此外,有时还希望在程序运行过程中接收用户从键盘输入的信息,或者把程序中的有关信息显示在屏幕上,这就需要用到"文本框"和"标签"控件。本章主要介绍这几个常用控件的特点和使用方法。

4.1 利用文本框处理字符信息

使用文本框既可输出或显示信息,又可在其中输入和编辑文本,有时把文本框也称为编辑区。在文本框中可以指定所显示或输入的文本的字体、字号,但是需要注意的是在一个文本框中的文字只能是同一种字体和字号,若想使一个文本框中的文字能有多种字体、字号,需要使用其他控件。

4.1.1 文本框的简单使用

【例 4-1】 设计一个程序,能够从键盘上输入两个数,计算这两个数的和,并将计算结果显示出来。这个例题与前面例题的不同在于要求在运行时由用户输入信息(两个数)。VB 文本框控件的作用就是可以用来输入和显示信息。

根据题目要求用前面介绍的方法在窗体上画出 5 个文本框和 3 个命令按钮,调整好它们的位置和大小。设计好的用户界面如图 4-1 所示。

然后按照表 4-1 依次设置这些控件的属性。

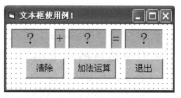

图 4-1 例 4-1 窗体外观

表 4-1　例 4-1 对象属性表

对　　象	属　　性	设　　置
窗体	(名称)	frmExample1
	Caption	文本框使用例 1
文本框 1(内放被加数)	(名称)	txtOp1
	Text	?
文本框 2(内放"＋"号)	(名称)	txtOp2
	Text	＋
	TabStop	False
文本框 3(内放加号)	(名称)	txtOp3
	Text	?
文本框 4(内放"＝"号)	(名称)	txtOp4
	Text	＝
文本框 5(内放结果)	(名称)	txtResult
	Text	?
命令按钮 1	(名称)	cmdAdd
	Caption	加法运算
命令按钮 2	(名称)	cmdClear
	Caption	清除
命令按钮 3	(名称)	cmdExit
	Caption	退出

　　给对象起一个什么样的名字,对于是否能容易读懂程序是很重要的。系统为每个对象的各属性提供了默认值,例如 Form1、Command1、Text1、Text2、…,设计时可以直接采用系统的默认值。但是通常希望对象的名字有一定的意义,做到"见名知意"。比如,本题中的"命令按钮 1"控件,它的名字"Command1"是系统默认值(表示是"命令按钮 1"),由于本题要求单击此命令按钮时便进行加法运算,若把"Command1"改成"Add"就使用户明白此按钮的作用,使程序可读性好,易于理解。

　　在给对象命名时,为了使用户从对象的名字上就能区别出是哪一种控件,VB 建议用能反映对象性质的 3 个小写字母作为对象名字的前缀(见表 4-2),例如文本框控件(Text)名字的前缀是 txt,命令按钮控件(Command)名字的前缀是 cmd 等。其实,在前面3 章的例题中,我们也是按照这种规则进行控件命名的。因此本例中按照系统建议的命名规则将命令按钮 1 的名字"Command1"改成"cmdAdd",在程序中一看到这个控件名称就知道"它是一个命令按钮,用来进行加法运算"。

表 4-2　对象名称前缀

对　　　象	前缀	举　　　例
Form(窗体)	frm	frmDemo
CheckBox(选择框)	chk	chkInput
ComboBox(组合框)	cbo	cboInfo
CommandButton(命令按钮)	cmd	cmdStart
DirectoryListBox(目录列表框)	dir	dirList
DriveListBox(驱动器列表框)	drv	drvDisplay
FileListBox(文件列表框)	fil	filTarget
Frame(框架)	fra	fraFont
HscrollBar(水平滚动条)	hsb	hsbRate
Image(图像框)	img	imgSun
Label1(标签)	lbl	lblMessage
Line(画线控件)	lin	linHorizontal
ListBox(列表框)	lst	lstName
Menu(菜单)	mnu	mnuDatabase
OptionButton(单选按钮)	opt	optEnglish
OLEClient(OLE 客户控件)	ole	oleObjectA
PictureBox(图片框)	pic	picSource
Shape(形状控件)	shp	shpSquare
TextBox(文本框)	txt	txtGetString
Timer(计时器)	tmr	tmrClock
VscrollBar(垂直滚动条)	vsb	vsbYear

　　当然,也可以不采用表 4-2 提供的前缀而由自己确定对象的名字(如用 Addtion 作为命令按钮的 Name 属性的值),但这样难以从 Name 的属性值(即对象的名字)判断该对象属于哪一种类型。

　　根据题目要求,需要把参与加法运算的两个数据输入到相应的两个文本框中。文本框允许用户输入信息,也可以显示信息。本例采用了 5 个文本框,文本框 txtOp1 和 txtOp3 作为输入区,可以直接从键盘上输入任意两个数显示在 txtOp1 和 txtOp3 上。文本框 txtOp2 和 txtOp4 用于显示加号(+)和等号(=)。文本框 txtResult 显示运算结果。窗体上有三个命令按钮,当单击名称为 cmdAdd 的命令按钮后,程序进行加法运算,并将运算结果显示在文本框 txtResult 中。单击名称为 cmdClear 的命令按钮后,清除三个文本框中所显示的"?"或前一次运算的结果,等待用户输入数据。单击名称为 cmdExit 的命令按钮,结束计算,退出系统。

1. 对"加法运算"命令按钮编写事件过程

为了进入代码窗口,可以双击窗体上的"加法运算"命令按钮控件,切换到"加法运算"命令按钮 cmdAdd 的代码窗口,编写其 Click 事件过程,程序如下:

```
Private Sub cmdAdd_Click()
    Dim op1 As Integer, op2 As Integer        (声明变量 op1 和 op2 为整型数)
    Dim Sum As Integer                        (声明变量 Sum 为整型数)
    op1=Val(txtOp1.Text)
    op2=Val(txtOp3.Text)
    Sum=op1+op2
    txtResult.Text=Str$(Sum)
End Sub
```

程序中首先定义了 3 个整型变量,分别存储由键盘输入的两个数据和计算结果。

系统规定,文本框所接收的是字符型数据,因此从键盘上输入的只是数字字符,不能直接进行相加运算。为了能进行加法运算,首先要将输入到文本框 txtOp1 和 txtOp3 中的字符串由字符型转换成数值型数据,这就要使用 Val 函数。Val 函数的作用是将 txtOp1 和 txtOp3 中的数字字符转换成数值,txtOp1.Text 是第一个文本框 txtOp1 中的信息(字符型数据),txtOp3.Text 是第三个文本框中的信息。将数字字符转换成数值后分别赋给变量 op1 和 op2。op1 和 op2 相加之和赋值给变量 Sum。再按文本框的使用要求用 Str$ 函数把 Sum 中的结果转换成字符数据,赋给 txtResule 文本框的 Text 属性,将运算结果显示在窗体上的文本框中。Str$ 和 Val 是一对作用相反的函数。

2. 对"清除"命令按钮编写事件过程

"清除"命令按钮的作用是清除文本框 1、3、5(即 txtOp1、txtOp3 和 txtResult)中原有的信息,使其显示的内容为空白,以便输入和输出数据。将屏幕显示切换到与"清除"命令按钮控件对应的代码窗口,并输入以下语句:

```
Private Sub cmdClear_Click()
  txtOp1.Text=""
  txtOp3.Text=""
  txtResult.Text=""
End Sub
```

程序开始运行后,先单击"清除"命令按钮,执行上述 cmdClear_Click 事件过程。txtOp1.Text=""语句将文本框 txtOp1 的 Text 属性置空,也就是使窗体上第一个输入区清空。接着执行 txtOp2.Text=""语句,使窗体上第二个输入区清空。最后执行 txtResult.Text=""语句,清除上一次程序显示出的结果。此时用户界面如图 4-2 所示。

为了输入数据,用户可先单击文本框 txtOp1,使光标在文本框中闪烁,表示此文本框是"激活"的,或称"焦点"在该文本框上。此时可以从键盘将被加数(如 12)输入到文本框 txtOp1 中。再单击文本框 txtOp3,把它激活,此时光标在其上闪烁,然后从键盘输入加数

（如 36），再单击"加法运算"命令按钮，以执行 cmdAdd_click 事件过程，在文本框 txtResult 中显示相加之和，如图 4-3 所示。

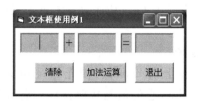

图 4-2 运行例 4-1 的清除文本框内容

图 4-3 运行例 4-1 的加法运算

在计算完一个题目后，如果还要继续计算，应再单击"清除"命令按钮以便清除原有数据。

3. 对"退出"命令按钮编写事件过程

完成计算后，单击"退出"按钮，结束程序的运行。单击"退出"命令按钮的事件过程的代码如下：

```
Private Sub cmdExit_Click()
    End
End Sub
```

4. 设置焦点

上面已实现了题目的要求，但还可以再作些改进。为了向一个文本框输入数据就必须先激活该文本框，有些不方便。人们希望方便输入操作，容许用户既能使用键盘操作，又能使用鼠标操作。VB 提供了 SetFocus（设置焦点）方法和 TabStop 和 TabIndex 属性来实现这个目的。

（1）用 SetFocus 方法设置焦点

SetFocus 是 VB 提供的一种设置焦点的"方法"（前已说明，VB 中的"方法"实际上是一个专用子程序）。设置焦点实际上就是激活所要操作的控件。可以在 cmdClear 事件过程的最后加入下面的语句，设置当前焦点。

```
txtOp1.SetFocus
```

这样，cmdClear 过程就变成下面这样：

```
Private Sub cmdClear_Click()
    txtOp1.Text=""
    txtOp3.Text=""
    txtResult.Text=""
    txtOp1.SetFocus
End Sub
```

最后一条语句的作用是：对文本框 txtOp1 进行"设置焦点"的操作，执行此语句后可以看到光标在文本框 txtOp1 中闪烁。也就是在单击"清除"命令按钮后,除了将三个"?"清除,还自动将焦点设在文本框 txtOp1。用户可以直接向文本框 txtOp1 输入数据,而不必先单击该文本框,再输入数据。那么,又怎样使焦点转到 Op3 从而对文本框 txtOp3 输入数据呢? 可以采用焦点转移。

(2) 用 TabIndex 属性,在按 Tab 键时使焦点转移

在文本框 txtOp1 中输入被加数后,可以按键盘上的 Tab 键,使光标跳到文本框 txtOp3 内。文本框和命令按钮均有一个属性 TabIndex,它的值是按照窗体内各控件从工具箱中添加的顺序自动确定的。如果在窗体上画控件时的顺序是从文本框 txtOp1 到 txtResult,然后是命令按钮 cmdAdd、cmdClear 和 cmdExit,那么,文本框 txtOp1 的 TabIndex 属性值为 0,文本框 txtOp2 的 TabIndex 属性值为 1,文本框 3、4、5 的 TabIndex 属性值依次为 2、3、4,命令按钮 1、2、3 的 TabIndex 属性值为 5、6 和 7。

请注意:

① TabIndex 的值是从 0 开始的。

② 不仅文本框具有 TabIndex 属性,而且命令按钮也具有。所有具有此属性的控件的 TabIndex 值按控件建立的先后统一编排序号。

当进行输入操作时,按下 Tab 键,焦点就按属性值由小到大顺序依次跳转。例如,焦点最初设在文本框 1(TabIndex 值为 0),按一次 Tab 键,焦点就跳到文本框 2(TabIndex 值为 1),再按一次 Tab 键,焦点就跳到文本框 3(TabIndex 值为 2),依此类推。

现在出现了一个问题,对文本框 txtOp1 输入完数据并按 Tab 键后,焦点跳到文本框 txtOp2(上面有"+"号),而这个文本框不应该接收输入的数据,而应向文本框 txtOp3 输入数据。为此,需要再按一次 Tab 键才能使焦点顺序跳到文本框 txtOp3 上。这样,会使用户感到不方便,甚至可能产生误操作(例如在标有"+"的框中输入数据)。

(3) 用 TabStop 属性使某个控件"轮空"

一般控件的 TabStop 属性的默认值为 True(真),表示按 Tab 键时光标移到该控件处"停下来",即焦点正常地移到该控件。在属性设置表中可以看到,文本框 txtOp2 的 TabStop 属性值为 False(假),这样,当按下 Tab 键时光标在该控件处不停留,即跳过文本框 txtOp2 而继续向前到达文本框 txtOp3,文本框 txtOp3 的 TabStop 属性值为 True,故光标停在文本框 txtOp3 上。

(4) 可以改变控件的 TabIndex 属性值

除了使用 TabStop 属性改变焦点移动的次序,还可以通过改变控件的 TabIndex 属性值,以改变按 Tab 键时焦点变化的顺序。例如,可以将最后建立的控件的 TabIndex 属性值改变为 0,倒数第二个建立的控件的 TabIndex 属性值改为 1……依此类推。这样,焦点的移动顺序不是由前到后而是由后到前。读者自己可以试一下。

(5) 可以用"回车"键代替用鼠标单击命令按钮

如果焦点当前在某一命令按钮上,则可以用"回车"键代替用鼠标单击该命令按钮的操作。本例中,如果用 Tab 键使焦点移到"加法运算"命令按钮处,既可通过单击此按钮也可以通过按回车键来触发该命令按钮的单击事件。(这种方法在 Windows 中常用到。)

4.1.2 文本框的属性、事件和方法

关于属性、事件和方法的概念已在第 3 章中作了介绍,在本节中主要通过例题说明如何使用文本框的属性、事件和方法。

1. 利用文本框的 Change 事件

【例 4-2】 在窗体上画出 3 个文本框和两个命令按钮,如图 4-4 所示。程序运行时,要求在第一个文本框内输入一行文字时,在另外两个文本框中同时显示出相同的内容,但显示的字体大小不同。最多只能输入 20 个字符。

首先确定所用的对象并设置它们的属性值,见表 4-3。

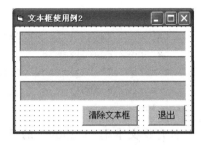

图 4-4 例 4-2 窗体外观

表 4-3 例 4-2 对象属性表

对　　象	属　　性	设　　置
窗体	(名称)	frmExample3
	Caption	文本框使用例 2
文本框 1	(名称)	txtShow1
	Text	空
	MaxLength	20
文本框 2	(名称)	txtShow2
	Text	(置空)
文本框 3	(名称)	txtShow3
	Text	(置空)
命令按钮 1	(名称)	txtClear
	Caption	清除文本框
命令按钮 2	(名称)	txtExit
	Caption	退出

读者可能注意到在文本框 txtShow1 中有一个 MaxLength 属性,用于设置文本框可输入的字符数最大值,系统默认值为 0,表示字符输入的个数没有限制。通常都使用这个默认值。根据本题要求将 MaxLength 设置成值 20,也就是说文本框中最多只能输入 20 个字符。

设计此题的目的是为了说明文本框 Change 事件的使用方法。Change 事件是文本框所支持的事件之一。触发 Change 事件的条件是:文本框的内容发生了变化。例题中有 3 个文本框,3 个文本框的 Text 属性值初始都设置为空。程序开始运行,光标在文本框

txtShow1 闪烁,当从键盘向文本框 txtShow1 输入任何内容时,即改变文本框 txtShow1 的 Text 属性值时,就会发生 Change 事件,执行 Change 事件过程。按照题目要求 txtShow1 的 Text 改变时,在文本框 txtShow2 和文本框 txtShow3 中同时显示出文本框 txtShow1 中的内容,但显示的字体大小不同。据此编写出以下事件过程:

```
Private Sub txtShow1_Change()
   txtShow2.Text=txtShow1.Text
   txtShow2.FontSize=18
   txtShow3.Text=txtShow1.Text
   txtShow3.FontSize=24
End Sub
```

首先将文本框 txtShow1 的 Text 属性值 txtShow1.Text 赋给文本框 txtShow2 的 Text 属性 txtShow2.Text,然后把文本框 txtShow2 的字体尺寸设置成 18。同样将文本框 txtShow1 的 Text 属性值赋给文本框 txtShow3 的 Text 属性,再将文本框 txtShow3 的字体大小设置成 24。程序运行时,当在文本框 txtShow1 中输入每一个字符时,都会触发 Change 事件,同时在另外 2 个文本框中显示出该字符。

图 4-5 运行例 4-2

在向文本框 txtShow1 中输入文字时会注意到,当输入了 20 个字符(汉字为 10 个)后就不能再输入了,这就是 MaxLength 属性的作用,限制文本框中显示的字符数。

运行结果如图 4-5 所示。

单击"清除文本框"命令按钮,执行以下事件过程:

```
Private Sub cmdClear_Click()
    txtShow1.Text=""
    txtShow2.Text=""
    txtShow3.Text=""
End Sub
```

单击"退出"命令按钮,执行以下事件过程,结束程序的运行。

```
Private Sub cmdExit_Click()
   End
End Sub
```

2. 设置密码

【例 4-3】 设置密码。程序设计者事先设定(在程序中设定)一个密码为 "PassWord"。要求用户在一个文本框中输入密码,然后单击"校验密码"命令按钮,程序核对用户输入的密码与事先设定的密码是否一致。如果一致,则继续执行其他功能,若不一致输出警告信息。界面如图 4-6 所示。

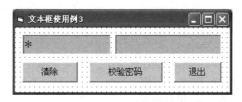

图 4-6　例 4-3 窗体外观

首先确定对象和设置属性,见表 4-4。

表 4-4　例 4-3 对象属性表

对　　象	属　　性	设　　置
窗体	(名称)	Form1
	Caption	文本框使用例 3
文本框 1	(名称)	txtPW
	Text	空白
	PasswordChar	*
文本框 2	(名称)	txtShow
	Text	(置空)
命令按钮 1	(名称)	cmdCheck
	Caption	检验密码
命令按钮 2	(名称)	CmdClear
	Caption	清除
命令按钮 3	(名称)	cmdExit
	Caption	退出

　　文本框有一个 PasswordChar 属性,能够很容易地实现题目所要求的输入密码的问题。PasswordChar 的默认值为空字符串,这时用户从键盘输入的字符与文本框上显示出来的字符是一致的,即用户从键盘输入什么,文本框中就显示什么。如果将 PasswordChar 属性值设置为某一个字符,如在本例题中将该属性值设置为“＊”,则不论从键盘上输入一个什么字符,文本框中都显示出一个星号(＊)。例如,从键盘输入“abc”,则在文本框中显示出“＊＊＊”,这样其他人看不到所输入的密码,便于保密。当然文本框的实际内容还是从键盘输入的内容,只是显示在屏幕上的内容被改变了。

　　窗体上有两个文本框,一个用来接受用户输入的密码,一个用来显示验证结果的信息。“校验密码”命令按钮用于触发校验输入密码的事件过程;“清除”命令按钮用于触发清除文本框信息的事件过程;“退出”命令按钮对应的事件过程用于结束程序的运行。

　　“校验密码”命令按钮的单击事件过程的代码如下:

```
Private Sub cmdCheck_Click()
```

```
        Dim pass As String
        pass=txtPW.Text
        If pass="PassWord" Then
          txtShow.Text="密码正确,继续进行!"
        Else
          txtShow.Text="密码错,重新输入!"
        End If
    End Sub
```

事件过程中声明了一个字符串类型的变量 pass,把用户从键盘输入给文本框 txtPW 的密码赋给字符串变量 pass,然后用 If 语句比较 pass 中的内容是否等于事先设置的密码"PassWord"(IF 语句的详细语法及使用规定将在下章介绍)。例如,输入一个字符串"password",然后单击"校验密码"命令按钮,文本框 txtShow 中显示"密码错,重新输入!"(因为两者比较,大小写不一致)。运行结果见图 4-7。

图 4-7　运行例 4-3

单击"清除"命令按钮,然后在文本框 txtPW 中重新输入一个字符串"PassWord",再单击"校验密码"命令按钮。由于此次输入的密码与事先设定的一致,所以文本框 txtShow 将显示出"密码正确,继续进行!"。

本例是一个简化的程序,在校验密码无误后只输出一条信息"密码正确,继续进行!"。在实际应用程序中,校验密码无误后可以按程序的要求,执行程序的其他功能。

单击"清除"命令按钮时,执行以下事件过程:

```
Private Sub cmdClear_Click()
  txtPW.Text=""
  txtShow.Text=""
  txtPW.SetFocus
End Sub
```

在"清除"命令按钮的事件过程中,清空文本框中所显示的内容,且将光标定位在 txtPW 文本框中,闪烁并等待用户输入。这是由于使用了 SetFocus 方法,利用该方法在清除动作完成后,将光标定位到文本框 txtPW 上。

3. 多行文本框

【例 4-4】　设计一程序,用户界面由一个文本框和一个命令按钮组成,在程序中输入一段文字,当单击命令按钮时,在文本框中将这一段文字显示出来。界面如图 4-8 所示。

在窗体上添加一个文本框和两个命令按钮。选中文本框(单击该文本框),到文本框的属性表中找到 Multiline

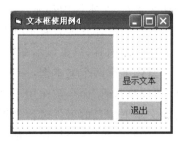

图 4-8　例 4-4 窗体外观

（多行）属性，单击此属性，右端出现一个向下的箭头，单击箭头打开下拉列表，将 False 改成 True，表示该文本框为多行文本框。然后按照表 4-5 设置其他属性值。

表 4-5 例 4-4 对象属性表

对　象	属　性	设　置
窗体	（名称）	frmExample4
	Caption	文本框使用例 4
文本框	（名称）	txtMultiline
	Multiline	True
	Text	（置空）
	FontName	隶书
命令按钮 1	（名称）	cmdShow
	Caption	显示文本
命令按钮 2	（名称）	cmdExit
	Caption	退出

前面例题中使用文本框时，不论是输入数据还是显示结果，都是单行文本，既不能自动换行，也不能用回车键（Enter）实现换行。在默认情况下，Multiline 属性值为 False，即不允许在文本框中输入多行文本。若将其设置成 True，即允许多行文本，就可以在文本框中输入多行文本。本题将文本框的 Multiline 属性设置成 True。

下面设计一个过程，在文本框中放入一段文字：

```
Private Sub cmdShow_Click()
    txtMultiline.Text=""
    txtMultiline.Text="程序运行中，需要通过键盘接收用户输入的信息，或把有关信息显示
        在屏幕上。在 Visual Basic 中，可以用文本框和标签实现接收信息和显示信息。"
End Sub
```

运行程序，单击"显示文本"命令按钮，这段文字就会在文本框中显示出来，由于文字的长度在文本框中一行内放不下，遇到文本框的右边界时就自动回车换行。运行结果见图 4-9。

如果文字过长，文本框不能全部显示，可以为文本框加上滚动条，通过移动滚动条，能够查看全部文本内容。

文本框的 ScrollBar 属性用来设置是否加上滚动条。它共有 4 个属性值可选：0（None）——不加滚动条，它是默认值。1（Horizontal）——只加水平滚动条。当加入水平滚动条后，文本框的自动换行功能便消失了；2（Vertical）——只加垂直滚动条；3（Both）——既加入水平滚动条又加入垂直滚动条。当将属性值设置成 3 时，

图 4-9 运行例 4-4

文本框加上了水平和垂直滚动条,文本框成为了一个简单的编辑器。

文本框的一个特点是当进入运行状态后,不用编写任何代码就可以在文本框中进行输入或编辑。编辑文本时,可以使用以下几个快捷键:

CTRL+X——剪切

CTRL+C——复制

CTRL+V——粘贴

这几项操作与其他 Windows 程序中相应功能相同,读者可以试用上述功能。

4.1.3　字体与字型的控制

VB 提供了很多种字体,用户既可在属性窗口中也可以在程序运行过程中对字体的大小、字体类型、字体颜色等属性进行设置。

【例 4-5】　设计一个程序,使用文本框字体和字号属性改变文本框中文字字体和字号。

在窗体上画一个名称为 txtText 的文本框和 4 个命令按钮,命令按钮的名称分别为 cmdFont1、cmdFont2、cmdFontSize1、cmdFontSize2,标题分别为"宋体"、"黑体"、"14 磅"、"18 磅"。界面如图 4-10 所示。

图 4-10　例 4-5 窗体外观

运行程序首先执行 Form_Load 事件过程,在文本框中显示一段文字。代码如下:

```
Private Sub Form_Load()
    txtText.Text="通过属性设置文本框的字体与字号"
End Sub
```

标题为"宋体"、"黑体"的两个命令按钮用于设置文本框中文字的字体。文本框的**字体**由 **FontName** 属性设置。这两个命令按钮的事件过程如下:

```
Private Sub cmdFont1_Click()
    txtText.FontName="宋体"
End Sub


Private Sub cmdFont2_Click()
    txtText.FontName="黑体"
End Sub
```

单击"宋体"命令按钮,执行 cmdFont1_Click 事件过程,将文本框的字体名称属性 txtText.FontName 设置为"宋体",文本框中的文字随之变为宋体。同样,单击"黑体"命令按钮,可以将文本框的文字字体改为黑体。

FontSize 属性用于设置字体的**大小**。分别单击"14 磅"、"18 磅"命令按钮,可以将字号改为 14 磅或 18 磅。代码如下:

```
Private Sub cmdFontSize1_Click()
    txtText.FontSize="14"
End Sub
```

```
Private Sub cmdFontSize2_Click()
    txtText.FontSize="18"
End Sub
```

图 4-11 是单击"黑体"及"14 磅"命令按钮后的界面。

设置文本框文本显示风格的属性有 FontItalic、FontUnderline 及 FontBold 等。

FontItalic 属性用来设置字体输出的形式是否为**斜体**,它有两种选择,属性值为 True (—1)为斜体,属性值为 False(0)不是斜体。

FontUnderline 属性用来设置是否为输出的文本加**下划线**,有两种选择,属性值为 True(—1)加下划线,属性值为 False(0)不加下划线。

FontBold 属性用来设置字体是否为**粗体**,如果属性值设置为 True(—1),输出的字体 为粗体,属性值设置为 False(0),输出的字体不为粗体。

读者可以参照例 4-5,编写程序,使用这几个属性改变文字的显示效果。

这几个属性值既可以在属性窗口设置,也可以在程序中设置。例题中是在程序中给 字体属性赋值的。如果在属性窗口中设置,先找到文本框的 Font 属性,显示的是当前使 用的字体类型,单击属性行的右端,出现 按钮,单击这个按钮,出现字体对话框,如 图 4-12 所示。在"字体"对话框中包括字体类型(例如宋体)、字形(例如斜体)、字体大小、 效果(例如文本加下划线)等,可根据需要进行设置,然后按确定按钮即可。

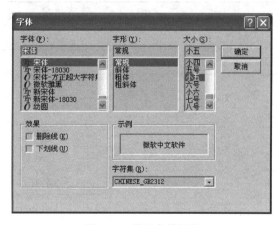

图 4-11　运行例 4-5　　　　　　　　　　图 4-12　设置字体属性

从例题已知,改变文本框中的文字时会触发文本框的 Change 事件,单击文本框时, 会触发文本框的 Click 事件。这些被称为文本框所能识别的事件。文本框所能识别的事 件主要有 Click(单击)、DblClick(双击)、Change(内容改变)、GotFocus(获取焦点)、 LostFocus(失去焦点)、KeyPress(按键)、MouseDown(按下鼠标)、MouseUp(松开鼠标)、 MouseMove(鼠标移动)等。

文本框能使用的方法主要有 Drag(拖曳)、Move(移动)、SetFocus(设置焦点)等。读 者可以参照例题的思路,举一反三,自己设计程序,练习使用控件的上述事件和方法,掌握 更多的应用技能。

4.2 利用标签控件显示字符信息

文本框既可以用于输入文字,又可以用于输出信息,使用起来很方便。但是有时只需要显示某些信息,而不需要在程序运行过程中向它输入信息,这时最好不用文本框,以免因为误操作而改变其中的内容。用 VB 提供的标签控件可以较好地解决这个问题。

标签控件在工具箱中的图标是 **A**。标签控件的作用是以指定格式显示文字信息,往往用作窗体上的文字说明或提示。例如,窗体上有多个文本框时,使用标签可以明确地标出每个文本框的作用,使其含义更清晰,还可以将程序要输出的文字显示在标签内。总之,标签控件提供了一块区域,这块区域是用来显示文字信息的,在运行时用户不能向这个区域输入信息。它一般用作"注释","标签"也由此得名。

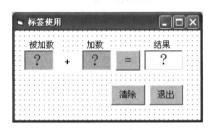

图 4-13 例 4-6 窗体外观

【例 4-6】 修改例 4-1,使用标签为每个文本框加上说明,如图 4-13 所示。

各对象以及其属性设置如表 4-6 所示。

表 4-6 例 4-6 对象属性表

对　象	属　性	设　置
窗体	(名称)	Form1
	Caption	标签使用
文本框 1	(名称)	txtOp1
	Text	?
文本框 2	(名称)	txtOp2
	Text	?
标签 1	(名称)	lblOp1
	Caption	被加数
	BorderStyle	0
标签 2	(名称)	lblOp2
	Caption	加数
	BorderStyle	0
标签 3	(名称)	lblOp3
	Caption	＋
	BorderStyle	0

对　象	属　性	设　置
标签 4	（名称）	lblOp4
	Caption	结果
	BorderStyle	0
标签 5	（名称）	lblResult
	Caption	?
	BorderStyle	1
命令按钮 1	（名称）	cmdAdd
	Caption	＝
命令按钮 2	（名称）	cmdClear
	Caption	清除
命令按钮 3	（名称）	cmdExit
	Caption	退出

如图 4-13 所示，在"被加数"、"加数"、"结果"3 项提示的位置增加 3 个标签，并将这 3 个提示信息赋值给各标签的 Caption 属性；运算符"＋"和运算结果都只是显示信息，无须输入信息，也可以用标签。标签的 BorderStyle 属性用于设定标签是否有边界。当 BorderStyle 属性值为 0 时，表示无边界，属性值为 1 时有单线边界。本例中，标签 1、2、3、4 是无边界标签，属性 BorderStyle 的值为 0；标签 5（显示结果的）是有边界的，属性 BorderStyle 的值为 1。

文本框 1 和文本框 2 是用来输入运算数的，故应采用文本框。

在输入两个数以后，单击"＝"命令按钮，执行如下事件过程：

```
Private Sub cmdAdd_Click()
    Dim op1 As Integer, op2 As Integer
    Dim Sum As Integer
    op1=Val(txtOp1.Text)
    op2=Val(txtOp2.Text)
    Sum=op1+op2
    lblResult.Caption=Str$(Sum)
End Sub
```

运行结果见图 4-14。

以上程序与例 4-1 基本相同，区别在于运算结果显示在标签控件中。单击"清除"命令按钮，执行如下事件过程。

```
Private Sub cmdClear_Click()
    txtOp1.Text=""
```

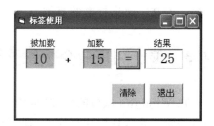

图 4-14　运行例 4-6

```
        txtOp2.Text=""
        lblResult.Caption=""
        txtOp1.SetFocus
End Sub
```

说明：标签控件的作用是显示信息。

标签控件的常用属性如下：

（1）Alignment 属性

Alignment 属性用于指定显示的信息在标签中的位置，这个属性有 3 个属性值：
0——左对齐，1——右对齐，2——居中。

（2）AutoSize 属性

AutoSize 属性用于设置标签的大小是否自动按标签中所显示内容的多少进行调整，
当 AutoSize 属性值为 True，则标签的大小能够随着其中文字的多少和大小而改变；当属
性值为 False 时，则超出标签显示范围的文字被截掉。

（3）BorderStyle 属性

BorderStyle 属性用于设置标签有无边框。BorderStyle 属性值为 0 时，标签控件没
有边框；属性值为 1 时标签控件有单线边框。有边框
的标签看起来有点像文本框。图 4-15 中窗体上
Label1 没有边框，Label2 有单线边框。

（4）Caption 属性

Caption 属性用于设置要在标签中显示的内容，
也就是在窗体上能够看到的内容。

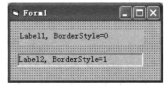

图 4-15 标签的 BorderStyle 属性示意

（5）Left 属性

Left 属性值是标签与窗体左边界之间的距离。Left 属性与下面介绍的 Top 属性能
够确定标签在窗体上的位置。

（6）Name 属性

Name 属性用于设置标签控件的名字，这个名字是程序中所使用的，在窗体上看不到。

（7）Top 属性

Top 属性用于设置标签与窗体上边界之间的距离。Top 属性和 Left 属性能够确定
标签在窗体上的位置。

（8）WordWrap 属性

WordWrap 属性用于设置标签中所显示的内容是否能够自动折行。当 WordWrap
为 True，标签中的文本能够自动折行。此属性的默认值为 False，将标签的内容显示在一
行中。若文字超出标签的范围，自动将多余的部分截去。

4.3 善于利用命令按钮

在 Windows 风格的软件中，命令按钮是最常用的控件之一。在前几章中已多次用到
命令按钮。在 VB 应用程序中，通过单击命令按钮，触发相应的事件过程，去执行指定的
操作，以实现指定的功能。只要"按下"不同的按钮，就可以让计算机完成不同的操作，使

程序的运行变得既简单又形象。用鼠标单击命令按钮时,命令按钮呈现出被按下的状态,有按下一个真实按钮的感觉。

在本节中,将进一步讨论命令按钮的使用。

4.3.1 Enabled 属性使命令按钮可用或不可用

在应用程序的界面中,有时不希望所有的命令按钮都能使用,例如,若有两个命令按钮"开始"和"停止",当按下"开始"后,应使"开始"按钮暂时失效(暂时不可使用),只能使用"停止"按钮;而按下"停止"按钮后,则应使"停止"按钮失效,而使"开始"按钮恢复为可以使用。所谓"失效"是指命令按钮对作用在它上面的所有事件(如单击)无反应,为形象地表示处于"失效"状态,屏幕上的命令按钮变成浅灰色。熟悉 Windows 软件的读者对这类状态应该不陌生。

控件的 Enabled(可用)属性的作用是控制控件是否可用。当 Enabled 属性值为 True (-1)时,表示控件可用;当属性值为 False(0)时,控件"不可用"(即暂时失效)。

Enabled 属性值既可以在设计阶段通过属性窗口设置,也可以在运行阶段通过程序改变 Enabled 的属性值。如果没有特别指定 Enabled 的值,系统默认的 Enabled 属性值为 True(-1),即控件"可用"。

【例 4-7】 设计一个程序,窗体上有 1 个图片框及 2 个命令按钮。运行程序后,"隐藏图片"命令按钮不可用,如图 4-16 所示。

单击"显示图片"命令按钮时,在图片框中装入一个图片,同时,"显示图片"命令按钮变为不可用,即由黑色变为灰色;"隐藏图片"命令按钮变为可用,即由灰色变为黑色。单击"隐藏图片"命令按钮时,显示图片,"隐藏图片"命令按钮再变为可用。

图 4-16　例 4-7 窗体外观

首先选择对象和设置各控件的属性,见表 4-7。

表 4-7　例 4-7 对象属性设置

对　象	属　性	设　置
窗体	(名称)	Form1
命令按钮 1	(名称)	cmdShow
	Caption	显示图片
命令按钮 2	(名称)	cmdHide
	Caption	隐藏图片
	Enabled	False
命令按钮 3	(名称)	cmdExit
	Caption	退出
图片框	(名称)	picFigure
	AutoSize	True

题目要求在运行程序后，单击"显示图片"按钮时，在图片框中显示一个图片，同时使"显示图片"按钮失效，使"隐藏图片"命令按钮变为可以使用。可据此编写相应的过程代码如下：

```
Private Sub cmdShow_Click()
    picFigure.Picture=LoadPicture("D:\user\figure.bmp")       (装入图片)
    cmdShow.Enabled=False
    cmdHide.Enabled=True
End Sub
```

程序中的"cmdShow.Enabled＝False"是将"显示图片"按钮变为不可用；"cmdHide.Enabled＝True"将"隐藏图片"按钮变为可用。

单击"显示图片"按钮后的结果如图4-17所示。

"隐藏图片"按钮的事件过程如下：

```
Private Sub cmdHide_Click()
    picFigure.Picture=LoadPicture("")
                                     (使图片框空白)
    cmdShow.Enabled=True
    cmdHide.Enabled=False
End Sub
```

图 4-17　运行例 4-7

程序中 LoadPicture 函数是将括号中指定的图形文件显示在图片框中。如果括号中没有给出文件名，而是一个空字符串，即 LoadPicture("")，则是清除图片框中的图片，也就相当于隐藏了图片。然后使"显示图片"按钮的 Enabled 属性为 True，即按钮可用；使"隐藏图片"按钮的 Enabled 属性为 False，即按钮失效。

单击"退出"命令按钮结束程序的运行。请读者自己写出该事件过程。当然，也可以不用"退出"按钮，而选"运行"→"结束"菜单命令结束程序的运行。但是，若开发的程序不在 VB 集成开发环境中运行，程序中就必须提供退出的途径，不能依靠集成开发环境中的"结束"或"停止"命令终止程序的运行。

4.3.2　用 Visible 属性使命令按钮"不可见"

上述 Enabled 属性是使命令按钮"不可用"，在屏幕上改为浅灰色，但仍然看得见。有时需要屏幕更简洁，只希望屏幕上显示用户所需要的信息而不希望显示那些不可用的控件，就可以使其在屏幕上变成"不可见"。VB 提供的 Visible（可见）属性可以用于控制命令按钮在屏幕上是否能被看得见。当 Visible 属性值为 True(−1)时，命令按钮可以被看见；若为 False(0)，则命令按钮被"隐藏"起来，在屏幕上不显示。应该说明的是该命令按钮依然存在，其他各属性仍然起作用，只是在屏幕上不显示而已。Visible 属性的值既可以在设计阶段直接设置，也可以在运行时通过程序来改变。如果不指定该属性的值，VB自动将它的初始值定为 True，即"可见"。

其实 Enabled 和 Visible 属性不仅可用于命令按钮，也可用于窗体或其他控件，其作用基本相同。

4.3.3 Default 属性和 Cancel 属性

用 Default 属性使命令按钮为默认的"活动按钮",用 Cancel 属性使命令按钮为"取消按钮"。

熟悉 Windows 应用程序的读者会发现,有的对话框中有两个命令按钮,一个上面的文字为"Ok"(或"确定"),另一个为"Cancel"(或"取消")。如果想选择"Ok"(或"确定"),既可以用鼠标单击该命令按钮,也可以在键盘上按回车(Enter)键,表示选中它。这个可以用回车代替的命令按钮就称为默认的"活动按钮"。在 VB 中可以用 Default 属性将一个命令按钮设置为默认的"活动按钮"。当一个命令按钮的 Default 属性值被设置为 True 时,该按钮就被确定为默认的"活动按钮",当为 False 时,它不是默认的"活动按钮",不能用回车键代替单击该按钮来选择它。在一个窗体中,只能有一个命令按钮的 Default 属性值被设置为 True。

此外,按照人们的操作习惯,常常希望用按下键盘上的 Esc 键代替单击"取消"按钮。VB 提供的 Cancel 属性可以用来指定一个命令按钮为"取消按钮"。在运行时可以用 Esc 键代替单击该命令按钮。当 Cancel 属性值为 True 时,该按钮被指定为"取消按钮",当为 False 时,则不是"取消按钮",在运行中不能用 Esc 键代替单击该命令按钮。类似地,在一个窗体中,只能有一个命令按钮的 Cancel 属性值被设置为 True。

【例 4-8】 设计一个程序,使用 Default、Cancel 及 Visible 属性。在窗体上画 2 个命令按钮和 4 个标签(见图 4-18)。

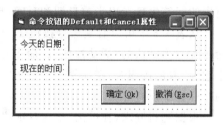

图 4-18　例 4-8 窗体外观

确定各对象的属性值,见表 4-8。

表 4-8　例 4-8 对象属性设置

对　象	属　性	设　置
窗体	(名称)	Form1
	Caption	命令按钮的 Default 和 Cancel 属性
标签 1	(名称)	lblTitle1
	Caption	今天的日期
标签 2	(名称)	lblTitle2
	Caption	现在的时间
标签 3	(名称)	lblDate
	Caption	置空
	BorderStyle	1-Fixed Single

对　　象	属　　性	设　　置
标签 4	（名称）	lblTime
	Caption	（置空）
	BorderStyle	1-Fixed Single
命令按钮 1	（名称）	cmdOk
	Caption	确定(&OK)
	Default	True
命令按钮 2	（名称）	cmdCancel
	Caption	撤销(&Esc)
	Cancel	True

程序运行后若单击"确定(Ok)"，则"确定(Ok)"命令按钮成为不可见的，同时在两个空白的标签中显示出当前日期和时间，单击"撤销(Esc)"命令按钮就结束运行。

从表 4-8 中可以看到命令按钮 1(cmdOk)的 Default 属性为 True，也就是说，指定此命令按钮为默认的"活动按钮"。命令按钮 2(cmdCancel)的 Cancel 属性值为 True，即指定它为"取消按钮"。在标签 1 中显示"今天的日期"，标签 2 中显示"现在的时间"。其他两个标签中没有显示。

根据题目要求，在单击"确定(Ok)"命令按钮时应显示出当前日期和时间。编写该命令按钮的单击事件过程的代码如下：

```
Private Sub cmdOk_Click()
  cmdOk.Visible=False
  lblDate.Caption="日期："+Date$
  lblTime.Caption="时间："+Time$
End Sub
```

当单击 cmdOk 命令按钮（即标有"确定(Ok)"的按钮）时，触发相应的事件过程。cmdOk_Click 过程的第 1 行是使命令按钮 cmdOk 不可见。然后，在标签 lblDate 内显示当前日期，在标签 lblTime 内显示当前时间。

程序中的 Date $ 是一个日期函数，其函数值是一个表示日期的字符串，形式为"yyyy-mm-dd"（如 2010-02-07）。Time $ 是时间函数，以"hh：mm：ss"字符串形式表示当前时间（如 21：23：03）。执行此事件过程后，所看到的窗口如图 4-19 所示。

运行程序时，可以单击"确定(Ok)"按钮，也可以用按回车键代替单击"确定"按钮的操作。

请注意，在属性表中，"确定"按钮的 Caption

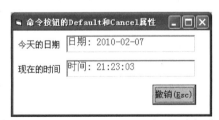

图 4-19　运行例 4-8

属性值中在字母"Ok"之前有"&"，但在图 4-19 的按钮上并没有这个符号，只在字母"O"的下边有一条下划线。这是为命令按钮设置的快捷键。设定快捷键的方法是在 Caption 属性的正文内插入一个"&"，则该符号后面的字符成为该按钮的快捷键。程序运行时，可以按下按钮，执行该事件过程，也可以按下 Alt 加有下划线的字母（如【例 4-8】中的O，即同时按下 Alt＋O）。

如果不选择"确定(OK)"按钮，表示不打算查询当前日期和时间，则可以单击"撤销(Esc)"按钮，或按键盘左上方的 Esc 键，或按 Alt＋E 组合键结束程序，执行以下过程：

```
Private Sub cmdCancel_Click()
  End
End Sub
```

通过此例读者可以举一反三，根据应用程序的需要使某些控件在某个阶段成为"不可见"，以便在窗体上突出主要内容。

说明：命令按钮的一般形式是长方形、有文字说明。为使用户界面更加生动，可以使用带图案的命令按钮。具体做法是：

（1）添加一个命令按钮；

（2）设置 Caption 属性，即命令按钮上显示的文字；

（3）设置该按钮的 Style 属性为 1；

（4）选择按钮的 Picture 属性，单击右侧的 ![...] 按钮，在"加载图片"对话框中选择一个图片文件，单击"打开"按钮，将该图片放到命令按钮上。

图 4-20 命令按钮上的图片

图 4-20 中显示的是图片风格的命令按钮。

4.4　使用滚动条控件进行输入

滚动条是一种有效的输入工具，被广泛地应用于 Windows 应用程序中。

在前面的例题中可以看到在文本框中使用滚动条，能够观察到在框中未能显示的信息。这种滚动条是系统自动加上的，不需要自己设计。而这里介绍的不是这种属于文本框组成部分的滚动条。VB 中有单独的滚动条控件，可以利用滚动条进行数据输入，特别是在不需要精确设置输入数值，只要有一个大致范围就能满足要求的情况下更是如此。

在工具箱中，有**水平滚动条**图标 ◄│► 和**垂直滚动条**图标 ▲▼。

这两种滚动条除了方向不同外，其功能和操作是一样的。在滚动条两端各有一个滚动箭头，在滚动箭头之间有一个滚动块。滚动块从一端移至另一端时，其值在不断变化。滚动条的当前值用属性 Value 表示。垂直滚动条的最上端代表最小值，最下端代表最大值。水平滚动条则是左端代表最小数值，右端代表最大值。VB 规定其值的范围从 −32 768 到 32 767。可以用 Min 属性和 Max 属性指定滚动条的值变化的范围。例如，图 4-21 表示水平滚动条的值在 1000～10 000 之间变化。

在程序中可以利用 Value 属性的值进行所需的处理,通过下面两个例子可以了解滚动条的应用。

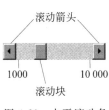
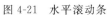

图 4-21　水平滚动条

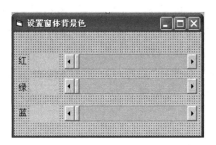

图 4-22　例 4-9 窗体外观

【例 4-9】　在窗体上画 3 个水平滚动条,分别对应 3 种基本颜色,滚动条的不同取值,对应不同的颜色值。这样构成一个简易的窗体背景色调色板。每个滚动条值的变化范围是 0~255。窗体外观如图 4-22 所示。属性设置见表 4-9。

表 4-9　例 4-9 对象属性设置

对　象	属　性	设　置
窗体	(名称)	Form1
	Caption	设置窗体背景色
水平滚动条 1	(名称)	HsbRed
	Max	255
	Min	0
	Value	0
水平滚动条 2	(名称)	HsbGreen
	Max	255
	Min	0
	Value	0
水平滚动条 3	(名称)	HsbBlue
	Max	255
	Min	0
	Value	0
标签 1	(名称)	lblTitleRed
	Caption	红
标签 2	(名称)	lblTitleGreen
	Caption	绿

对 象	属 性	设 置
标签 3	（名称）	lblTitleBlue
	Caption	蓝
标签 4	（名称）	lblRed
	Caption	（置空）
标签 5	（名称）	lblGreen
	Caption	（置空）
标签 6	（名称）	lblBlue
	Caption	（置空）

在第 3 章曾讨论了 VB 中设置颜色的函数 RGB。RGB 函数有三个参数，分别代表红、绿、蓝的比例，每个参数的值为 0～255。这 3 个参数不同值的组合可以产生许许多多种颜色。本例利用 3 个滚动条的值分别对应红、绿、蓝 3 种颜色的值。分别拖动滚动条，改变其 Value 属性值，产生 3 个 0～255 的整数，再利用 RGB 函数将这 3 个参数对应的颜色设置为窗体的背景色。

在改变滚动条滑块位置时，对滚动条控件产生了 Change 事件（滚动条的状态发生改变）。例如改变红色对应的滚动条的滑块，会触发 hsbRed_Chang 事件过程，过程如下：

```
Private Sub hsbRed_Change()
    Form1.BackColor=RGB(hsbRed.Value, hsbBlue.Value, hsbGreen.Value)
    lblRed.Caption=hsbRed.Value
End Sub
```

过程中，用滚动条的 Value 属性当前值作为 RGB 函数的参数，设置窗体的背景色，并将该 Value 值显示在相应的标签中。其他两个滚动条的 Change 事件过程类似。

```
Private Sub hsbBlue_Change()
    Form1.BackColor=RGB(hsbRed.Value, hsbBlue.Value, hsbGreen.Value)
    lblBlue.Caption=hsbBlue.Value
End Sub
Private Sub hsbGreen_Change()
    Form1.BackColor=RGB(hsbRed.Value, hsbBlue.Value, hsbGreen.Value)
    lblGreen.Caption=hsbGreen.Value
End Sub
```

程序运行如图 4-23 所示。

【例 4-10】 编写程序，将华氏温度转换为摄氏温度。华氏温度由水平滚动条的值决定，单击"转换"命令按钮，将该华氏温度转换为相应的摄氏温度，并显示在标签中。窗体外观如图 4-24 所示。

各对象的属性设置见表 4-10。

图 4-23 运行例 4-9

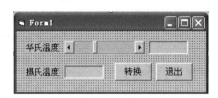
图 4-24 例 4-10 窗体外观

表 4-10 例 4-10 对象属性设置

对　　象	属　　性	设　　置
水平滚动条	(名称)	HsrDegree
	Max	100
	Min	－50
	SmallChange	5
标签 1	(名称)	lblTitle1
	Caption	华氏温度
标签 2	(名称)	lblTitle2
	Caption	摄氏温度
标签 3	(名称)	lbl
	Caption	置空
	BorderStyle	1-Fixed Single
标签 4	(名称)	lblCentigrade
	Caption	置空
	BorderStyle	1-Fixed Single
命令按钮 1	(名称)	cmdTrans
	Caption	转换
命令按钮 2	(名称)	cmdExit
	Caption	退出

　　默认情况下,水平滚动条的 Value 属性值为 0。本题中,滚动条的最小值是－50,最大值是 100,则 Value＝0 时,滚动块的位置如图 4-24 中所示。运行程序时,应先使滚动块移到滚动条的左端,也就是使 Value 的属性值等于滚动条的最小值,从该点出发逐渐改变。程序如下:

```
Private Sub Form_Load()
    hsrDegree.Value=hsrDegree.Min
```

```
End Sub
```

移动滚动块的位置,滚动条的 Value 属性值相应改变。单击"转换"命令按钮时,将华氏温度转换为摄氏温度,并将转换结果显示在标签 lblC 中。华氏温度与摄氏温度的关系是:

摄氏温度=(华氏温度-32)×5/9

按照摄氏、华氏温度的转换公式,编写"转换"命令按钮的单击事件过程,程序如下:

```
Private Sub cmdTrans_Click()
    lblF.Caption=hsrDegree.Value
    lblC.Caption=CInt((hsrDegree.Value-32) * 5/9)
End Sub
```

为了便于显示,用 CInt 函数将计算结果转换为整数,并显示在标签 lblC 中。程序运行结果如图 4-25 所示。

滚动条除了可以响应 Change 事件外,还可以响应 Scroll 事件。Scroll 事件是拖动滚动块而产生的,如果只单击两端箭头或单击箭头与滚动块之间的滚动条,只产生 Change 事件而不产生 Scroll 事件。若拖动滚动块,只要拖动的动作在继续,就会不断产生 Scroll 事件,当拖动停止,Value 属性值发生了变化,则产生 Change 事件。读者可以上机试一下。

图 4-25　例 4-10 运行结果

从上面的滚动条应用例子可以看出:用滚动条来表示量变比较形象。例如,在一些 Windows 应用程序中常看到用滚动条来表示音量的变化。

4.5　使用图片框控件显示图形

在设计 Windows 应用程序的用户界面时,如果适当地加入一些图形,会使界面丰富多彩。人们往往事先制作好一些图形,并把它们以文件的形式存储在磁盘或光盘中。然后在窗体某个位置建立一个图片框,再把图片文件装入其中,在图片框中显示出图形。

VB 中有图片框(PictureBox)工具和图像框(Image)工具。它们都是 VB 工具箱中的控件。在工具箱中,图片框图标为　,图像框图标为　。

【例 4-11】　使用图片框。

在窗体上添加一个图片框控件,将图片装入图片框中。假设图片文件已在 C:\Program Files\Microsoft Office\CLIPART\PUB60COR)子目录中。

具体操作如下:

(1)建立一个新工程,选用工具箱中的图片框工具,在窗体上画一个图片框,设其名称为 picShow,再添加一个名称为 cmdExit、标题为"退出"的命令按钮,如图 4-26 所示。

(2)在属性窗口中选择图片框控件 picShow 的 Picture 属性,这时在该属性栏的右侧出现按钮■，单击此按钮，屏幕上出现"加载图片"对话框。

打开 C 盘上的 PUB60COR（全路径名为 C：\ Program Files \ Microsoft Office \ CLIPART\PUB60COR）子目录，选择 BS00441_.wmf 文件，然后单击"打开"按钮，窗体的图片框中立即显示出该图片，如图 4-27 所示。当然也可以选择任何其他已存在的图形文件。

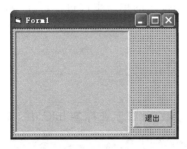
图 4-26　例 4-11 窗体外观

图 4-27　加载图片

VB 中支持以下几种类型的图形文件：

① 位图（bitmap）文件，其文件扩展名为.bmp。

② 图标（icon）文件，其文件扩展名为.ico。

③ Windows 元文件（metafile），文件扩展名为.wmf。

④ JPEG 文件，文件扩展名为 JPG，这也是 Internet 上流行的一种压缩位图文件格式。

⑤ GIF 文件，文件扩展名为 GIF，也是 Internet 上流行的一种压缩位图文件格式。

通常我们希望图形的大小应该与图片框的大小相同，即始终让图形的边界与图片框的边界重合，也就是说图形能够随着图片框大小的改变而改变。类型为.wmf 的图形文件会自动调整大小以适应图片框的尺寸。对于.bmp 和.ico 文件，则图形不会自动调整大小。设置图片框的 AutoSize 属性能够达到这个目的。AutoSize 有两个值，True 和 False。当设置 AutoSize 属性值为 True 时，图片框的大小随着图形的实际大小自动调整尺寸以适应图形的尺寸。当设置 AutoSize 属性值为 False 时，图片框不能自动调整尺寸。

以上是在设计阶段将图形以图形文件的形式装入图片框的方法。在设计阶段将图形装入的另一种方法是使用剪贴板把用其他图形软件制作的图形粘贴到图片框中。

【例 4-12】　使用 LoadPicture 函数加载图片。

程序运行中，使用 LoadPicture 函数把图片加载到图片框中。在窗体上画一个图片框和两个命令按钮。运行程序，单击"装载"命令按钮时，将一个图片显示在图片框中。窗体如图 4-28 所示。

图 4-28　例 4-12 窗体外观

设置对象的属性,见表 4-11。

表 4-11　例 4-12 控件对象属性设置

对　　象	属　　性	设　　置
窗体	(名称)	Form1
	Caption	图片框的使用
图片框	(名称)	Picture1
	Autosize	False
命令按钮 1	(名称)	cmdLoad
	Caption	装载
命令按钮 2	(名称)	cmdExit
	Caption	退出

按题目要求,在单击"装载"命令按钮时执行 cmdLoad_Click 事件过程,把图形加载到图片框。据此写出事件过程代码如下:

```
Private Sub cmdLoad_Click()
    Picture1.Picture=LoadPicture("e:\yuanVB\clock.wmf")
End Sub
```

LoadPicture 函数的作用是把图形文件调入内存。它的一般形式为:

[对象.]Picture=LoadPicture("文件名")

其中的"对象"指的是窗体、图片框、图像框等,默认为窗体。

LoadPicture("E:\yuanVB\clock. wmf")的作用是将子目录 E:\yuanVB 中的图形文件 clock. wmf 调入内存。赋值语句将 LoadPicture 函数的值(即图形文件)赋给 Picture1. Picture 属性,使 Picture1 的 Picture 属性值为图形文件 clock. wmf。我们可以看到,由于图片框的 AutoSize 属性为 False,图片框的大小不会调整,而图形文件为 .wmf 类型,所以图形调整了大小,充满了图片框。

运行这个程序,单击"装载"命令按钮,clock. wmf 图形文件所对应的图形被装入图片框中,运行结果见图 4-29。读者可以试一下将 AutoSize 属性值改为 True 观察运行结果(可以看到,图片框改变大小以适应图形,扩大后图片框的左上角坐标不改变)。

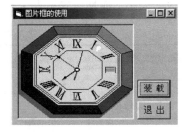

图 4-29　运行例 4-12

比较例 4-11 和例 4-12。例 4-11 是在设计阶段通过属性表中的 Picture 属性值装入图形。例 4-12 是在运行阶段用 LoadPicture 函数装入图形。在实际应用中,读者可以根据需要选用不同的图形装载方法。

4.6　使用图像框控件显示图形

图像框(Image)也可以用来装载图形文件,具体的使用方法与图片框类似。既可以在设计阶段给 Image 控件的 Picture 属性赋值(赋予一个图形文件的名字),也可以在运行阶段通过 LoadPicture 函数装入图形文件。

图像框与图片框有以下一些不同之处:

(1) 图像框比图片框占内存少,为了节省内存,一般应尽量用图像框,除非图像框不能满足使用要求。

(2) 图片框控件内还可以放置其他控件。例如在图片框内添加一个命令按钮。如果移动图片框,则命令按钮随着图片框一起移动(命令按钮成为图片框的一个组成部分)。如果单独移动命令按钮,只能在图片框范围内移动,不能移到图片框外去。也就是说,图片框可以作为一个"容器"使用。在其中,可以放置一组控件。

图像框则不然,如果在图像框中画一个命令按钮,这个命令按钮和图像框是彼此独立的,二者之间没有固定的联系,命令按钮不从属于图像框,不是图像框的组成部分,当移动图像框时,命令按钮仍旧在原来的位置,不随图像框的移动而移动。就是说,看似添加到图像框上的命令按钮。实际上是添加到窗体上。如果单独移动命令按钮,可以把它移动到图像框之外。

(3) 将图形文件装入图片框时,图形不能随图片框的尺寸调整大小。如果其 AutoSize 属性为 True 时,图片框可以按照图片的大小调整自身的大小,以便适应图形的大小(注意:不是图形改变大小)。当为 False 时,图片框的大小不能随图片的大小改变。只有当图形文件为.wmf 类型(Windows 元文件)时,图形会自动调整大小以填满图片框。

图像框有一个 Stretch(拉伸)属性。当 Stretch 的值为 True 时,图形能自动变化大小以适应图像框的尺寸。当它为 False 时,图像框会自动改变大小以适应图形的大小,使图形充满图像框(若图形太大,即使图像框扩充到窗口边界仍达不到图形大小时,则只能容纳图形的一部分)。

【例 4-13】　使用图像框显示奖杯图案。

本例的目的是将一个图形文件放到图像框中。改变图像框的大小,观察图形是否随之改变大小。属性设置见表 4-12。

表 4-12　例 4-13 对象属性设置

对　　象	属　　性	设　　置
图像框	(名称)	Image1
	Picture	E:\yuanVB\trophy.wmf
	Stretch	True
命令按钮 1	(名称)	cmdChangeW
	Caption	改变宽度

对　象	属　性	设　置
命令按钮 2	（名称）	cmdChangeHW
	Caption	改变宽和高
命令按钮 3	（名称）	cmdReset
	Caption	恢复原尺寸
命令按钮 4	（名称）	cmdExit
	Caption	退出

　　图像框中装入一个奖杯图形，其文件是 E 盘上的"E:\yuanVB\trophy. wmf"。图像框控件的 Stretch 属性设为 True。Left 属性值为 2100，Top 属性值为 600，Height 属性值为 500，Width 属性值为 600。窗体界面设计如图 4-30 所示。

　　针对 4 个命令按钮，编写如下 4 个事件过程：

（1）单击"改变宽度"命令按钮所触发的事件过程

```
Private Sub cmdChangeW_Click()
  Image1.Left=Image1.Left-Image1.Width/2
  Image1.Width=Image1.Width * 2
End Sub
```

　　这段程序的作用是使图像框的宽度增加一倍（Width 属性值就是宽度）。由于图像框的 Stretch 属性为 True，当改变图像框大小，其中的图形也随之改变大小，图形充满图像框。上述过程第一行的作用是使变化了大小的奖杯图形的位置仍在窗体的横向中间位置，如图 4-31 所示。读者可以试一下将第一行去掉，观察运行结果（可以看到，奖杯图案大小改变了，但位置不在窗体中间位置，即图像框的左上角坐标不改变）。

图 4-30　例 4-13 窗体界面

图 4-31　运行例 4-13

（2）单击"改变宽和高"命令按钮所触发的事件过程

```
Private Sub cmdChangeHW_Click()
  Image1.Left=Image1.Left-Image1.Width/2
  Image1.Height=Image1.Height * 2
  Image1.Width=Image1.Width * 2
End Sub
```

运行这段程序使图像框的高和宽都增大一倍(Height 属性就是图像框的高度),奖杯图形也随之调整了大小。图像框的左上角位置向左平移了,增加的高度是向下扩展的(左上角的 x 坐标改变了,y 坐标未改变,图像框宽和高的扩伸是以左上角为基础向右向下扩伸的)。

(3) 单击"恢复原尺寸"命令按钮所触发的事件过程

```
Private Sub cmdReset_Click()
   Image1.Left=2100
   Image1.Top=600
   Image1.Height=500
   Image1.Width=600
```

End Sub 恢复图像框原来的位置(左上角距窗体左上角水平距离 2100,垂直距离 600)和大小(高 500,宽 600),即恢复为图 4-30 那样。

(4) 单击"退出"按钮所触发的事件过程

```
Private Sub cmdExit1_Click()
   End
End Sub
```

4.7 使用计时器控件进行时间控制

VB 的工具箱中有一个"计时器"控件,其图标为⌚。计时器控件每隔一定的时间间隔就触发一次 Timer 事件(可理解为报时)。根据计时器的这个特性,依照时间控制某些操作,或用于计时。

【例 4-14】 使用计时器控件。

要求在窗体中有图片框、计时器及两个标题分别为"开始"、"停止"的命令按钮。当单击"开始"按钮,图片框向右移动,每隔 1 秒钟向右移动 50。单击"停止"按钮,图片框停止移动。

按照图 4-32 设计窗体。为了实现图片框不停地向右移动,在窗体上添加一个计时器的控件。程序运行时,计时器控件不显示在窗体上,因此计时器控件在窗体上的位置对程序没有影响。

图 4-32 例 4-14 窗体外观

按照表 4-13 设置各控件对象的属性。

在属性窗口中,计时器控件的 Enabled 属性被设置为 False,也就是说程序开始运行时,计时器控件是不可用的。当单击"开始"按钮时,计时器控件 Enabled 属性被设置为 True,计时器控件才开始工作,按照设定的时间间隔触发 Timer 事件过程。

```
Private Sub cmdStart_Click()
    Timer1.Enabled=True
End Sub
```

表 4-13　例 4-14 对象属性设置

对　　象	属　　性	设　　置
图片框	（名称）	Picture1
	Picture	E:\yuanVB\trophy. wmf
计时器	（名称）	Timer1
	Interval	1000
	Enabled	False
命令按钮 1	（名称）	cmdStart
	Caption	开始
命令按钮 2	（名称）	cmdStop
	Caption	停止

计时器控件的一个重要属性是 Interval,其含义是时间间隔,时间单位是毫秒。本题将该属性设置为 1000,即时间间隔为 1 秒,每隔 1 秒钟就会触发计时器的 Timer 事件过程。

```
Private Sub Timer1_Timer()
    Picture1.Left=Picture1.Left+50
End Sub
```

单击"停止"命令按钮时,触发 cmdStop_Click 事件过程,应将计时器控件的 Enabled 属性设置为 False,使之不可用。

```
Private Sub cmdStop_Click()
    Timer1.Enabled=False
End Sub
```

思考与练习

1. 文本框、标签控件的功能与特点各是什么?

2. 试用文本框的 KeyPress 事件。文本框的 Change、KeyPress 事件有何不同?

3. 设计一个程序,试用标签的 WordWrap 属性。总结 WordWrap 属性的作用与特点。

4. 命令按钮的 Default 和 Cancel 属性的作用是什么?

5. 若将文本框的 ScrollBars 属性设置为 0、1 或 2,是否可以自动将文本框设置为显示多行文本?

6. 设计一个程序,试用文本框的 Lock 属性。总结 Lock 的作用。

7. 控件焦点的含义是什么? 文本框的 SetFocus 方法的作用是什么?

8. 图片框和图像框的特点各是什么? 在使用上有什么区别? 什么情况下可以互相

替代?

9. 哪些类型的图片可以装入图片框? 哪些类型的图片可以装入图像框?

10. 怎样在图片框中显示文本信息?

实验4　常用控件的使用

1. 实验目的

1) 了解命令按钮、文本框、标签、滚动条、图片框、图像框、计时器等控件的常用属性。

2) 通过编写简单的程序,练习并掌握文本框、标签和命令按钮的基本使用。通过练习,进一步了解在 VB 集成环境中设计界面、编辑程序、运行程序的一般方法。

3) 了解常用控件的命名规则,在程序中尽可能按照规范使用变量名和控件名,培养良好的编程风格。

2. 实验内容

按照题目要求,编写程序,并上机调试、运行。

(1) 设计一个程序,窗体如图 4-33 所示。要求在"输入数据"框中输入一个数字。当单击"计算"命令按钮时,将输入的数据乘以 10 后显示在另一个标签中。

(2) 在第(1)题的基础上,进一步考虑对输入数据的校验,要求只能输入数值数据。如果输入字母或其他非数值数据,应给出提示,并要求重新输入。

(3) 设计一个程序,窗体中有 2 个文本框、2 个命令按钮,窗体外观如图 4-34 所示。

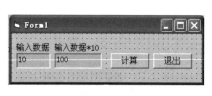

图　4-33

图　4-34

当在第一个文本框中输入信息时,立刻在第二个文本框中显示相同的内容;或在第二个文本框中输入信息时,立刻在第一个文本框中显示相同的内容。

单击"清除"按钮时,清除两个文本框中的信息。单击"退出"按钮,结束程序的运行。

(4) 修改例 4-4 的程序,使文本框中能放入更长的信息。由于文本加长,文本框不能直接把所有内容全部显示出来,因此,应该用滚动条将原来在文本框范围以外的内容顺序移到文本框中显示出来。窗体外观如图 4-35 所示。

(5) 窗体上有 1 个标签、1 个文本框、2 个命令按钮。在文本框中输入密码,然后单击"核对密码"命令按钮,如果密码不正确,在文本框中显示"重新输入密码"的信息。密码正确,在文本框中显示"欢迎!"的文字。窗体外观如图 4-36 所示。

图 4-35

图 4-36

（6）窗体上有一个图片框、一个滚动条。在图片框中装入一个图片。通过单击滚动条的操作，改变图片框的大小。滚动条的变化范围是 0～10，每次单击滚动条时，图片框增加或缩小的尺寸为 30。窗体外观如图 4-37 所示。

图 4-37

（7）设计一个计时秒表，能够显示当前日期、时间以及上午或下午。界面自行设计。

第5章

在程序中利用条件选择

在实际问题中,常常需要根据某些给定的条件,确定进一步的操作。例如,登录一个系统时,需要判断输入的用户名和口令是否正确,如果正确,允许进入这个系统;否则,给出错误提示,并拒绝进入系统。这种根据条件的判断而选择不同的操作称为**条件选择处理**或**选择处理**。在 VB 程序中,用 If 及 Select Case 语句来实现选择处理的功能。在 VB 中,有一些控件的使用与选择操作密切相关,例如单选按钮、复选框等。包含选择处理的程序称为选择程序设计。

大多数 VB 应用程序都包括选择处理,只有极少数很简单的小程序才不需要选择处理。因此在进入较深入的 VB 程序设计之前,应当学习有关选择程序设计的知识。

5.1 关系表达式和逻辑表达式

5.1.1 关系运算符与关系表达式

前面提到的密码验证中,"密码正确"是一个**条件**。根据这个条件能否满足,来决定下一步所要执行的操作。在计算机程序中怎样表示一个"条件",又怎样判断"条件"是否满足呢? 在计算机语言中,是用一个表达式来表示条件的。例如,a>b,表示要检查变量 a 的值是否大于 b 的值。">"是用来将两个数进行"比较"的运算符,称为**关系运算符**。a>b 是**关系运算**,关系运算就是将两个数值进行"比较"。关系运算不同于算术运算,它的结果不是一个数值,而是一个**逻辑量**。它只有两种可能:"成立"或"不成立"。在程序设计中,把"成立"称为"**真**"(True),把"不成立"称为"**假**"(False)。如果 a 的值为 3,b 的值为 1,则 a>b 成立,a>b 的值为"真"。

由一个关系运算符把两个算术表达式连接起来的式子称为**关系表达式**。如 a>b,a+b>x+y,c=d+e 等都是合法的关系表达式。关系表达式的结果就是比较的结果,为真或假。如 5>3 的值为真,−3=3 的值为假。VB 提供的关系运算符见表 5-1。

为了更好地了解关系表达式的使用方法,用下面一个小程序,验证表 5-1 中 6 个关系表达式的值。首先,在窗体上添加一个命令按钮(名称为 cmdTest),然后编写命令按钮的单击事件过程 cmdTest_Click。程序如下,运行结果如图 5-1 所示。

表 5-1 Visual Basic 的关系运算符

序号	运算符	含义	举 例	说 明
1	=	等于	"abc"="ABC",结果为假	小写"abc"不等于大写"ABC"
2	>	大于	(2+3)>4,结果为真	先计算2+3=5,5大于4
3	>=	大于等于	8>=(10-2),结果为真	大于或等于都为真,8=10-2
4	<	小于	"string"<"string",结果为真	运算符左侧字符串中第一个字符是空格,空格小于"s",所以结果为真
5	<=	小于等于	220<=110,结果为假	小于或等于都为真,220大于110,所以为假
6	<>	不等于	"z"<>"y",结果为真	"z"不等于"y",所以结果为真

```
Private Sub cmdTest_Click()
    Print " (1) "; "abc"="ABC"
    Print " (2) "; (2+3)>4
    Print " (3) "; 8>=(10-2)
    Print " (4) "; " string"<"string"
    Print " (5) "; 220<=110
    Print " (6) "; "z"<>"y"
End Sub
```

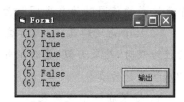

图 5-1 关系表达式的值

前面已说明：关系表达式的值只有两种可能：非"真"即"假"。在图 5-1 中可以清楚地看到在输出时用 Ture 和 Flase 表示"真"和"假"。

5.1.2 逻辑运算符与逻辑表达式

用一个关系表达式能够表示一个简单的条件,例如,a>b。如果判断条件是由几个简单条件组成的复合条件,就要用逻辑运算符把它们连接起来。例如,数学条件 0<x<10,实际上是两个条件同时存在：x>0 和 x<10,即 x 的值要同时满足这两个关系表达式的条件。在逻辑表达式中用逻辑运算符把两个关系表达式连接起来。上述条件可以写成：(x>0) And (x<10)。"And"就是一个逻辑运算符,读作"与"(即逻辑与)。除 And 外,还有 Or、Not、Xor、Eqv 等**逻辑运算符**。

用逻辑运算符将关系表达式或逻辑量连接起来的式子就是**逻辑表达式**,也称为**布尔(Bool)表达式**。逻辑运算(也称布尔运算)的值也是一个逻辑量("真"或"假")。VB 所提供的逻辑运算符及含义见表 5-2。

表 5-2 Visual Basic 逻辑运算符

序号	含义	举 例	说 明
Not	逻辑非	Not("a">"b"),结果为真	"a">"b"为假,再进行取反运算,所以结果为真
And	逻辑与	(5>=3)And(9>5),结果为真	两个表达式的值都为真,结果为真
Or	逻辑或	("x">"y")Or(4<>5),结果为真	两个表达式的值有一个为真,结果为真

序号	含义	举　　例	说　　　明
Xor	逻辑异或	(8＝7)Xor(10＞7),结果为真	两个表达式的值不同,结果为真
Eqv	逻辑等于	(12＞8)Eqv("c"＞"d"),结果为假	两个表达式的值一真一假,结果为假
Imp	逻辑蕴涵	(10＝10)Imp(12＞22),结果为假	第一个表达式值为真,第二个为假,所以结果为假

说明:

1. 逻辑运算符 Xor 是对两个表达式进行"异或"运算,只有两个表达式的值为一真一假时,结果才为真,如果两个表达式的值同时为真或同时为假,其结果为假。

2. 进行 Eqv(逻辑等于)运算时,如果两个表达式的值为一真一假,结果为假,只有两个表达式的值同时为真或同时为假时,结果才为真。

3. Imp 是逻辑蕴涵,进行这种运算时,如果第一个表达式的值为真而第二个表达式的值为假时,结果为假,其余的情况都为真。例如把表中例子改为:(10＞10) Imp (12＞22),结果就为真。

4. 如果在一个逻辑表达式中有两个以上逻辑运算符,逻辑运算的顺序由逻辑运算符的优先级决定,上面的逻辑运算符的优先级由上而下逐渐降低,即 Not 的优先级最高,Imp 的优先级最低。

5. 一个逻辑表达式中如果包含逻辑运算符、关系运算符和算术运算符,它们的运算优先级是:

例如,有一逻辑表达式:a＋b ＞c＋d And a＞＝c＋d or Not c＞0。

设 a＝2,b＝3,c＝－1,d＝5,具体的计算过程如图 5-2 所示。

表达式的值是从左至右逐项扫描的。在一个运算量左右两侧各有一个运算符时,先进行优先级别高的运算。例如,b 的左侧为算术运算符"＋",右侧为关系运算符"＞"。由于算术运算优先于关系运算,所以先进行 a＋b 的运算。同样,c 的两侧分别为"＞"和"＋",先进行"c＋b"的运算。这样 a＋b＞c＋d 已变成 5＞4 了。在 4 的两侧分别为"＞"和"And",先进行 5＞4 的运算,结果为 True。其他依此类推。最后得到的值为 True。

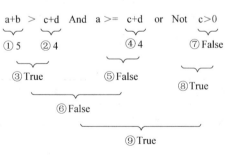

图 5-2　运算的优先顺序

5.2 选择结构

第 1 章介绍了结构化程序设计的三种基本结构,选择结构是三种基本结构之一。利用选择结构来实现条件选择处理,根据条件的不同情况决定执行不同的操作。下面介绍几种常用的选择结构。

5.2.1 If 选择结构

VB 提供 If 语句方便地实现选择结构。If 语句的语法的一般格式如下:

```
If   <条件>Then
    <语句块 1>
[Else
    <语句块 2>]
End If
```

如果“条件”为真,执行 Then 后面的“语句块 1”;如果“条件”为假,执行 Else 后面的“语句块 2”。当然,当“条件”为假时,也可以什么都不做,直接执行 End If 后面的语句,即省略 Else 及其之后的“语句块 2”。

【例 5-1】 在文本框中输入一个整数,判断该数是否是偶数,将判断结果显示在一个标签中。窗体外观如图 5-3 所示。

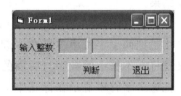

图 5-3 例 5-1 窗体外观

按照表 5-3 设置控件对象的属性。

表 5-3 例 5-1 对象属性设置

对　　象	属　　性	设　　置
窗体	(名称)	Form1
命令按钮 1	(名称)	cmdCheck
	Caption	判断
命令按钮 2	(名称)	cmdExit
	Caption	退出
标签 1	(名称)	lblTitle
	Caption	输入整数
标签 2	(名称)	lblResult
	Caption	(置空)
	BorderStyle	1-Fixed Single
文本框 1	(名称)	txtInput
	Text	(置空)

根据题目要求设计算法流程,如图 5-4 所示。首先在文本框中输入数据,然后单击"判断"命令按钮,判断该数据是否是偶数。根据判断结果,给出相应的提示。

"判断"命令按钮的事件过程如下:

```
Private Sub cmdCheck_Click()
    Dim x As Integer
    x=Val(txtInput.Text)
    If x Mod 2=0 Then
        lblResult.Caption=txtInput.Text & "是偶数"
    Else
        lblResult.Caption=txtInput.Text & "是奇数"
    End If
End Sub
```

需要说明的是,判断一个数是否是偶数可以有多种方法。上面事件过程中使用 Mod 取模函数进行判断,x Mod 2 的含义是取 x 被 2 除的余数。程序中 If 语句的条件是"若 x 被 2 除的余数为 0",即如果满足此条件,表明 x 是偶数,此时在标签控件 lblResult 显示判断结果。

语句"lblResult. Caption＝txtInput. Text &"是偶数""中的"&"是字符串连接符,其作用是把两个字符串连接在一起,形成一个字符串。"txtInput. Text & "是偶数""的含义是将文本框中的数字与后面的"是偶数"3 个字符连接在一起,构成一个输出的字符串,并把这个字符串显示在标签中。

请读者自己写出"退出"命令按钮的单击事件过程,以构成一个完整的程序。

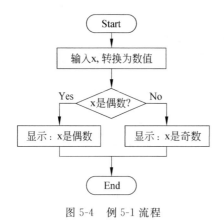

图 5-4　例 5-1 流程

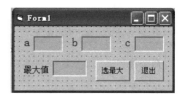

图 5-5　例 5-2 窗体外观

【例 5-2】　输入 a、b、c 三个数,找出其中最大的数。按照图 5-5 建立一个窗体,在窗体上画 2 个命令按钮、4 个标签、4 个文本框。

各控件的属性设置见表 5-4。

这个问题的解题思路是:

① 分别输入 a、b、c 三个数。

② 先假设 a 是最大值,把 a 的值赋给 max,即 max 始终用于保存最大值。

表 5-4　例 5-2 对象属性设置

对　　象	属　　性	设　　置
窗体	（名称）	Form1
命令按钮 1	（名称）	cmdRun
	Caption	选最大
命令按钮 2	（名称）	cmdExit
	Caption	退出
标签 1	（名称）	lblA
	Caption	a
标签 2	（名称）	lblB
	Caption	b
标签 3	（名称）	lblC
	Caption	c
标签 4	（名称）	lblMax
	Caption	最大值
文本框 1	（名称）	txtA
	Text	置空
文本框 2	（名称）	txtB
	Text	置空
文本框 3	（名称）	txtC
	Text	置空
文本框 4	（名称）	txtMax
	Text	置空

③ 再用 b 与 max 比较，如果 b 的值比 max 的值大，则将 b 的值赋给 max，即把当前最大值保存在 max 中，否则不做任何处理。

④ 最后用 c 与 max 比较，如果 c 的值比 max 的值大，则将 c 的值赋给 max，即当前最大值仍保存在 max 中，否则不做任何处理。

⑤ 输出最大值 max。

以上算法还可以用流程图表示，如图 5-6 所示。

相应的过程代码如下：

```
Private Sub cmdRun_Click()
    Dim a As Integer, b As Integer
    Dim c As Integer, max As Integer
    a=Val(txtA.Text)
```

```
        b=Val(txtB.Text)
        c=Val(txtC.Text)
        max=a
        If b>max Then
            max=b
        End If
        If c>max Then
            max=c
        End If
        txtMax.Text=max
End Sub
```

　　程序中的 3 个文本框用于接收输入的数据。在这 3 个文本框中输入数据之后，用
Val 函数分别将它们由字符类型转换为数值类型。语句 max＝a 是将 a 的值作为当前最
大值。随后，分别用 If 语句将 max 与 b、c 进行比较，并将其中的大者放入 max。程序运
行结果如图 5-7 所示。

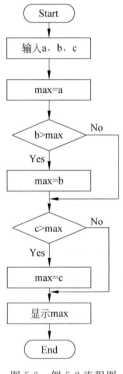

图 5-6　例 5-2 流程图

图 5-7　运行例 5-2

　　单击"退出"按钮，执行如下事件过程，结束程序的运行。

```
Private Sub cmdExit_Click()
    End
End Sub
```

除了以上讨论的 If 结构,有时需要判断的问题中含有多个 Then 和 Else,可以使用块结构条件语句,其一般格式如下:

```
If  <条件 1>  Then
    <语句块 1>
Else If  <条件 2>  Then
    <语句块 2>
Else If  <条件 3>  Then
    <语句块 3>
    …
Else
        <语句块 n>
End If
```

块条件结构是这样执行的:先测试"条件 1",如果"条件 1"成立(即表达式的值为 True),执行 Then 后面的"语句块 1",如果"条件 1"不成立而"条件 2"成立,执行 Then 后面的"语句块 2",……如此测试下去。如果所有条件不成立,执行 Else 后面的"语句块 n"。

【例 5-3】 根据输入的成绩,判断学生的成绩等级。

窗体上有 1 个名称为 txtScore 的文本框,1 个名称为 cmdRun 的命令按钮,2 个标签,其中 1 个名称为 lblLevel 的标签用于显示成绩的等级。运行程序后,向文本框中输入一个数值,然后单击命令按钮"执行",根据输入的成绩,判断成绩的等级。成绩等级划分的规则是:如果成绩小于 60 分,等级为"不及格";成绩小于 70 分并且大于等于 60 分,等级为"及格";成绩小于 80 分并且大于等于 70 分,等级为"中";成绩小于 90 分并且大于等于 80 分,等级为"良";成绩大于等于 90 分,等级为"优"。

图 5-8 运行例 5-3 输入合法数据

图 5-8 是运行时输入成绩为 80 时,输出的成绩等级。

请读者自己画出流程图并写出对象属性表。这是比较简单的。

程序代码如下:

```
Private Sub cmdRun_Click()
    Dim score As Integer
    If txtScore.Text<>"" Then
        score=Val(txtScore.Text)
        If score>=0 and score<60 Then
            lblLevel.Caption="成绩等级:不及格"
        ElseIf score>=60 And score<70 Then
            lblLevel.Caption="成绩等级:及格"
        ElseIf score>=70 And score<80 Then
            lblLevel.Caption="成绩等级:中等"
```

```
        ElseIf score>=80 And score<90 Then
            lblLevel.Caption="成绩等级：良好"
        ElseIf score>=90 And score<=100 Then
            lblLevel.Caption="成绩等级：优秀"
        Else
            lblLevel.Caption="输入的成绩有问题"
        End If
    End If
End Sub
```

程序开始运行后，先单击文本框，向此文本框输入字符 80，然后单击"执行"命令按钮，窗体显示如图 5-8 所示。

语句 If txtScore. Text <> "" 的作用是判断文本框中是否输入了数据。如果文本框的内容不为空，即 txtScore. Text <> ""，继续执行后面的判断语句。

如果输入的数据范围在 0~100 之外，则执行最后一个 Else 分支中的语句，显示"输入的成绩有问题"。例如，向文本框中输入－1 时，程序运行结果如图 5-9 所示。

图 5-9　运行例 5-3 输入非法数据

5.2.2　IIf 函数

IIf 函数是 If…Then…Else 结构的简写版本，其含义是"Immediate If"。IIf 函数的语法格式如下：

```
IIf(<条件>,<表达式 1>,<表达式 2>)
```

其中的"条件"是一个逻辑表达式，与上一节中 If 语句的"条件"的表示方法是相同的。当"条件"为 True 时，计算"表达式 1"，并把其结果作为 IIf 函数的返回值；若"条件"为 False 时，计算"表达式 2"，并把其结果作为函数的返回值。

通过下面的实例可以了解怎样使用 IIf 函数。假设有如下赋值语句：

```
y=IIf(x>0, x+10, x * x)
```

赋值号右侧是一个 IIf 函数调用。其作用是：如果满足 x>0 的条件，则函数值 y＝x+10；否则 y＝x * x。实际上，IIf(x>0, x+10, x * x)是计算以下分段函数的值：

$$y = \begin{cases} x+10 & x>0 \\ x^2 & x \leqslant 0 \end{cases}$$

假设 x＝2，即满足 x>2 的条件，则执行第 1 个表达式，计算 x+10 的值等于 12，并将该计算结果作为函数的返回值，即 y＝12，最后输出 12。

这种分段函数也可以用 If 结构实现：

```
If x>0 Then
    y=x+10
```

```
Else
    y=x * x
End If
```

当 x=2 时,满足条件 x>0,执行 Then 之后的语句 y=x+10,得到 y=2。与 IIf 函数的结果一致。

从以上示例可以看到,使用 IIf 函数可以减少选择结构所用的语句行篇幅。当然,IIf 函数只能用在每个分支只有一条语句的简单情况,对于每个分支中有多条语句的情况只能使用 If…Then…Else 结构。

还有一个需要注意的问题,IIf 函数中出现的 3 个参数不能缺省,而且都是表达式,IIf 中不能出现语句。例如,有如下语句:

```
x=2
y=IIf(x>0, y=x+10, y=x * x)
```

其运行结果是:False。为什么产生这个结果? 因为在执行 IIf 函数时,当 x=2,即 x>0,执行 y=x+10,系统将其视作一个关系表达式,左侧 y 的值为 0(程序中没有赋值,系统默认赋值为 0),右侧是 12,因此关系表达式左右不相等,因此 IIf 函数的返回值为 False。

5.2.3　多分支选择结构

对于例 5-3 这种有多个分支条件的选择结构可以用一种比较简单的表达方式,即**多分支选择结构——Select Case 语句**。Select Case 语句的一般格式有 3 种。

(1) 最基本的 Case Else 子句

```
Select Case<变量>
  Case<值 1>
      <语句 1>
  Case<值 2>
      <语句 2>
       ⋮
  Case<值 n-1>
      <语句 n-1>
   [Case Else
      <语句 n>]
End Select
```

Select Case 中的"变量"称为 Case 变量,它是一个表达式,通常使用一个变量或常量,可以是数值型或是字符串型。在每个 Case 子句中指定一个值,当 Case 变量的值符合某个 Case 子句指定值的条件时,就执行该 Case 子句中的语句,然后跳到 End Select,从 End Select 出口。如果变量的值与任何一个 Case 子句都不匹配,就执行 Case Else 子句后面的<语句 n>,然后从 End Select 出口。这里的<语句>可以是一个语句,也可以是一组语句。

例如:

```
Private Sub Command1_Click()
```

```
      s$=Text1.Text
      Select Case s$
        Case 1
          Print "选择第一项"
        Case 2
          Print "选择第二项"
        Case 3
          Print "选择第三项"
        Case 4
          Print "选择第四项"
      End Select
    End Sub
```

执行此过程,根据文本框 Text1 中输入的内容,在窗体上显示相应的提示文字,然后从 End Select 出口。

(2) 在 Case 子句中使用 To 指定值的范围

在 Case 子句中可以用 To 定义一个值的范围。

【例 5-4】 用多分支选择结构 Select Case 改写例 5-3 的程序。

先画出程序的流程图,如图 5-10 所示。

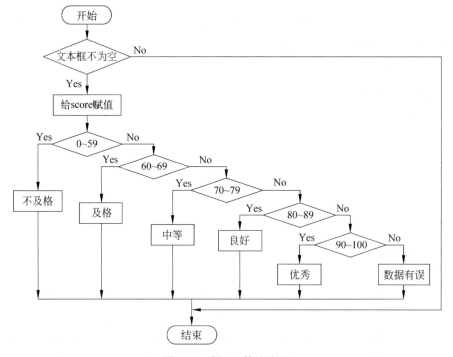

图 5-10 例 5-4 算法流程

写出 cmdRun_Click 事件过程的代码:

```
Private Sub cmdRun_Click()
```

```
        Dim score As Integer
        If txtScore.Text<>"" Then
            score=Val(txtScore.Text)
            Select Case score
                Case 0 To 59
                    lblLevel.Caption="成绩等级：不及格"
                Case 60 To 69
                    lblLevel.Caption="成绩等级：及格"
                Case 70 To 79
                    lblLevel.Caption="成绩等级：中等"
                Case 80 To 89
                    lblLevel.Caption="成绩等级：良好"
                Case 90 To 100
                    lblLevel.Caption="成绩等级：优秀"
                Case Else
                    lblLevel.Caption="你输入的成绩有问题"
            End Select
        End If
End Sub
```

运行情况与例 5-3 相同。显然，对于多分支选择的问题，使用 Select Case 结构比使用 If 选择结构更加清晰。

（3）在 Case 子句中使用 Is 指定条件

在 Case 子句中可以使用 Is 指定一个条件，其格式是：

Case Is<关系运算符><表达式>

例如：

```
Select Case x
    Case Is>10
        Print "条件是 x>10"
```

上述 Case 语句指定的条件是 x＞10，即当 x＞10 时，执行 Print "条件是 x＞10" 语句。

如果写成下面的形式：

```
Select Case x
    Case Is<200, Is>500
        Print "条件是 x<200 或 x>500"
```

Case 子句所表示的条件是"x＜200 Or x＞500"，而不是"x＜200 And x＞500"。

另外，使用"Is"指定条件时，只能是简单条件，不能用逻辑运算符将两个简单条件表达式连接到一起。例如：

```
Case Is>0 and Is<50
```

这种表达方式是错误的,系统会给出错误提示。

5.3 使用消息框和输入框

在使用 Windows 以及 Windows 风格的应用程序时,常常出现一些对话框。例如当输入错误的数据时,屏幕上会出现一个对话框,给出提示:"数据正确吗?",并等待用户选择"确定"或"取消",然后再进行后续的操作。在 VB 中,这种能输出指定的消息并能接受输入命令的对话框称为"消息框"。图 5-11 是一个消息框的示例。

图 5-11　消息框实例

VB 中有消息框、输入框等可以直接使用的控件。用消息框可以在其中指定需要输出的提示信息,用输入框可以向程序输入数据。灵活地使用这些控件能提高程序的可用性,方便编写程序。

5.3.1 消息框

图 5-11 就是一个消息框。程序运行出现消息框时,我们可以根据消息框中的提示,选择执行某个命令。例如,在图 5-11 的消息框中可以选择"确定"或"取消",此时就会执行所选中命令对应的事件过程,在此过程中用条件选择(如 If 语句)来决定应该执行的操作。

VB 提供了消息框函数和消息框语句。首先介绍消息框函数 MsgBox 的使用。

若要在屏幕上出现图 5-11 所示的消息框,可以使用如下的命令:

```
intResult=MsgBox("数据正确吗?", 65, "Message Box Example")
```

当程序执行到这条语句时,屏幕上出现一个消息框,外观如图 5-11 所示。从这个图可以看到,消息框由标题栏信息(如"Message Box Example")、消息框中的提示信息(如"数据正确吗?")、一个图标以及一个或多个命令按钮构成,图 5-11 所显示的消息框有 2 个命令按钮,程序执行到此,等待单击"确定"或"取消"命令按钮。

作为函数,MsgBox 可以有返回值。这个函数的返回值与用户选择了哪个命令按钮有关。在上面的语句中,函数的返回值被赋给变量 intResult,我们可以根据返回值来判断用户选择了消息框上的哪个按钮。

消息框的特点是它始终等待操作者的选择,必须单击消息框中的一个按钮(或按回车键),程序才能继续执行下去。读者可能在 Windows 中看到过这种对话窗口,也就是说,我们不能无视它或跳过它去执行其他操作。

第 4 章例 4-3 验证密码时的提示信息通过文本框显示,现在改用消息框给出提示信息。在实际应用中,类似这种提示信息更多的是用消息框给出提示的。

【例 5-5】　使用消息框显示检验密码的结果。

设计一个程序,在窗体上放置一个标签、一个文本框和 3 个命令按钮(见图 5-12)。程序开始运行后,在文本框中输入一个密码,用这个密码与程序中事先给出的密码进行比较,如果这两个值不相同,系统就会显示一个消息框,提示输入的密码不正确;如果相同,也显示一个消息框,提示输入的密码是正确的。如果选择了消息框上的"取消"按钮,结束程序运行。单击窗体上的"退出"按钮,也能结束程序的运行。窗体上各控件的属性设置如表 5-5 所示。

图 5-12　例 5-5 窗体外观

表 5-5　例 5-5 对象属性表

对　　象	属　　性	设　　置
窗体	(名称)	Form1
	Caption	使用消息框
命令按钮 1	(名称)	cmdClear
	Caption	清除
命令按钮 2	(名称)	cmdCheck
	Caption	检验密码
命令按钮 3	(名称)	cmdExit
	Caption	退出
文本框	(名称)	txtPW
	Caption	置空
	PasswordChar	*
标签	(名称)	lblTitle
	Caption	请输入密码

文本框的属性 PasswordChar 用于口令输入。当把 PasswordChar 属性设置为某一个字符,例如设为"＊",则在文本框中输入字符时,显示的不是输入的字符而是被设置的字符,例如"＊"。当然,文本框的内容仍是所输入的文本,只是显示的内容被改变了。

运行程序,若单击"清除"命令按钮,就把文本框中的字符清除掉。写出其事件过程代码如下:

```
Private Sub cmdClear_Click()
    txtPW.Text=""
    txtPW.SetFocus
End Sub
```

txtPW.Text＝""的含义是把一个空字符串赋值给文本框的 Text 属性,实际上就是清空文本框的内容。txtPW.SetFocus 的作用是将光标定在文本框上,这样便于以后直接向文本框中输入数据。

当从键盘向文本框输入密码,再按"校验密码"命令按钮,执行判断密码是否正确的算法,其流程如图 5-13 所示。

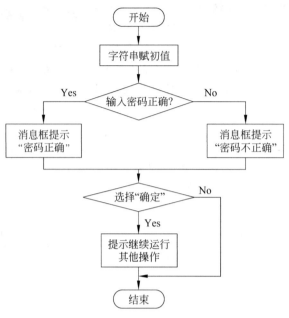

图 5-13　例 5-5 的算法

cmdCheck_Click 事件过程如下。

```
Private Sub cmdCheck_Click()
  pw$="MyProgram"                          '这是预设的密码
  Title$="密码核对框"
  Info1$="密码正确!"
  Info2$="密码不正确!"
  If txtPW.Text=pw$ Then
    answer=MsgBox(Info1$, 65, Title$)       '1+64+0=65
  Else
    answer=MsgBox(Info2$, 277, Title$)      '16+5+256=277
  End If
  If answer=1 Then                          '选择"确定"按钮
    txtPW.PasswordChar=""
    lblTitle.Visible=False
    txtPW.Text="继续运行程序!"
  End If
End Sub
```

说明：在上述过程中，在有些语句的后面有用"'"开始的一段文字。"'"表示"注释"，即在"'"之后的内容是注释，其作用是对程序（或程序的一部分）做说明，以帮助看程序的人更好地理解程序，增加程序的可读性。注释是程序的组成部分，但注释是不被执行的，即在程序运行时不产生任何操作。通俗地说：注释是给人看的，不是给计算机看的。在程序中添加适当的注释说明是很有必要的。应当说，注释可以写在程序的开头，用来说明程序的作用、重要变量、入口出口参数等；也可以在重要的分支或语句处说明具体的操作。

程序中事先设置了一个字符串"MyProgram"作为密码。假如输入的密码(即文本框txtPW 的 Text 属性值)等于"MyProgram"(即 pw $),则执行如下语句：

answer=MsgBox (Info1$,65,Title$)

这条语句的作用是调用 MsgBox 函数,显示一个消息框,并将函数的返回值赋给变量answer。消息框外观如图 5-14 所示。

MsgBox 函数的第 1 个参数是消息框中的提示文字。在图 5-14 的消息框中,函数的第 1 个参数 Info1 $ 的值是"密码正确",可以看到这段文字出现在消息框的中间位置上。函数的第 3 个参数 Title $ 用于指定消息框的标题,其值是"密码核对框",它出现在消息框的标题栏中。第 2 个参数(现为

图 5-14　核对密码的消息框

65)决定消息框内按钮和图标的种类和数目。该参数是由 3 个数值相加之和。这 3 个数值的含义如下：第 1 个数值代表按钮的类型,第 2 个数值代表显示图标的种类,第 3 个数值代表哪一个按钮是默认的"活动按钮"。

表 5-6～表 5-8 分别列出这 3 个数值的含义。

表 5-6　按钮的类型及其对应的值

符 号 常 量	值	在消息框上显示出来的按钮
VbOKOnly	0	"确定"按钮
VbOkCancel	1	"确定"和"取消"按钮
VbAbortRetryIgnore	2	"终止(A)"、"重试(R)"和"忽略(I)"按钮
VbYesNoCancel	3	"是(Y)"、"否(N)"和"取消"按钮
VbYesNo	4	"是(Y)"和"否(N)"按钮
VbRetryCancel	5	"重试(R)"和"取消"按钮

表 5-6 中列出消息框中包括哪些按钮。当值为 0 时,消息框中只包含一个"确定"按钮；当值为 1 时,消息框中有"确定"和"取消"2 个按钮,如图 5-14 所示那样。其余类推。

表 5-7 列出消息框中左上部显示的小图标及对应的参数值。

表 5-7　图标的类型及其对应的值

符 号 常 量	值	在消息框上显示出来的图标
VbCritical	16	见图 5-15(a)
VbQuestion	32	见图 5-15(b)
VbExclamation	48	见图 5-15(c)
VbInformation	64	见图 5-15(d)

当值为 16 时,显示出图 5-15(a)所示的图标;当值为 64 时,显示出图 5-15(d)所示的图标,图 5-14 的消息框中就是这种图标。

(a)　　　　　　(b)　　　　　　(c)　　　　　　(d)

图 5-15　消息框的图标

表 5-8 列出了默认"活动按钮"对应的参数值。

表 5-8　默认按钮及其对应的值

符 号 常 量	值	默认的活动按钮
VbDefaultButton1	0	第一个按钮为默认的活动按钮
VbDefaultButton2	256	第二个按钮为默认的活动按钮
VbDefaultButton3	512	第三个按钮为默认的活动按钮

当值为 0 时,第一个按钮为默认的活动按钮,即运行开始时第一个按钮是激活的,或称为"焦点在第一个按钮处"。图 5-14 就属于此情况,可以看到,"确定"按钮四周有一虚线框,表示它是"活动的",此时可以用按回车键来代替单击活动按钮的操作。

MsgBox 函数中第 2 个参数是从上面 3 个表中各取一个数相加而得(只能从每一个表中取一个数)。例如,65＝1＋64＋0(即第一个表中的值为 1,第 2 个表中的值为 64,第 3 个表中的值为 0)。因此,根据表 5-5～表 5-7 中的规定,图 5-14 所示消息框的特性为:

① 消息框中有"确定"和"取消"两个按钮;

② 消息框中的图标为图 5-15(d)所示;

③ 第 1 个按钮为默认的活动按钮。

说明:不必在程序中分别指明这 3 个表中的值,只需给出这 3 个值的和即可。系统会自动把它分解为 3 个表中的值。例如,65 只能分解为 1、64、0。因此,给出了一个"和"数,就唯一地确定了每一部分的相应值。

如果在程序运行时输入的密码不对,根据程序中的 If 语句,执行事件过程中第二个 MsgBox 函数,如下:

```
answer=MsgBox (Info2$,277,Title$)
```

在消息框中显示"密码不正确",消息框的标题为"密码核对框"。第 2 个参数为 277＝5＋16＋256,从表 5-6 到表 5-8 中可以查出:消息框中有"重试"和"取消"两个按钮,消息框左上部有一个如图 5-15(a)那样的图标,第 2 个按钮为活动按钮,如图 5-16 所示。

在事件过程 cmdCheck_Click 中,将 MsgBox 函数的值赋给变量 answer,MsgBox 函数的返回值是由按下的那个按钮而定的,MsgBox 函数的返回值及含义见表 5-9。

图 5-16　密码不正确的提示

表 5-9　MsgBox 函数返回的值

符 号 常 量	值	所对应的按钮
VbOk	1	"确定"按钮
VbCancel	2	"取消"按钮
VbAbort	3	"终止(A)"按钮
VbRetry	4	"重试(R)"按钮
VbIgnore	5	"忽略(I)"按钮
VbYes	6	"是(Y)"按钮
VbNo	7	"否(N)"按钮

当按下"确定"按钮时,MsgBox 函数值为 1,若按"取消"按钮,则 MsgBox 函数值是 2,……,依此类推。

在运行程序时,输入密码并按下"校验密码"按钮后,屏幕上会出现图 5-14 或图 5-16 所示的消息框,由使用者选择按钮。无论按下哪一个 按钮,消息框都自动消失,程序根据函数的返回值决 定后续操作。在本例中,如果输入密码正确,然后再 按"确定"按钮,则 answer 的值为 1,程序使窗体中标 签的状态成为"不可见",并在文本框中显示出"继续 运行程序!"的信息,如图 5-17 所示。

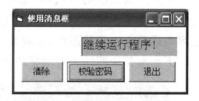

图 5-17　密码正确的情况

说明: 从上面的例子可以看到,人们习惯在消息 框中通过按某个命令按钮来表示自己的选择(如"是"、"否"),以为消息框本身有执行相应 操作的功能,但是事实上消息框本身是不可能自动实现相应操作的,它只能触发一个事件 过程,程序设计者在编写这个过程时,要善于利用 If 语句进行检查判断,决定应当执行何 种操作。也就是说,一切操作都是由人们编写的过程决定的。

本程序的目的是介绍消息框的使用方法,因此只示意性地显示出上面一句提示信息。 在设计实际的应用程序时,要根据实际需求另行编写程序执行后续的操作。

本程序使用 MsgBox 函数产生消息框。在 VB 中还可以把 MsgBox 函数写成语句形 式,例如:

```
MsgBox "数据正确吗?"
```

这就是 MsgBox 语句形式。执行此 MsgBox 语句也产生一个消息框,在框中显示文 字"数据正确吗?"。但 MsgBox 语句与 MsgBox 函数不同,MsgBox 语句没有返回值,常 用于比较简单的信息显示。

5.3.2　输入对话框

在前面几章的例题中,输入数据都是使用文本框。其实,可以有多种输入数据的方 法。例如,"输入对话框"就是常用的一种输入方式。

输入对话框不是控件,可以用 InputBox 函数产生。例如:

FileName$=InputBox("请输入文件名","输入对话框示例","File1")

将显示如图 5-18 所示的输入对话框。

InputBox 函数中第 1 个参数(如上述命令中的"请输入文件名")是一个字符串,它将显示在输入对话框的窗口内;第 2 个参数(上述命令中的字符串"输入框对话示例")作为对话框的标题,第 3 个参数(上述命令中的"File1")是程序设计者指定它作为窗口下部文本区中显示的默认值,即它作为默认的输入数据自动显示在文本区中。如果认可这个值,只需按"确定"按钮(或"回车"键)即可。如果要输入其他的内容,可以另行输入以代替它。输入的信息将在文本区中显示出来。当按下"确定"按钮后,InputBox 函数值(即文本区的内容)通过赋值语句赋给字符串变量 FileName$,同时输入对话框从屏幕上消失。

InputBox 函数的一般格式如下:

InputBox(提示 [,标题] [,默认值] [,xpos] [,ypos])

对照前面的说明,很容易理解 InputBox 函数中各个参数的作用。需要补充说明的是:xpos 指定了输入对话框的左边与屏幕左边的水平距离;ypos 指定了输入对话框的上边界与屏幕上边界的距离,也就是说,设计时可以指定输入框在屏幕上的位置。

下面举例说明输入对话框的使用方法。

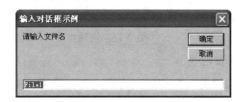

图 5-18　输入对话框示例

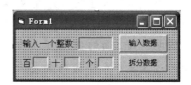

图 5-19　例 5-6 窗体外观

【例 5-6】　输入对话框使用示例。

设计一个程序,输入一个 3 位数的整数,然后将这个数分离出百位、十位、个位,并分别显示在 3 个标签中。窗体外观如图 5-19 所示,属性设置如表 5-10 所示。

表 5-10　例 5-6 对象属性表

对　　象	属　　性	设　　置
标签 1	(名称)	lblTitle0
	Caption	输入一个整数
标签 2	(名称)	lblTitle1
	Caption	百
标签 3	(名称)	lblTitle2
	Caption	十

对 象	属 性	设 置
标签 4	（名称）	lblTitle3
	Caption	个
标签 5	（名称）	lblIntger
	Caption	（置空）
	BorderStyle	1-Fixed Single
标签 6	（名称）	lblNumber1
	Caption	（置空）
	BorderStyle	1-Fixed Single
标签 7	（名称）	lblNumber2
	Caption	（置空）
	BorderStyle	1-Fixed Single
标签 8	（名称）	lblNumber3
	Caption	（置空）
	BorderStyle	1-Fixed Single
命令按钮 1	（名称）	cmdInput
	Caption	输入数据
命令按钮 2	（名称）	cmdSeparate
	Caption	拆分数据

单击"输入数据"命令按钮,执行 cmdInput_Click 事件过程,其算法流程如图 5-20 所示。

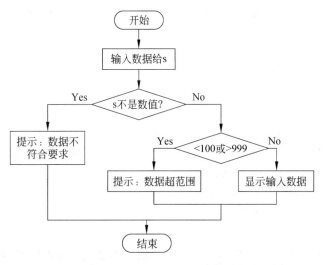

图 5-20 例 5-6 cmdInput_Click 事件过程流程图

cmdInput_Click 事件过程如下：

```
Private Sub cmdInput_Click()
    s=InputBox("请输入一个整数","输入对话框")
    If Not IsNumeric(s) Then
        y=MsgBox("输入的数据不符合要求,请重新输入!")
    ElseIf (s<100 Or s>999) Then
        y=MsgBox("输入数据超出范围,请重新输入!")
    Else
        lblInteger.Caption=s
    End If
End Sub
```

如果只实现输入数据的操作,可以很简单地使用 InputBox 函数即可。不过,在设计程序时,应尽可能考虑周到,把可能导致程序出现错误的因素排除掉。例如,这个题目要求输入一个 3 位数的整数,那么,程序就应该判断所输入的数据是否满足要求。cmdInput_Click()事件过程在用 InputBox 函数接收从键盘输入的数据后,判断输入的数据是否是合法的数据。主要有两项工作：

（1）用函数 IsNumeric(s)判断 s 是否是数值型数据

Not IsNumeric(s)表达式的含义是：s 不是数值数据。相应的 If 语句是当 s 不是数值数据时,使用消息框提示重新输入。例如,当输入字母时,显示的消息框如图 5-21 所示。

（2）判断 s 是否满足取值范围的要求

对于满足上述条件的数据,进一步判断 s 是否在允许的范围之内。若 s 是负数或大于 999,则用消息框给出“输入数据超出范围,请重新输入!”的提示。如果输入的数据符合要求,则将数据显示在标签控件 lblInteger 中。

图 5-21　输入数据错误信息框

按照题目的要求,要将输入的 3 位整数拆分为百、十、个 3 个数据。具体的过程如下：

```
Private Sub cmdSeparate_Click()
    Dim x As Integer, a As Integer
    Dim b As Integer, c As Integer
        x=Val(lblInteger.Caption)
    a=x \ 100                                   '取百位数
    b= (x-a * 100)\10                           '取十位数
    c=x Mod 10                                  '取个位数
    lblNumber1.Caption=Str(a)
    lblNumber2.Caption=Str(b)
    lblNumber3.Caption=Str(c)
End Sub
```

过程中定义了 4 个整型变量(x,a,b,c),分别保存输入的数据以及该数据的百、十、个位数。表达式 x\100 的含义是计算 x 被 100 整除的值,表达式的计算结果就是取出百位数。表达式$(x-a*100)\backslash10$是取出 x 十位上的数值。表达式 x Mod 10 得到的是个位上的数值。运行结果如图 5-22 所示。

图 5-22　运行例 5-6

5.4　利用单选按钮控件进行选择

在设计应用程序时,经常会遇到在一组(几个)方案中只能选择其中之一的情况,这就要使用"单选按钮"控件。在工具箱中,单选按钮的图标为 ⊙。如果有一组(多个)单选按钮,VB 规定一次只能选择其中之一。当选中某一单选按钮时,该控件外观为 ⊙,表示被选中,同时其他单选按钮显示为 ○,表示关闭(不选),这也是单选按钮名称的由来。

【例 5-7】　使用单选按钮。

在设计联机调查问卷时,应尽可能减少被调查者的输入工作量。例如,要求被调查者输入其受教育程度,可以使用单选按钮实现这个功能。

用户界面由 4 个单选按钮、一个标签和一个命令按钮组成。程序开始运行后,选择其中 1 个单选按钮,将其对应的内容显示在标签中,界面设计如图 5-23 所示。窗体上各控件的属性设置如表 5-11 所示。

图 5-23　例 5-7 窗体外观

表 5-11　例 5-7 对象属性设置

对　　象	属　　性	设　　置
窗体	Caption	单选按钮的使用
标签 1	(名称)	lblTitle
	Caption	请选择受教育程度
标签 2	(名称)	lblShow
	Caption	置空
	Boderstyle	1
单选按钮 1	(名称)	optLevel1
	Caption	中学

对　象	属　性	设　置
单选按钮 2	（名称）	optLevel2
	Caption	大学本科
单选按钮 3	（名称）	optLevel3
	Caption	研究生
单选按钮 4	（名称）	optLevel4
	Caption	其他
命令按钮	（名称）	cmdExit
	Caption	退出

如果单击"中学"单选按钮，触发单选按钮 optLevel1 的单击事件过程 optLevel1_Click，在标签中显示出"您受教育的程度是：中学"。其事件过程如下：

```
Private Sub optLevel1_Click()
    lblShow.Caption="您受教育的程度是：" & optLevel1.Caption
End Sub
```

optLevel1.Caption 是单选按钮 optLevel1 的标题属性，也就是显示在窗体上单选按钮图标右侧的文字，在这个题目中 optLevel1.Caption 的值是"中学"。

与此类似，单击其他几个单选按钮，执行相应的事件过程：

```
Private Sub optLevel2_Click()
    lblShow.Caption="您受教育的程度是：" & optLevel2.Caption
End Sub
Private Sub optLevel3_Click()
    lblShow.Caption="您受教育的程度是：" & optLevel3.Caption
End Sub
Private Sub optLevel4_Click()
    lblShow.Caption="您受教育的程度是：" & optLevel4.Caption
End Sub
```

如果要退出程序，单击"退出"命令按钮，执行下面的过程：

```
Private Sub cmdEnd_Click()
    End
End Sub
```

一个单选按钮被选中时，其 Value 属性值被设置成 True(-1)，有一个黑点出现在单选按钮中，表示它处于被选中状态，再单击一次则黑点消失，Value 的属性值变为 False(0)，为未被选中状态。

上面例题中使用的是单选按钮的标准形式，其 Style 属性值为 0，即控件外观为一个圆形按钮并有提示信息。单选按钮还有另一种外观，当 Style＝1，单选按钮控件的外观类似于命令按钮,但与命令按钮不同的是单选按钮有按下和弹起两种状态。当单击该按钮时,按钮处于被按下且尚未弹起的状态,再次单击,按钮外观恢复原状。

应当强调的是,在一组单选按钮中,只能选择其中一个,不能既选"中学",又选"大学本科",它们是互相排斥的。如果单击"中学",则其他单选按钮均自动关闭,其中的黑点消失,Value 值自动变为 False(0)。

5.5 利用复选框控件进行选择

在实际应用中,有时要回答"是否去过长城","是否去过南京","是否去过香港"等多个选项。这类选择的特点是:

(1) 每个选项有两种可选状态:是或否。

(2) 多个选项之间彼此独立,"是否去过长城"与其他两个选项没有任何关系。同样,另两个选项之间也没有联系。

对于这种选择问题,VB 中有一种称为"复选框"的控件,又称"检查框"(check box),能够实现这种功能。它有两种状态可以选择:

(1) 选中,或称"打开",复选框中出现一个"√"标志,即☑。

(2) 不选,或称"关闭","√"标志消失,即☐。

复选框如同一个开关一样,每单击一次复选框,它的状态在☑与☐之间来回切换。这种复选框在 Windows 应用程序中是常见的。

复选框在工具箱中的图标形状为☑。从工具箱中选择复选框的方法与选择命令按钮相同,不再赘述。下面通过一个实例说明复选框的使用方法。

【例 5-8】 复选框的使用。

仍然是设计调查问卷的问题,有些需要回答的问题选项不是唯一的,例如,关于个人爱好的调查。每个人的个人爱好可以有多种选择,例如,音乐、读书、运动、旅游等。界面设计如图 5-24 所示。运行程序时,根据个人爱好单击相应的复选框。最后,单击"确定"按钮,将所选择的各个爱好显示在标签中。各控件的属性设置见表 5-12。

图 5-24 例 5-8 窗体外观

窗体中的 4 个复选框用于提供各个选项,分别是音乐、读书、运动和旅游。当单击复选框时,表示选中该项,该复选框的 Value 属性值变为 1。Value 属性用来表示复选框当前的状态,有三种状态:0 表示没选中,1 表示选中,2 表示"不可用"(呈浅灰色)。

表 5-12　例 5-8 对象属性设置

对　　象	属　　性	设　　置
窗体	（名称）	Form1
	Caption	使用复选框
标签 1	（名称）	lblTitle
	Caption	请选择个人爱好
标签 2	（名称）	lblFinal
	Caption	（置空）
文本框	（名称）	TxtPassage
	Text	置空
	Mulitiline	True
复选框 1	（名称）	chkChoice1
	Caption	音乐
复选框 2	（名称）	chkChoice2
	Caption	读书
复选框 3	（名称）	chkChoice3
	Caption	运动
复选框 4	（名称）	chkChoice4
	Caption	旅游
命令按钮 1	（名称）	cmdOK
	Caption	确定
命令按钮 2	（名称）	cmdExit
	Caption	退出

运行程序时，选择一个或多个复选框，单击"确定"按钮时，执行如下事件过程：

```
Private Sub cmdOK_Click()
    Dim s As String
    If chkChoice1.Value=1 Then
        s=chkChoice1.Caption
    End If
    If chkChoice2.Value=1 Then
        s=s+chkChoice2.Caption
    End If
    If chkChoice3.Value=1 Then
        s=s+chkChoice3.Caption
    End If
```

```
        If chkChoice4.Value=1 Then
             s=s+chkChoice4.Caption
        End If
        lblFinal.Caption="您的爱好是: " & s
End Sub
```

在事件过程中分别用 If 语句判断各复选框的 Value 值。对于复选框 chkChoice1（其 Caption 属性值为"音乐"），若 chkChoice1.Value 的值等于 1，则使变量 s 的值为该复选框的标题属性，即 chkChoice1.Caption，也就是所选择的一个爱好。与此类似，分别判断其他几个复选框是否被选中。将各被选中复选框的标题属性值保存在变量 s 中。最后，将所选择的所有爱好显示在标签中。

除了上述例题中涉及的 Value、Caption 属性，复选框还有一些常用属性。

（1）Alignment 属性

复选框的 Alignment 属性用于设置复选框文字标题的位置。当 Alignment 属性值为 0，复选框在文字标题的左侧，即 □Check1；Alignment 属性值为 1，则标题在右侧，即 Check1□。

（2）Style 属性

Style 属性的作用是设置复选框的外观。这是 Visual Basic 6.0 中新增加的属性。当 Style=0，复选框的外观是标准的外观，即 □Check1；Style=1，其控件的外观类似于命令按钮。当单击该按钮时，按钮处于被按下且尚未弹起的状态，再次单击，按钮外观恢复原状。

5.6　利用框架进行选择

在例 5-7 中介绍的单选按钮是从多个选项中选择一个，且只能选择一个。但是实际设计程序时，有时有多组相互独立的选项，希望在每组选项中各选一项。例如，分别设置文本的字体、字号及颜色，每项设置的内容都有多个选项。应该如何实现这类选择操作？这种情况可以将单选按钮分成几组，以每组作为一个单元，这就需要用到框架控件（Frame）。在工具箱中，框架控件图标为 ▣。

【例 5-9】　使用框架控件。

设计一个程序，要求程序能够根据所选择的字体、字号及颜色设置文本框中的文字。运行程序时，文本框中显示一行文字，其字体、字号大小和颜色在程序中设定。在 3 个框架中分别选择字体、字号和颜色，然后按下"显示"按钮，此时文本框中文字的字体、字号和颜色会按各项设置发生变化。界面如图 5-25 所示。

由于字体、字号、颜色都包含多个选择。因此对应这 3 项内容有 3 组彼此独立的单选按钮，用框架加以区分。每个框架中放 3 个单选按钮，即将 9 个单选按钮分为 3 组，一组用来给出字体的选择项，一组给

图 5-25　例 5-9 窗体外观

出字号大小的选择项。一组给出颜色的选择项。窗体上个控件的属性设置见表 5-13。

表 5-13　例 5-9 对象属性设置

对　　象	属　　性	设　　置
窗体	（名称）	Form1
	Caption	框架的使用
标签	（名称）	Label1
	Caption	置空
框架 1	（名称）	fraFont
	Caption	字体
框架 2	（名称）	fraSize
	Caption	字号
框架 3	（名称）	fraColor
	Caption	颜色
单选按钮 1	（名称）	optFont1
	Caption	宋体
单选按钮 2	（名称）	optFont2
	Caption	隶书
单选按钮 3	（名称）	optFont3
	Caption	幼圆
单选按钮 4	（名称）	optSize1
	Caption	14 点
单选按钮 5	（名称）	optSize2
	Caption	18 点
单选按钮 6	（名称）	optSize3
	Caption	22 点
单选按钮 7	（名称）	optColor1
	Caption	蓝色
单选按钮 8	（名称）	optColor2
	Caption	紫色
单选按钮 9	（名称）	optColor1
	Caption	绿色

对　　象	属　　性	设　　置
命令按钮 1	（名称）	cmdShow
	Caption	显示
命令按钮 2	（名称）	cmdExit
	Caption	结束

按照题目要求，程序应设置字体、字号和颜色的初始值。设字体为"宋体"，字号大小为"14 点"，颜色为"蓝色"。这 3 个属性的初值既可以在设计时通过属性窗口设置，也可以在 Form_Load 事件过程中设置。本题目在 Form_Load 事件过程中设置这几个属性值，其代码如下：

```
Private Sub Form_Load()
    '设置初始值
    OptFont1.Value=True
    Optsize1.Value=True
    OptColor1.Value=True
    '设置标签的字体,字号,颜色
    Label1.FontName="宋体"
    Label1.FontSize=14
    Label1.ForeColor=QBColor(9)
    '显示文本
    Label1.Caption="欢迎使用 Visual Basic"
End Sub
```

题目要求在单击"显示"命令按钮时，根据各单选按钮的状态，改变标签中文字的属性值。也就是说，单击单选按钮时，不立即改变标签中文字的属性，改变属性的操作是由单击"显示"命令按钮所触发的 cmdShow_Click 事件过程实现的。过程代码如下：

```
Private Sub cmdShow_Click()
    '确定字体
    If OptFont1.Value Then Label1.FontName="宋体"
    If OptFont2.Value Then Label1.FontName="隶书"
    If OptFont3.Value Then Label1.FontName="幼圆"
    '确定字号大小
    If Optsize1.Value Then Label1.FontSize=14
    If OptSize2.Value Then Label1.FontSize=18
    If OptSize3.Value Then Label1.FontSize=22
    '确定颜色
    If OptColor1.Value Then Label1.ForeColor=QBColor(9)
    If OptColor2.Value Then Label1.ForeColor=QBColor(13)
    If OptColor3.Value Then Label1.ForeColor=QBColor(10)
End Sub
```

从以上程序可以看到,使用框架将单选按钮分成不同的组,就可以同时选择几个单选按钮,以增加应用程序的灵活性。

"退出"按钮的过程如下:

```
Private Sub cmdExit_Click()
    End
End Sub
```

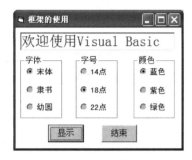

程序运行时,Form_Load()过程初始化窗体上各框架中按钮的初值(宋体、14 点、蓝色),并按这些值设置标签的字体、字号和颜色。然后,可以在 3 个框架中选择所需的字体、字号和颜色,然后单击"显示"命令按钮,触发 cmdShow 过程,此时在标签内显示一行文字"欢迎使用 Visual Basic"。运行程序,设选择了宋体,字体大小为 18,颜色为蓝色,运行结果如图 5-26 所示。

图 5-26　运行例 5-9

注意:

1. 使用框架控件设计界面时应该注意,要先在窗体中画出框架,再在框架内添加单选按钮。在框架内建立单选按钮时也要注意,应该先选中框架,然后在工具箱中单击单选按钮控件(而不要双击它),最后在选定的框架内拖动鼠标画出单选按钮。用这种方法在框架中建立单选按钮(以及其他控件)和框架形成一个整体,如果想移动框架的位置,框架中的单选按钮(以及其他对象)均会随框架一起移动。如果激活框架,然后删除框架,框架内的控件就会随之一起删除。如果采用双击工具箱中的单选按钮,再把它拖入框架内,则它不能与框架构成一个整体,在移动框架时,其中的控件并不随之移动。此时的单选按钮并未按框架分组,其容器不是框架而是窗体,因此在运行程序时,只能在窗体中所有单选按钮中任选一个(而不能实现在每个框架的一组单选按钮中选择一个)。

2. 什么情况下用复选框,什么情况下用单选按钮呢? 二者都可用来选中某一个选项,但多个复选框是彼此独立无关的,适用于某一种事情有两种不同的状态选择,如粗体或非粗体显示、有无下划线、是否斜体等。如果不同复选框所代表的功能是矛盾的,就可能出现误操作。例如,3 个复选框的 Value 属性值为 1 时,分别代表"蓝色"、"紫色"、"绿色",若同时选中这 3 个复选框,就会出现矛盾。得到的结果是最后被选中的那个方案(如果最后选择为"绿色",则只有"绿色"有效了)。这类情况应该使用单选按钮。单选按钮适用于在多个互斥的选项中选择一个,将若干单选按钮按功能类型分组,放在不同的框架中,由于同组的单选按钮只能选择一个而排斥其他项,因而可以防止误操作。单选按钮一定是成组使用,多个选项中选择一个。而复选框可以单独使用。

5.7　鼠标和键盘事件

鼠标和键盘是最常用的输入设备。操作计算机时,要频繁地操作这两个设备。同样,在设计程序时,我们也要设计响应鼠标、键盘操作的程序。例如,当拖动鼠标时,把文件放入回收站的操作就需要设计响应鼠标拖动的事件过程。

5.7.1 鼠标事件

当进行鼠标移动（Mouse Move）、按下鼠标键（Mouse Down）、释放鼠标键（Mouse Up）、单击（Click）、双击（Double Click）等操作时，都会触发相应的鼠标事件。

1. MouseDown 事件

当按下鼠标键就会触发 MouseDown 事件。我们通过例题说明这个事件的使用。

【例 5-10】 鼠标的 MouseDown 事件。

在窗体上添加一个图片框，在属性窗口设置图片框的 Picture 属性，为图片框加载一幅图片。窗体外观如图 5-27 所示。要求运行程序时，用鼠标单击窗体，则图片框移动到鼠标单击的位置。

分析这个题目，图片的移动操作发生在鼠标单击时，因此应该响应窗体的 Form_MouseDown 事件，使图片框移动到新的位置。Form_MouseDown 事件过程如下：

图 5-27　例 5-10 窗体外观

```
Private Sub Form_MouseDown(Button As Integer,
Shift As Integer, X As Single, Y As Single)
    Picture1.Left=X
    Picture1.Top=Y
End Sub
```

Form_MouseDown 事件过程有 4 个参数，这些都是系统自动产生的。其中的 X、Y 是鼠标指针的位置坐标，程序中直接使用即可。当执行上述事件过程时，将图片框的坐标设置为鼠标指针的位置 X、Y，即把图片框移动到鼠标所指向的位置。虽然单击窗体时，也能触发 Click 事件，但该事件无法获得鼠标的位置坐标，因此这个题目不能用 Click 事件。

Button 参数是一个整数，说明当前被按下或释放的是哪个鼠标键，其参数值及说明见表 5-14。

表 5-14　Button 参数

十　进　制	二　进　制	按 键 情 况
0	000	没有按下任何鼠标键
1	001	按下鼠标左键
2	010	按下鼠标右键
3	011	同时按下鼠标左、右键
4	100	按下鼠标中间键
5	101	同时按下鼠标中间、左键
6	110	同时按下鼠标中间、右键
7	111	同时按下鼠标的三个键

说明：对于 MouseDown 和 MouseUp 事件，Button 的取值只有前 3 个，即不能检查 2 个或 3 个按键同时被按下的情况。只有 MouseMove 事件能够检查鼠标的其他按键情况。

Shift 参数用于判断键盘上 Shift、Ctrl 和 Alt 3 个按键是否被按下，即判断这 3 个按键的状态。Shift 参数共有 8 种可能的取值，分别对应按下这 3 个键中的某一个键、同时按下两个键或 3 个键时的状态。Shift 参数的取值和含义如表 5-15。

表 5-15 Shift 参数表

十　进　制	二　进　制	说　　明
0	000	没有按下转换键
1	001	按 Shift 键
2	010	按 Ctrl 键
3	011	按 Ctrl＋Shift 键
4	100	按 Alt 键
5	101	按 Alt＋Shift 键
6	110	按 Alt＋Ctrl 键
7	111	按 Alt＋Ctrl＋Shift 键

2. MouseUp 事件

当释放鼠标键时会触发 MouseUp 事件。同样，在窗体的 Form_MouseUp 事件过程中可以添加显示语句，查看触发 MouseUp 事件的情况：

```
Private Sub Form_MouseUp(Button As Integer, Shift As Integer, X As Single, Y As Single)
    Print "这是 MouseUp 事件"
    Print X,Y
End Sub
```

需要特别注意的是，当进行某些鼠标操作时，往往触发不止一个鼠标事件。例如，编写测试程序，可以看到在窗体上按下鼠标键后再释放，就会在窗体中先显示出字符串“这是 MouseDown 事件”，然后再显示出字符串“这是 MouseUp 事件”，并显示出当前鼠标的位置。这是因为先后触发了 MouseDown 和 MouseUp 两个事件。实际上，单击事件包含了 MouseDown、MouseUp 和 Click 三个事件。我们可以做一个实验，观察当单击、双击鼠标时，会触发哪些事件过程。

【例 5-11】　鼠标的事件。

通过一个简单的程序观察窗体对鼠标单击、双击事件的响应情况。程序如下：

```
Private Sub Form_Click()
    Form1.Print "***窗体的单击事件***"
```

```
    End Sub
Private Sub Form_DblClick()
    Form1.Print "*** 双击事件 ***"
End Sub
Private Sub Form_MouseDown(Button As Integer, Shift As Integer, X As Single, Y As
Single)
    If Button=1 Then
        Form1.Print "*** 按下鼠标左键 ***"
    End If
    If Button=2 Then
        Form1.Print "*** 按下鼠标右键 ***"
    End If
End Sub
Private Sub Form_MouseUp(Button As Integer, Shift As Integer, X As Single, Y As
Single)
    If Button=1 Then
        Form1.Print "*** 释放鼠标左键 ***"
    End If
    If Button=2 Then
        Form1.Print "*** 释放鼠标右键 ***"
    End If
End Sub
```

以上 3 个事件过程分别在窗体的单击鼠标、双击鼠标、释放鼠标和按下鼠标的事件过程中添加显示命令,以便观察对鼠标操作的响应情况。

运行程序,当用鼠标左键单击窗体时,窗体上显示的内容如图 5-28 所示。从图中我们可以看到,单击一次鼠标左键实际上触发了三个事件:按下鼠标左键、释放鼠标左键和单击鼠标事件。当单击鼠标左键时,首先触发按下鼠标键的事件过程 Form_MouseDown。程序中根据按下的鼠标按键是左键还是右键显示不同的提示。当按下鼠标左键,即 Button＝1,在窗体上显示"*** 按下鼠标左键 ***"。然后,触发释放鼠标的Form_MouseUp 事件过程。同样,判断按下的是鼠标左键还是右键,给出相应的提示。

当用鼠标左键双击窗体时,窗体上显示的内容如图 5-29 所示。从图中我们可以看到,鼠标的双击事件并不是简单的重复鼠标单击操作所触发的 3 个事件。实际上,用鼠标双击窗体时,在触发了按下鼠标按键(MouseDown)、释放鼠标按键 MouseUp 和单击鼠标(Click)事件后,直接触发了鼠标的双击 DblClick 事件,最后再次触发释放鼠标按键(MouseUp)的操作。

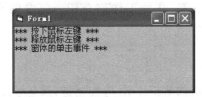

图 5-28　单击窗体触发的鼠标事件

图 5-29　双击窗体触发的鼠标事件

通过这个例题，我们可以看到在运行 VB 程序时，鼠标的一个操作往往能够触发多个事件过程。在编写程序代码时，一定要注意确保不要出现混乱。

3．MouseMove 事件

按住鼠标键并移动鼠标就会触发 MouseMove 事件。MouseMove 是窗体所能识别的鼠标事件之一。当程序进入运行状态后，只要在窗体内移动鼠标，就发生窗体的 MouseMove 事件，窗体立即响应此事件，执行 Form_MouseMove 过程中的语句。除了窗体以外，其他一些对象（如文本框、图片框、命令按钮等）也都能识别鼠标事件。

【**例 5-12**】 鼠标的 MouseMove 事件。

设计一个程序，在窗体上添加一个名称为 Pic1 的图片框以及一个命令按钮。当移动鼠标经过图片框时，一个图形文件就会装入该图片框；当鼠标经过命令按钮时，上面的文字变为"鼠标移过命令按钮"。窗体设计如图 5-30 所示。各个控件的属性均采用默认值。

当鼠标移过图片框时，触发图片框的 MouseMove 事件过程，可以将 C 盘上的一个图形文件装入图片框。过程如下：

```
Private Sub Picture1_MouseMove(Button As Integer, Shift As Integer, X As Single,
Y As Single)
    Pic1.Picture=LoadPicture("C:\sunflower.jpg")
End Sub
```

当鼠标移过命令按钮时，触发命令按钮的 MouseMove 事件过程，可以改变命令按钮上显示的文字。程序如下：

```
Private Sub Command1_MouseMove(Button As Integer, Shift As Integer, X As Single,
Y As Single)
    Command1.Caption="鼠标移过命令按钮"
End Sub
```

运行结果如图 5-31 所示。

图 5-30　例 5-12 窗体外观

图 5-31　运行例 5-12

除了上述鼠标事件，还有 DragDrop、DragOve 等，此处不详细介绍。可参阅有关书籍。

5.7.2　键盘事件

当使用键盘时，不论按下数字键、字母键，还是诸如 Shift、Alt 等控制键，都会触发"键盘事件"。主要的键盘事件有 KeyPress、KeyDown 和 KeyUp 等。

1. KeyPress 事件

当按下键盘上的任一个键时,就会触发 KeyPress 事件。VB 中许多对象(如窗体、文本框、列表框等)都能够响应 KeyPress 事件。例如,在某个时刻,输入的焦点在文本框 Text1 上,当按下键盘上的任何一键时,对于文本框就出现了 KeyPress 事件。

KeyPress 事件用于判别按键的 ASCII 码值。KeyPress 事件过程名后面的括号中有一个名称为 KeyAscii 的参数。这个参数是使用者所按的键相应的 ASCII 码。我们可以通过以下实例观察键盘按键及其 ASCII 码值。在窗体上画一个文本框 Text1,并编写 Text1_KeyPress 事件过程如下:

```
Private Sub Text1_KeyPress(KeyAscii As Integer)
    Print KeyAscii
End Sub
```

执行以上过程,如果在文本框中键入小写字母"a",就出现了键盘的 KeyPress 事件,文本框会识此 KeyPress 事件并执行 Text1_KeyPress 事件过程,在窗体上显示出所按键"a"的 ASCII 码值 97,如同时按 Shift 和"a"键,即输入大写字母"A",在窗体上显示出大写"A"的 ASCII 码值 65。利用这个小程序,我们很容易知道,数字 0～9 的 ASCII 是 48～57,大写字母 A～Z 的 ASCII 码值是 65～90,小写字母 a～z 的 ASCII 码值是 97～122。

利用 KeyPress 事件,可以编写判断输入字符的程序。

2. KeyDown 和 KeyUp 事件

在按下、释放键盘上某个按键时会产生 KeyDown 和 KeyUp 事件。窗体、文本框、组合框、命令按钮、复选框等控件都能识别这两个事件。

例如,有以下事件过程:

```
Private Sub Form_KeyDown(KeyCode As Integer, Shift As Integer)
    Circle (400, 500), 200
End Sub
```

执行程序,当按下键盘上的某个键时,触发 KeyDown 事件,执行 Form_KeyDown 事件过程,调用画圆方法 Circle,以窗体的(400,500)位置为圆心,画出一个半径为 200 的圆。

释放键盘按键时,触发 KeyUp 事件。以下是释放键盘上某个按键后触发的事件过程的例子。

```
Private Sub Form_KeyUp(KeyCode As Integer, Shift As Integer)
    Circle (2000, 3000), 500
End Sub
```

运行程序,当按下并释放键盘上的某个键时,执行 Form_KeyUp 过程,在窗体的(2000,3000)处画出一个圆。也就是说,按下一个键,执行了两个事件过程,分别画出两个圆。

Form_KeyUp 后面括号中的 KeyCode 是按下或释放键盘按键时,系统通过 KeyDown 和 KeyUp 事件返回的参数。KeyDown 和 KeyUp 事件反映的是键盘的直接状态,不论按下的是"A"还是"a",返回的 KeyCode 是相同的,即大写字母与小写字母在键盘上使用相同的键,具有相同的 KeyCode。

KeyDown 和 KeyUp 事件的另一个参数是 Shift,含义与鼠标事件中的 Shift 含义相同。

由于在 KeyDown、KeyUp 事件中,不论大写还是小写字母,具有相同的 KeyCode 值。因此需要用 KeyCode 和 Shift 两个参数确定字母是大写还是小写。实际上,KeyDown、KeyUp 事件更多地用于处理 KeyPress 不能识别的击键,如功能键、编辑键以及这些键与键盘换挡键(如 Shift 等)的组合等。

说明:以上介绍了一些事件,有的读者可能觉得不胜其烦,记不住,不知怎样实际使用。应当说明,并不是凡出现一个事件,必定会执行一个有操作内容的事件过程。关键是看编程者是否需要利用这些事件去实现所需的操作。如果不编写相关的事件过程,此时事件过程中无任何执行语句,所以什么操作都不会发生。在前几章的例子中出现了多次单击鼠标或从键盘输入字符,并未出现有什么其他反应,就是此原因。这些事件只是提供一种方便,需要时可使用。编程序时应当按照项目要求,需要什么就用什么,没有必要死记各种属性和事件,必要时可查有关资料,VB 系统上也有显示,可从中选用。

本书只是介绍了 VB 提供的一些可供利用的功能,并介绍最简单的使用方法,为以后实际应用打下必要的基础。经历一些编程实践后,读者就会逐步熟悉并应用自如的。

思考与练习

1. 设 a=3,b=5,c=-1,d=7,写出以下逻辑表达式的值:

(1) a-b/c-d Or c>d And Not c>0 Or d<c

(2) (c+d)/(a-b) Mod 2 Or c+d>a And Not (a<b)

(3) a^2\c>d Mod a Or c<=b

(4) a>b>=c And a<b>=d

2. 请用关系表达式或逻辑表达式表示如下表述的条件:

(1) x 大于等于 10

(2) x 大于 0,或 x 小于等于-10

(3) x 大于 0,并且 x 小于等于 50

(4) x 能够被 3 整除

(5) x 的绝对值小于 100

3. 单选按钮和复选框在使用上有什么区别?

4. 为什么要用框架将若干单选按钮组合到一起?

5. 简述 IIf 函数和 If…Else 结构的异同。

6. Select Case 语句在使用中 Case 的取值有何种类别? 使用时应该注意的问题是什么?

7. 比较 KeyPress、KeyUp、KeyDown 等键盘事件,说明事件的参数 KeyCode、KeyAscii 的含义。

实验5　条件选择

1. 实验目标

(1) 能够正确理解并使用条件表达式表示的条件。
(2) 能够设计选择处理的算法,并在程序中实现。
(3) 掌握单选按钮、复选框、消息框、InputBox 函数的使用。
(4) 掌握鼠标和键盘的常用事件的含义和程序设计方法。

2. 实验内容

按照如下题目要求设计算法,编写程序,并进行调试和运行。

(1) 编写程序,计算 y 的值。x 由键盘输入。

$$y = \begin{cases} x^3 + 10 & x \leqslant 0 \\ x^2 - 2 & x > 0 \end{cases}$$

(2) 编写程序,用输入框输入三个数,然后按由大到小的顺序在窗体上显示这三个数。

(3) 编写程序,用输入框输入一个整数,判断是奇数还是偶数,判断结果用消息框显示。

(4) 编写程序,用随机函数产生两个 0～100 的整数 a、b。若 $a > b$,计算 $a - b$;否则计算 $a + b$ 并输出计算结果(输出方式不限)。要求:

① 设计程序界面;

② 编写程序,实现上述功能。

(5) 编写程序,用输入框输入一个数值 x。当 $x \leqslant 0$,用消息框提示重新输入。当 $x > 0$,以 x 为半径计算并输出圆面积。

(6) 设窗体中包含一组单选按钮、一组复选框。单选按钮包括宋体、黑体和仿宋 3 种字体。复选框提供对下划线、粗体、斜体等修饰效果的选择。文本框中输入文字后,单击某个按钮,文本框中的文字将按所选择的选项进行设置。窗体如图 5-32 所示。编写程序,实现题目的要求。

(7) 编写加法练习程序。窗口布局如图 5-33 所示。

单击"计算"按钮,程序产生两个 100 以内的随机正整数,分别显示在两个标签中。随后,出现一个输入对话框。在对话框中输入运算结果,例如,两个随机数分别是 34 和 25,如图 5-34 所示。

图　5-32

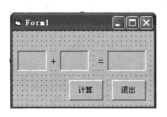
图　5-33

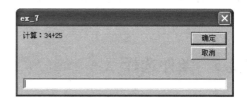
图　5-34

输入数据并确认后,将输入的结果显示在等号后边的标签中。若计算结果正确,用消息框提示"正确",否则提示"不正确"。继续提示"是否继续计算?",并根据提示退出程序或清空标签控件中所显示的内容,等待下一次操作。

(8) 生成 20 个 100～200 之间的随机数,将这 20 个数显示在窗体上。再显示出其中能够被 7 整除的数,并计算、输出它们的和。

(9) 在窗体上画一个文本框。要求向文本框中输入字符时,在窗体上显示出按键所对应的 KeyAscii 和 KeyCode 值。运行情况如图 5-35 所示。

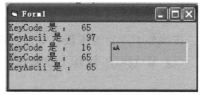
图　5-35

(10) 在窗体上画一个文本框,一个标签。当鼠标移过文本框时,在文本框中显示"鼠标移过文本框",且鼠标光标的形状改为箭头加问号(将 MousePointer 属性值设为 vbArrowQuestion)。当鼠标移过标签,在标签中显示"鼠标移过标签!",且鼠标光标的形状改为沙漏(将 MousePointer 属性值设为 vbHourGlass)。鼠标在窗体上移动时各控件及窗体上均不显示提示信息,鼠标光标为默认形状(MousePointer 属性值设为 vbDefault)。

第6章

在程序中利用循环处理

在处理问题中,经常会遇到重复执行一种或一组操作的情况,例如,计算 5!。5!＝1 ＊2＊3＊4＊5,需要重复执行乘法运算,将 1、2、3、4、5 逐个相乘,得到计算结果。在程序设计中,这种重复执行的操作称为循环处理。在 VB 中,对有些对象的操作也常常需要通过循环逐个处理,如在列表框、组合框等控件中对各个数据项的逐个处理,就是利用了循环操作。

6.1　循环语句

在 VB 中,循环操作是由循环语句来实现的。循环语句包括 For 语句和 Do While 语句。

6.1.1　用 For 语句实现循环

通过分析计算 5!的过程,可以了解循环操作的特点。

第 1 次计算：1!＝1
第 2 次计算：2!＝1＊2＝1!＊2
第 3 次计算：3!＝1＊2＊3＝2!＊3
第 4 次计算：4!＝1＊2＊3＊4＝3!＊4
第 5 次计算：5!＝1＊2＊3＊4＊5＝4!＊5

由以上步骤可以看到,每次计算是在上一次计算结果的基础上进行的,即第 1 次计算 1!。第 2 次计算 2!,2!等于 1!＊2。第 3 次计算 3!,3!等于 2!＊3。重复执行 5 次,得到 5!。

用流程图描述上述算法,如图 6-1 所示。

在 VB 中,对于这种能够确定重复执行的次数的循环,常使用 For 语句。以下是计算 5!的程序段。其中,变量 result 用于保存每次计算的结果,初始值为 1。变量 i 记录循环的次数。

```
result=1
For i=1 To 5 Step 1
```

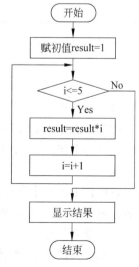

图 6-1　计算 5!的流程图

```
        result=result * i
Next i
Print result
```

上面 For 语句中的变量 i 是用来控制循环次数的,它称为循环变量。循环变量的值在循环过程中是不断变化的。计算 5!时,i 的初始值指定为 1,终止值指定为 5,"Step 1"表示每执行完一次循环体后 i 的值增加 1。For 语句中需要重复多次执行的语句(本例中为"result = result * i")称为循环体。

For 循环语句的一般格式如下:

For <循环变量>=<循环变量初值>To <循环变量终值>[Step 增量]
    [循环体]
    [Exit For]
Next <变量>

上面"一般格式"中,方括号内的内容是可选的,即根据需要决定是否包含此项。

在上例中,循环体只有一条语句:result=result * i。当执行第 1 次循环体时,i 的值为 1,执行 result=result * i 语句后,result 的值为 1,循环体执行完毕,i 的值增加 1 变为 2。以后各次循环中 i 的值依次变为 3、4、5。当 i 的值变为 6 时,超过了 For 语句中指定的"循环变量终值",循环过程结束。每次循环增值(步长)1。表 6-1 是每次循环 i 及 result 的值。

表 6-1　计算 5!的过程示例

循环次数	i 值	result 表达式	result 值
1	1	result * i=1 * 1	1
2	2	result * i=1 * 2	2
3	3	result * i=2 * 3	6
4	4	result * i=6 * 4	24
5	5	result * i=24 * 5	120

如果变量的增量为 1 时,Step 子句可以省略。即:For i=1 To 5。

说明:当循环变量的值超过(而不是等于)循环变量终值时,才结束循环。因此 result 的值为 5 时,还要执行一次循环,然后循环变量的值变为 6,超过了循环变量终值(5),此时循环自动终止。

【例 6-1】 使用 For 循环移动图片。

设计一个程序,当单击"开始"命令按钮时,窗体上的图片由左而右移动,每次移动 10 个单位。

在窗体上画一个名称为 picCloud 的图片框,然后为图片框加载一个图片。窗体上还有名称分别为 cmdStart 和 cmdExit 的两个命令按钮,其标题分别为"开始"和"退出"。窗体界面如图 6-2 所示。

按照题目的要求,窗体上的图片从左向右移动,实际上就是改变图片框左边界的坐标,使得图片框左边界到窗体左边界的距离每次增加 10。这种重复移动图片的操作可以用循环实现。"开始"命令按钮的单击事件过程如下：

图 6-2　例 6-1 窗体外观

```
Private Sub cmdStart_Click()
    For i=1 To 300
        picCloud.Left=picCloud.Left+10
    Next i
End Sub
```

程序中循环次数 300 是根据窗体的尺寸大致设定的。读者在编写程序时可以根据窗体的大小，试着改变此值。其实，对于这个题目，判定循环终止的更好方法是判断图片是否到达窗体的右边界，到达窗体的边界时停止移动图片框。这种方法将在下一小节介绍。

语句 picCloud.Left＝picCloud.Left＋10 的含义是使图片框左边界的值（在图片框当前左边界值的基础上）增加 10，也就是使图片框右移了 10。

运行以上程序，我们发现几乎是在按下"开始"命令按钮的同时，图片框就到达了窗体的右边界，图片框的移动过程基本上观察不到。这是因为计算机的处理速度非常快，我们几乎感觉不到执行 300 次移动图片的操作。若要能够明显地感到图片框的移动，可以在每次移动图片框之后增加一段时间的延迟，再移动图片框。当然，也可以采用其他方式。读者可以自己试着修改程序，此处不详述。

【例 6-2】　从随机产生的 10 个数据中选出其中的偶数。

根据题目的含义，考虑程序的基本思路。首先要产生 10 个随机数，并显示在标签中。然后从中选择出偶数，显示在另一个标签中。

按照图 6-3 设计一个窗体，窗体上有 4 个标签、2 个命令按钮。有两个标签用于显示说明文字。另两个用于显示数据，其中名称为 lblNumber1 的标签用于显示 10 个随机数，名称为 lblNumber2 的标签用于显示找出的偶数。2 个命令按钮的名称分别为 cmdOK 和 cmdExit，标题分别为"处理"和"退出"。窗体如图 6-3 所示。

运行程序时，当单击"处理"命令按钮时，产生 10 个 100 以内的随机数，显示在标签 lblNumber1 中。从这 10 个数中选出所有偶数，显示在标签 lblNumber2 中。

题目要求产生 10 个随机数，对每个数要判断是否是偶数，然后进行相应的处理。也就是说要重复执行 10 次产生随机数并进行判断处理的操作，因此要使用 For 循环。"处理"命令按钮的单击事件过程的算法流程如图 6-4 所示。

程序如下：

```
Private Sub cmdOK_Click()
    For i=1 To 10
        x=Int(100 * Rnd)                        'x 是 0 到 99 之间的随机整数
        lblNumber1.Caption=lblNumber1.Caption+Str(x)
        If x Mod 2=0 Then
            lblNumber2.Caption=lblNumber2.Caption+Str(x)
        End If
    Next
End Sub
```

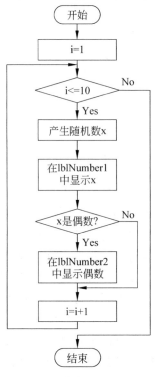

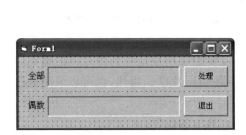

图 6-3　例 6-2 窗体外观　　　　　　　图 6-4　例 6-2 流程图

　　程序中 Rnd 是 VB 提供的产生随机数的函数,它的值是一个 0～1 之间的随机小数(包括 0,不包括 1,即 0≤Rnd<1),如果多次调用 Rnd,每次得到的值是不同的小数,故称它为随机数函数。(100 * Rnd)的作用是产生一个 0～100 之间(包括 0,不包括 100)的随机数,Int 是取整函数,Int(100 * Rnd)的值(也是 x 的值)是 0～99 之间的一个随机整数。

　　Str(x)的含义是将数值数据变为字符数据。这样就可以使用字符串连接的方式 lblNumber1. Caption ＋ Str(x) 将所有随机数连接为一个字符串,并赋值给标签 lblNumber1 的 Caption 属性。

　　条件表达式 x Mod 2＝0 用于判断 x 被 2 除的余数是否是 0,即判断 x 是否是偶数。如果满足条件,赋值给标签 lblNumber2 的 Caption 属性,使结果显示在 lblNumber2 中。

6.1.2　用 Do 语句实现循环

　　For 语句适用于处理确切知道循环次数的重复处理操作。但是有些情况下,循环的次数事先是不知道的。例 6-1 移动图片的问题中,使用 For 循环,确定循环 300 次。但是实际上,由于窗体大小不同,每次移动的步长不同,图片到达窗体右边界需要的次数是不同的。可能执行 200 次循环就到达了窗体的边界,也可能执行 300 循环,却只移动到窗体的中间。对于循环次数难以确定的操作,使用 Do 循环更适合。Do 循环可以不限定循环的次数,而是根据循环条件决定是否结束循环。

Do 循环语句的简单格式如下：

Do While<循环条件>]
  <循环体>
  [Exit Do]
Loop

以上 Do While 的含义是：当指定的**"循环条件"为真时，执行循环体**。当条件为假时，不再执行循环。

对于 Do 循环结构，如果没有"循环条件"，就构成一种最简单的 Do 循环。若在循环体中没有 GoTo、End 等语句，就会反复执行循环体，永不停止。

【**例 6-3**】 计算输入数据的累加和。

从键盘先后输入若干正整数，计算并显示这些数据的累加和，当输入 0 时结束。界面设计如图 6-5 所示。控件属性设置见表 6-2。

图 6-5　例 6-3 窗体外观

表 6-2　例 6-3 对象属性表

对　　象	属　　性	设　　置
标签 1	（名称）	lblTitle1
	Caption	输入的数据
标签 2	（名称）	lblTitle2
	Caption	累加和
标签 3	（名称）	lblNumber
	Caption	（置空）
标签 4	（名称）	lblResult
	Caption	（置空）
命令按钮 1	（名称）	cmdCala
	Caption	计算
命令按钮 2	（名称）	cmdExit
	Caption	退出

计算累加和的算法流程如图 6-6 所示。

运行程序，单击命令按钮"计算"，执行 cmdCala_Click 事件过程。

```
Private Sub cmdCala_Click()
    Dim Sum As Integer
    Dim varInteger As Integer
    Sum=0
    varInteger=Val(InputBox("输入数据,若输入 0,则结
    束"))
    Do While varInteger<>0
        Sum=Sum+varInteger
        lblNumber.Caption=lblNumber.Caption & Str$
        (varInteger)
        lblResult.Caption=Str$(Sum)
        varInteger=Val(InputBox("输入数据,若输入,则
        结束"))
    Loop
End Sub
```

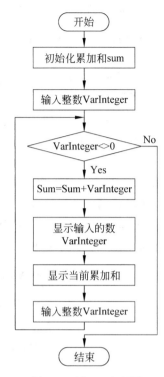

图 6-6　例 6-3 流程图

在 cmdCala_Click 事件过程中,首先定义了两个整型变量,其中 Sum 用于存储累加和,varInteger 存储每次输入的整数。使用 InputBox 输入一个整数,如果输入的值不是 0,即满足 Do While 的循环条件,执行循环体的语句,计算累加和 Sum 的值,将输入的数据 varInteger 显示在标签 lblNumber 中,将当前计算的累加和 Sum 显示在标签 lblResult 中。然后继续输入下一个数据。重复上述操作,直到输入 0,结束循环。

有一个问题需要注意,Do While 语句之前的 varInteger＝Val(InputBox("输入数据,若输入 0,则结束"))语句是必不可少的。若没有这个语句,varInteger 没有被赋初值,默认值为 0,则循环条件 varInteger ＜＞ 0 为假,不执行循环体。这样,永远不会执行到循环体的语句。

Do 循环语句的一般格式有以下两种:

(1) **Do [While | Until<循环条件>]**

   <循环体>

   [Exit Do]

   Loop

(2) **Do**

   <循环体>

   [Exit Do]

   Loop [While | Until<循环条件>]

上述这两种循环结构有几个需要注意的问题:

(1)第 1 种格式为先判断循环条件,后执行循环体。如果循环条件不满足,可能一次都不执行循环体。第 2 种格式为先执行循环体,后判断循环条件,不论循环条件是否满足,至少执行循环体一次。

（2）While＜循环条件＞表示当循环条件为真时，执行循环体的语句；Until＜循环条件＞为假，执行循环体。

（3）Exit Do 表示退出循环，执行 Loop 之后的第一条语句。

修改以上程序，使用第 2 种格式，完成相同的功能。算法流程如图 6-7 所示。

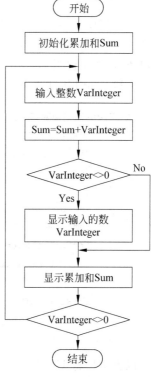

图 6-7　Do 循环流程图

```
Private Sub cmdCala_Click()
    Dim Sum As Integer
    Dim varInteger As Integer
    Sum=0
    Do
        varInteger=Val(InputBox("输入数据,若输入,
        则结束"))
        Sum=Sum+varInteger
        If varInteger<>0 Then
            lblNumber.Caption=lblNumber.Caption &
            Str$(varInteger)
        End If
        lblResult.Caption=Str$(Sum)
    Loop While varInteger<>0
End Sub
```

以上程序中使用的是 Do…Loop While 结构，这种结构不论条件如何，循环体至少要执行一次，而后执行条件判断语句 Loop While，当满足循环条件（条件表达式为真）时再次执行循环体，当不满足条件时结束循环。程序中的 If varInteger ＜＞ 0 语句的作用是为了避免将最后输入的 0 显示在标签中。

比较 Do…Loop While，Do While…Loop 结构的循环则首先判断循环条件，若条件不满足，循环结束，循环体一次都不执行。

对于例 6-3，使用 Do Until…Loop 结构，Until 子句是当指定条件为真时终止循环。程序如下：

```
Private Sub cmdCala_Click()
    Dim Sum As Integer
    Dim varInteger As Integer
    Sum=0
    varInteger=Val(InputBox("输入数据,若输入,则结束"))
    Do Until varInteger=0
        Sum=Sum+varInteger
        lblNumber.Caption=lblNumber.Caption & Str$(varInteger)
        lblResult.Caption=Str$(Sum)
        varInteger=Val(InputBox("输入数据,若输入,则结束"))
```

```
        Loop
End Sub
```

运行程序,执行单击命令按钮的事件过程,先输入整数 varInteger,然后测试是否满足循环条件。语句 Do Until varInteger = 0 的含义是当变量 varInteger 的值等于 0 时结束循环,也就是说当 varInteger<>0 时执行循环体。

当然,Until 语句也可以在 Loop 子句中,可以将程序改写为:

```
Private Sub command1_Click()
    Dim Sum As Integer
    Dim varInteger As Integer
    Sum=0
    Do
        varInteger=Val(InputBox("输入数据,若输入,则结束"))
        Sum=Sum+varInteger
        If varInteger=0 Then
            lblNumber.Caption=lblNumber.Caption & Str$(varInteger)
        End If
        lblResult.Caption=Str$(Sum)
    Loop Until varInteger=0
End Sub
```

以上程序将 Until 子句移到了 Loop 的后面。它的不同之处在于,首先执行循环体,然后进行指定条件的测试,也就是说第一次进入循环体是无条件的,无论如何都要执行循环体一次。循环被无条件地执行一次。

【例 6-4】 用 Do 循环实现例 6-1 的功能。

修改例 6-1,原来移动图片的方式为固定处理次数,现在改成当单击"开始"按钮,图片从窗体左侧向窗体右侧移动,移动到窗体的右边界停止移动。即图片框的右边界到达窗体的右边界时停止移动。

"开始"命令按钮的单击事件过程如下:

```
Private Sub cmdStart_Click()
    Do
        picCloud.Left=picCloud.Left+50
    Loop While picCloud.Left+picCloud.Width<Form1.Width
End Sub
```

【例 6-5】 给定一个整数 $n(n>2)$,判断是否为素数。

按照素数的定义,判断一个数 n 是否是素数的方法是:将 n 被 $2\sim n$ 之间的全部整数整除,如果都除不尽,n 就是素数,否则 n 是非素数。

根据题意,设计窗体界面和解题算法。窗体如图 6-8 所示。控件的属性设置见表 6-3。

图 6-8　例 6-5 窗体外观

表 6-3　例 6-5 对象属性表

对　　象	属　　性	设　　置
标签 1	（名称）	lblNumber
	Caption	（置空）
标签 2	（名称）	lblResult
	Caption	（置空）
命令按钮 1	（名称）	cmdFind
	Caption	判断素数
命令按钮 2	（名称）	cmdInput
	Caption	输入数据

运行程序，单击"输入数据"命令按钮，先清空标签控件中所显示的内容，然后使用输入框输入数据，再用 IsNumeric 函数判断输入的是否是数值数据。如果输入的数据符合要求，将该数据显示在标签 lblNumber 中；若不是数值数据，用消息框显示提示信息，要求重新输入数据。程序如下：

```
Private Sub cmdInput_Click()
    Dim n As Integer
    lblNumber.Caption=""
    lblResult.Caption=""
    x=InputBox("输入一个整数!")
    If Not IsNumeric(x) Then
        MsgBox "数据有误,请重新输入!"
    Else
        lblNumber.Caption=x
    End If
End Sub
```

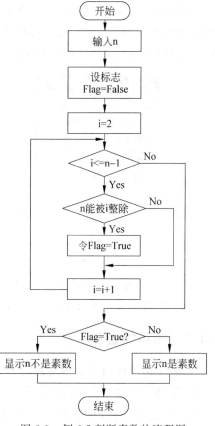

图 6-9　例 6-5 判断素数的流程图

判断 n 是否是素数，其基本思路是按照定义依次用 $2 \sim n-1$ 之间的整数除 n。若 n 能被任何一个数整除，则不是素数。具体的处理过程是：设置一个 Boolean 类型的变量 flag，它有 2 个状态：True 和 False。程序中将其初始值设为 False。如果 n 能被某一个整数整除，就将 flag 的值改变为 True，表明 n 能被整除，不是素数。当循环结束时，若 flag 的值仍保持为 False，表示 n 未被任何一个整数整除，由此可以确定该数为素数。算法如图 6-9 所示。

判断素数的事件过程如下：

```
Private Sub cmdFind_Click()
```

```
Dim flag As Boolean
n=Val(lblNumber.Caption)
flag=False
For i=2 To n-1                '判断 n 是否能被 2~n-1 的数整除
    If (n Mod i)=0 Then flag=True
Next i
If flag Then                  'n 曾被某个整数整除过
    lblResult.Caption="不是素数!"
Else                          'n 从未被整除
    lblResult.Caption="是素数!"
End If
End Sub
```

运行程序,假设输入 9,即 n=9。第 1 次执行循环,i=2,(9 mod 2)的值为 1,不满足 If 语句的条件,flag 的值不变,仍为 False。

第 2 次执行循环,i=3,(9 mod 3)的值为 0,满足 If 条件,执行赋值语句 flag = True。继续执行后续的循环。实际上,只要存在 n 被整除的情况,就能确定 n 不是素数。For 循环结束后,执行 If 语句。该语句根据 flag 的值判定 n 是否被整除过。如果 flag 为 True,表明 9 被整除过,因此不是素数,输出"不是素数"的提示。

运行程序后,单击"输入数据"按钮,在输入框中输入 13,在标签 lblNumber 中显示这个数,如图 6-10 所示。再单击"判断素数"按钮,在标签 lblResult 中显示判定结果"是素数"。运行程序后,窗体如图 6-11 所示。

图 6-10　输入数据

图 6-11　判断素数

前面介绍判别素数的方法是:当整数 n 不能被 $2\sim n-1$ 之间的任一整数整除,则 n 是素数。实际上,只需把 n 被 $2\sim\sqrt{n}$ 之间的任一整数整除,若都除不尽,则 n 就是素数。例如,判别 17 是否为素数,不必把 17 被 $2\sim16$ 除,只要被 $2\sim4$(4 是 $\sqrt{17}$ 的整数部分)即可。如果 17 不能被 2、3 和 4 整除,17 肯定是一个素数。因此,程序中循环变量的终值可以由 $(n-1)$ 改为 n 的平方根,即 sqr(n)或 Int(sqr(n))。请读者思考为什么。

6.1.3　循环的嵌套

在一个循环体内又完整地包含另一个循环,称为**循环的嵌套**。For 循环、Do 循环都可以在循环中再嵌套循环,而且可以在一个 For 循环中包含一个 Do 循环,也可以在一个 Do 循环中包含一个 For 循环。下面通过几个实例说明循环嵌套的概念和使用方法。

【例 6-6】 找出 100～200 之间的全部素数。

例 6-5 已经介绍了判定一个数是否为素数的方法,现在需要判定 100～200 之间的所有数是否为素数,只需要依次对这个范围内的数据进行判定即可。

当单击窗体时,执行如下事件过程:

```
Private Sub Form_Click()
    Dim flag As Boolean
    k=0
    For i=101 To 200 Step 2
        flag=False
        For j=2 To Sqr(i)
            If (i Mod j)=0 Then flag=True
            If flag=True Then Exit For
        Next j
        If Not flag Then
            Print i;
            k=k+1
            If k Mod 5=0 Then Print
        End If
    Next
End Sub
```

题目的要求是找出 100～200 之间的素数。但根据常识,偶数一定不是素数。因此循环从 101 开始,且步长为 2,即每次循环只对 101、103、105 等奇数进行判断。这样可以减少循环次数,节约程序的运行时间。

第 2 个 for 循环判断 i 是否为素数,所使用的算法基本与例 6-5 相同。区别在于 For循环中使用了 Exit For。其含义是只要有 flag=True,表示 i 能够被整除,此时,尽管可能还没有完成循环,但继续进行循环判断已经没有意义,可以提前结束循环,因此使用 ExitFor 直接结束循环,执行该语句所在循环之后的第一条语句(If 语句)。

如果一个数是素数,即 flag=False,则在窗体上显示该素数。注意 Print 语句中变量之后有";",表示显示该变量的内容后不换行,只留一个空格,然后接着显示下一个素数(显示正数时前面有一个空格,因此两个素数之间共有 2 个空格)。若找到的素数很多,就需要考虑进行换行处理了。在程序中设置了一个变量 k,用于记录已经显示的素数的个数。找到一个素数后,就使 k 的值增加 1。当 k 的值能被 5 整除时,执行一个空的 print语句,它的作用不是输出素数,而是换行。这样的效果是每输出 5 个素数就换到下一行继续输出。运行结果如图 6-12 所示。

【例 6-7】 显示乘法九九表。

先写出计算并显示 $1 \times 1=1, 1 \times 2=2, \cdots, 1 \times 9=9$ 的程序段如下:

```
i=1
For j=1 To 9
    p=i*j
```

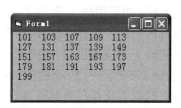

图 6-12 例 6-6 运行结果

```
        Print p;
    Next j
```

程序中 i 为被乘数，j 为乘数，令 i 不变（i＝1），p 为乘积。这段程序将输出 $1\times1,1\times2,\cdots,$ 1×9 的乘积。

在此基础上，增加一层外循环，使 i 由 1 变到 9，以实现九九表。程序段如下：

```
Private Sub Form_Click()
    For i=1 To 9
        For j=1 To 9
            p=i * j
            Print p;
        Next j
        Print
    Next i
End Sub
```

以上程序共输出 9 行，每行 9 个算式。第 1 行为 $1\times1,1\times2,\cdots,1\times9$ 的乘积；第 2 行为 $2\times1,2\times2,\cdots,2\times9$ 的乘积……第 9 行为 $9\times1,9\times2,\cdots,9\times9$ 的乘积。题目所要求的主要任务完成了，但是输出格式不理想。

通过分析这个程序段的流程，可以更深入地了解嵌套循环的概念，并改进输出格式。程序段流程如图 6-13 所示。

双重循环是这样执行的：当执行外循环 For 语句时，其循环变量 i 取初值 1，这个值在第 1 次执行外循环体的过程中保持不变。图中花括号标注了内循环，它属于外循环体的一部分，因此在执行一次外循环体的过程中，要执行 9 次内循环。在执行第 1 次内循环时，内循环变量 j 的值等于 1，此时，计算输出 1×1 的值，执行完一次内循环体后，j 的值变为 2（但 i 的值不变，仍为 1），下一次执行内循环时，计算输出 1×2 的值，……依此类推，直到执行完第 9 次内循环体，并输出 1×9 的值之后，j 变为 10。由于它超过了内循环变量的终值 9，故内循环结束，然后执行一个空语句，使之换行。接着使 i 的值增加 1，变为 2，然后开始第 2 次执行内循环。注意，这时内循环变量 j 重新得到初值 1，并重新由 1 变到 9。先后计算并输出 $2\times1,2\times2,\cdots,2\times9$ 的值，内循环结束。如此直到第 9 次执行外循环体，计算并输出 $9\times1,9\times2,\cdots,9\times9$ 的值。最后，i 的值变为 10，

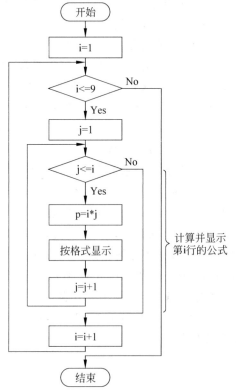

图 6-13 输出乘法九九表的流程图

超过外循环变量终值 9,整个程序结束。

上述程序的运行结果输出了 9 行、9 列计算结果,可以看到 1×9 及 9×1 的结果都被输出了。实际上乘数和被乘数是适用交换律的,在九九表中这类计算只保留一个即可,而且,我们希望不仅输出计算结果,还应该包含算式。因此修改程序如下:

```
Private Sub Form_Click()
    For i=1 To 9
        For j=1 To i
            p=i * j
            Print Tab((j-1) * 9); i & " * " & j & "=" & p;
        Next j
        Print
    Next i
End Sub
```

程序的运行结果如图 6-14 所示。

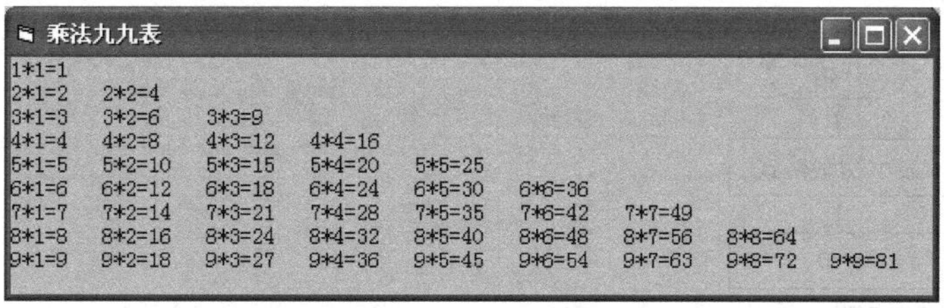

图 6-14　乘法九九表程序运行结果

【例 6-8】　百钱买百鸡。

公元五世纪末,我国古代数学家张丘建在《算经》中提出了"百钱买百鸡问题":"鸡翁一,值钱五;鸡母一,值钱三;鸡雏三,值钱一。百钱买百鸡,问鸡翁、母、雏各几何?"意为"每只公鸡值 5 元,母鸡值 3 元,小鸡 3 只值 1 元。用 100 元买 100 只鸡,问公、母、小鸡各可买多少只?"

设公鸡 x 只,母鸡 y 只,小鸡 z 只。根据题意,可以列出方程:

$$\begin{cases} x+y+z=100 & \text{①} \\ 5x+3y+z/3=100 & \text{②} \end{cases}$$

此题有 3 个未知数,只有 2 个方程,它无唯一解,无法用代数方法求解。在计算机中,对于这类可以使用"穷举法"求解。所谓"穷举法"就是对各种可能的组合进行检测,检查是否符合给定的条件,将满足条件的组合输出即可。

先设 $x=0,y=0$,则 $z=100-x-y=100$,再检查这种组合所需的价钱加起来是否是 100 元。根据方程②,有 $0\times5+0\times3+100/3=33.33$,不等于 100 元,所以这一组合不符合题目的要求。再看下一组,x 保持为 $0,y=1$,则 $z=100-0-1=99$,价钱为 $0\times5+1\times3+99/3=36$,也不满足要求。接着进行测试。保持 $x=0$,使 y 的值变到 100,逐组进行测试。然后使 x 变成 $1,y$ 再由 0 变成 100……直到 $x=100,y$ 由 0 变成 100。这样就将 x 从 $0\sim100,y$ 从 $0\sim100,z$ 从 $0\sim100$ 的各种购买组合都测试到了。据此算法画出流程图(如

图 6-15 所示）。

按照以上算法，编写程序代码如下：

```
Private Sub Form_Click()
    Print "Cock ", "Hen", "Chick"
    Print "================================="
    For x=0 To 100
        For y=0 To 100
            z=100-x-y
            If 5 * x+3 * y+z/3=100 Then
                Print x, y, z
            End If
        Next y
    Next x
End Sub
```

程序运行结果如图 6-16 所示。

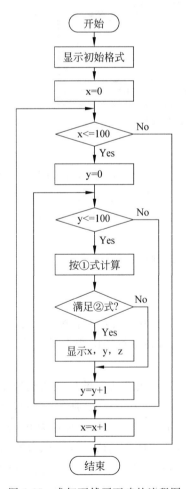

图 6-15　求解百钱买百鸡的流程图

百钱买百鸡		
Cock	Hen	Chick
=================================		
0	25	75
4	18	78
8	11	81
12	4	84

图 6-16　例 6-8 运行结果

6.2 列表框及列表项的循环处理

在实际应用中,常常有这样的情况:从列出的若干个列表项中任意选择一项,并对其作某种处理。例如,有若干个航班,从中选择某一航班,要求立即显示出该航班的有关资料。显然,用文本框控件难以实现这一要求。

VB中提供了**列表框控件**,可以方便地解决这类问题。在列表框中,放入若干个列表项,可以选择其中的一个或多个列表项。如果放入的列表项较多,超过了列表框的长度,则系统会自动在列表框边上加一垂直滚动条,通过移动滚动条可以使列表框中的内容上下滚动,以便能够看到全部内容。在工具箱中,列表框的图标为 。

6.2.1 向列表框添加列表项

列表框中能够列出许多列表项。列表框与文本框最主要的区别在于列表框控件能够显示多行文本,而且每行文本是一个可以独立处理的列表项。例如,添加或删除一个列表项。这些列表项既可以在设计时直接指定,也可以在程序运行时添加到列表框中。但从实际情况考虑,往往是通过程序添加列表项。下面通过例题说明如何使用 AddItem 方法向列表框中添加列表项。

【例 6-9】 设计一个简易图片浏览器程序。

图 6-17 例 6-9 窗体外观

在列表框中显示所有图片的名称,当选择其中一个图片名称,即双击列表框中列表项,在右侧的图片框中显示相应的图片。

先设计窗体。窗体中包含 1 个列表框、2 个命令按钮,2 个无边框的标签,1 个图片框,如图 6-17 所示。属性设置如表 6-4 所示。

表 6-4 例 6-9 对象属性设置

对　　象	属　　性	设　　置
窗体	(名称)	Form1
列表框	(名称)	lstPicture
命令按钮 1	(名称)	cmdClear
	Caption	清除
命令按钮 2	(名称)	cmdExit
	Caption	退出
标签 1	(名称)	lblTitle 1
	Caption	请选择图片名称

对　象	属　性	设　置
标签 2	（名称）	lblTitle2
	Caption	选中的图片
图片框	（名称）	picPicture

　　在窗体上添加列表框的方法与添加其他控件类似，单击工具箱中的列表框控件▤▤（ListBox），然后在窗体中适当位置拖拉鼠标，画出所需的大小。

　　建立列表框后，需要向列表框添加各个列表项。一种方法是从属性窗口中设置列表框的列表项。操作方法是在列表框的属性窗口中选择 List 属性，单击该属性名称的右侧，出现一个图标▼，单击该图标，打开列表项输入框，直接输入各个列表项。

　　另一种添加列表项的方法是在程序中使用列表框控件的 AddItem 方法。例如，在列表框中添加一个图片名称，可以用以下的语句：

```
lstPicture.AddItem "向日葵"
```

即向列表框控件 lstPicture 中添加一个列表项"向日葵"。

　　AddItem 方法的一般格式如下：

<对象名>.AddItem<列表项字符串>[,列表项索引号]

其中的列表项字符串是用双引号定界的、将要在列表框中显示的列表项名称，如上例中的"向日葵"。列表项索引号是从 0 开始的顺序号，用于确定新增列表项在列表框中的位置。如果不写列表项索引号，则把新增的列表项添加到列表的末尾。列表项索引号对应于列表框的 ListIndex 属性（有关 ListIndex 属性将在本章后面介绍）。通过列表框的 ListIndex 属性就可以确定所选择的列表项。

　　一般做法是在 Form_Load 事件过程中实现列表框的初始化，把所有图片名称都添加到列表框中。可以编写以下事件过程：

```
Private Sub Form_Load()
    lstPicture.AddItem "向日葵"
    lstPicture.AddItem "计算机"
    lstPicture.AddItem "沙丘"
    lstPicture.AddItem "草原"
    lstPicture.AddItem "卡通图案 1"
    lstPicture.AddItem "卡通图案 2"
    lstPicture.AddItem "篮球"
End Sub
```

　　运行程序，装入窗体后，分别用 AddItem 方法向列表框添加多个列表项。这时列表框中就显示出了向日葵、计算机、沙丘等图片名称。如果在窗体设计时所定义列表框的大小不能全部容纳这些列表项名称，系统会在列表框中显示其中一部分列表项，并在右侧自动添加一个垂直滚动条。如果一个列表项的字数过多，无法显示在列表框的一行，只能在一行中显示出一部分,则会在列表框下端自动添加一个水平滚动条。通过拖动滚动条浏览列表框中的内容。

下面要考虑的是:双击某一图片名称(如向日葵)时,如何能在窗体上显示出该图片。列表框支持单击和双击等事件。双击列表框中"向日葵"时,列表框的 Text 属性就获得一个值——"向日葵",同时 ListIndex 属性(表示被选中的列表项在列表中的顺序)获得一个值——0(序号从 0 开始,"向日葵"位于列表的首行,此时列表框的 ListIndex 属性值为 0)。利用 ListIndex 属性的值,判断被选中的列表项。相应的事件过程如下:

```
Private Sub lstPicture_DblClick()
    Select Case lstPicture.ListIndex
        Case 0
            picPicture.Picture=LoadPicture("C:\sunflower.jpg")
        Case 1
            picPicture.Picture=LoadPicture("C:\computer.jpg")
        Case 2
            picPicture.Picture=LoadPicture("C:\dune.jpg")
        Case 3
            picPicture.Picture=LoadPicture("C:\grasslands.jpg")
        Case 4
            picPicture.Picture=LoadPicture("C:\cartoon1.jpg")
        Case 5
            picPicture.Picture=LoadPicture("C:\cartoon2.jpg")
        Case 6
            picPicture.Picture=LoadPicture("C:\basketball.jpg")
    End Select
End Sub
```

双击列表框中任意一个列表项时,就会触发列表框的双击事件过程 lstPicture_DblClick。在这个过程中,用 Select Case 结构判断选择了哪一个列表项,并确定应执行哪一个分支语句。如果选中"向日葵",ListIndex 的值为 0,应执行"Case 0"分支对应的语句。使用 LoadPicture 函数将相应的图片加载到图片框控件 picPicture 中,如图 6-18 所示。

图 6-18　运行例 6-9

"清除"事件过程的作用是清除图片框中显示的图片,其单击事件过程如下:

```
Private Sub cmdClear_Click()
    picPicture.Picture=LoadPicture("")
End Sub
```

"清除"图片框中图片的方法仍然是使用 LoadPicture 方法,区别于加载图片之处是括号中是一个空字符串,表示图片框清空。

如按下"退出"命令按钮,程序结束运行。

```
Private Sub cmdExit_Click()
    End
End Sub
```

6.2.2　从列表框中删除列表项

从列表框中删除列表项使用列表框的 RemoveItem 方法，其一般格式如下：

<对象>.RemoveItem<索引号>

从例 6-9 的列表框 lstPicture 中删除一个列表项，可以使用如下语句：

```
lstPicture.RemoveItem,1
```

执行这个命令后，就把列表框 lstPicture 中序号为 1（即"计算机"）的列表项删除。如果把这个命令写在一个命令按钮的单击事件过程中，就可以在程序运行中，单击该命令按钮，将列表框中的"计算机"项删去。

需要注意的是，删除"计算机"后，其后面各列表项的序号都会自动减 1，如"沙丘"原序号为 2，将改为 1，"草原"的序号由 3 改为 2，……这样有可能导致例 6-9 程序执行的混乱。为解决这个问题，可以对例 6-9 进行修改，将 Select Case 语句中使用列表框的 Text 属性（即 lstPicture.Text）作为判断条件，见例 6-10。

【例 6-10】 删除列表框中的列表项。

从简易图片浏览器中删除一个图片。在例 6-9 的窗体上添加一个名称为 cmdDelete、标题为"删除"的命令按钮，窗体外观如图 6-19 所示。

"删除"命令按钮的单击事件过程如下：

```
Private Sub cmdDelete_Click()
    lstPicture.RemoveItem lstPicture.ListIndex
End Sub
```

按照语法规定，RemoveItem 方法要求指明要删除列表项的序号，单击列表项时所选中的列表项序号由 ListIndex 属性表示。

图 6-19　例 6-10 窗体外观

为了使删除列表项而其他列表项序号发生改变之后的操作不发生混乱，修改例 6-9 中双击列表框的事件过程，程序如下：

```
Private Sub lstPicture_DblClick()
    Select Case lstPicture.Text
        Case "向日葵"
            picPicture.Picture=LoadPicture("C:\sunflower.jpg")
        Case "计算机"
            picPicture.Picture=LoadPicture("C:\computer.jpg")
        Case "沙丘"
            picPicture.Picture=LoadPicture("C:\dune.jpg")
```

```
        Case "草原"
            picPicture.Picture=LoadPicture("C:\grasslands.jpg")
        Case "卡通 1"
            picPicture.Picture=LoadPicture("C:\cartoon1.jpg")
        Case "卡通 2"
            picPicture.Picture=LoadPicture("C:\cartoon2.jpg")
        Case "篮球"
            picPicture.Picture=LoadPicture("C:\basketball.jpg")
    End Select
End Sub
```

图 6-20　运行例 6-10

需要注意的是，Select Case 之后的表达式由原来的
lstPicture.ListIndex 改为 lstPicture.Text，即由列表项
序号改为列表项文本。相应的每个 Case 分支条件也改
为具体的列表项文本。图 6-20 是先执行删除"沙丘"列
表项的操作，再双击"篮球"列表项的运行结果。

6.2.3　列表框的常用属性

使用列表框时，需要掌握增加列表项和删除列表项的方法，要能够在列表框中选择一
个或多个列表项。除了前面介绍的 AddItem、RemoveItem 方法外，列表框还有一些常用
的属性。

1. Columns 属性

Columns 属性用于指定列表框中可见的列数。Columns 属性值默认为 0，此时列表
框只能显示一列，即在列表框中不允许显示多列。当指定 Columns 值大于或等于 1 时，
列表框中能显示多列内容。

2. List 属性

List 属性是字符串数组。每个数组元素都是列表框中的一个列表项。使用 List 属
性能够方便地访问列表框中的列表项。例如，有如下语句：

```
Rec1=ListBox1.List(2)
```

表示把列表框 ListBox1 的第 3 个元素的内容赋给字符串变量 Rec1。同样，也可以把字
符串的内容赋给 List 属性，例如，把 Rec2 字符串赋值给 ListBox1.List(5)：

```
ListBox1.List(5)=Rec2
```

需要说明的是，List 数组第一个元素的下标是 0，即 List 数组是从 List(0)开始；若列
表框 List 数组中有 n 个元素，则最后一个列表项对应于 List($n-1$)。

List 属性既可以在设计时设置，也可以由程序语句设置。

3. ListCount 属性

ListCount 属性表示列表框中有多少个列表项。ListCount 属性经常与 List 属性一起使用。

4. ListIndex 属性

ListIndex 属性的值是被选中的列表项在 List 数组中的序号。程序运行时，使用 ListIndex 属性能够判断列表框中哪个列表项被选中。在例 6-9、例 6-10 中已经使用过这个属性。例如，在列表框 List1 中选中第 2 项，即 List1. List 数组的第 2 项，其 ListIndex＝1（ListIndex 从 0 开始）。如果没有从列表框中选择列表项，则 ListIndex 为－1。ListIndex 属性值不能在设计时设置，只有程序运行时才起作用。

5. MultiSelect 属性

前面的例题中，我们只在列表框中选择了一个列表项。实际上，在列表框中可以同时选择一个或多个列表项。MultiSelect 属性确定了列表框中是否允许选择多个列表项。

MultiSelect＝0 表示一次只能选择一项，不能在列表框中进行多项选择。

MultiSelect＝1 表示允许在列表框中选择多个列表项，用鼠标单击一个列表项，则就选中相应的列表项。

MultiSelect＝2 表示可以选择列表框中某个范围内的列表项，即可以用 Shift＋单击选择一组连续排列的列表项，或用 Ctrl＋单击选择一组不连续排列的列表项。这种选择操作与 Windows 的资源管理器中选择文件的操作是一样的。

6. Selected 属性

Selected 属性是一个数组，其数组元素的个数与列表框的列表项数相同。Selected 属性表示列表框中各个列表项是否被选中。以下语句：

```
List1.Selected(1)=True
```

表明列表框控件 List1 的第 2 个元素（数组下标为 1）被选中。若 Selected 属性值为 False，则表示相应的列表项未被选中。下面通过例题说明 Selected、ListCount、MultiSelect 等属性的使用。

【例 6-11】 使用列表框。

窗体上有 2 个列表框，2 个命令按钮，2 个标签及一个列表框。列表框内显示系统提供的屏幕字体。可以用鼠标在"可选的屏幕字体"列表框中选择一个或多个字体名称。然后，单击"显示"命令按钮，在另一个列表框显示所选中的列表项。窗体界面如图 6-21 所示。各控件的属性

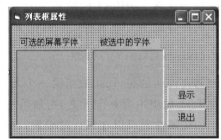

图 6-21　例 6-11 窗体外观

设置如表 6-5 所示。

表 6-5　例 6-11 对象属性设置

对　　象	属　　性	设　　置
窗体	（名称）	frmListAtt
	Caption	列表框属性
列表框 1	（名称）	lstFont
	MultiSelect	2
列表框 2	（名称）	lstSelected
命令按钮 1	（名称）	cmdDisplay
	Caption	显示
命令按钮 2	（名称）	cmdExit
	Caption	退出
标签 1	（名称）	可选的屏幕字体
	Caption	lblTitle1
标签 2	（名称）	被选中的字体
	Caption	lblTitle2

窗体初始化时，将屏幕字体名称填写到列表框 lstFont 中。程序如下：

```
Private Sub Form_Load()
    '用屏幕字体名字填充列表框
    For i=0 To Screen.FontCount-1
        lstFont.AddItem Screen.Fonts(i)
    Next i
End Sub
```

程序中的 Screen 称为屏幕对象，它是系统对象。也就是说这个对象及对象的属性值都是系统自动产生的。通过 Screen 对象的 Fonts 属性（Fonts 是一个数组），能够得到当前计算机屏幕所能使用的字体。由 Screen 对象的 FontCount 属性，能够得到字体的数量。这样，我们利用一个循环，把 Screen 对象的每种字体 Fonts(i) 添加到列表框 lstFont 中，如图 6-22 所示。

用鼠标在"可选的屏幕字体"对应的列表框内选择若干列表项。单击"显示"命令按钮，触发 cmdDisplay_Click 事件过程。在该过程中，依次判断屏幕字体是否被选中。如果被选中，将其添加到右侧"被选中的字体"列表框 lstSelected 中；否则，判断下一个列表项。lstFont.ListCount 是列表框中所显示的屏幕字体的数量。一定要注

图 6-22　运行例 6-11

意列表框 1(即 lstFont)的 Selected 和 List 属性数组的下标是从 0 开始，因此，循环变量 i 的值从 0 到 ListCount−1。相关过程如下：

```
Private Sub cmdDisplay_Click()
    ' 清除列表中所有的项
    lstSelected.Clear
    ' 如果某一项被选中，则将它加入到 lstSelected
    For i=0 To lstFont.ListCount-1
        If lstFont.Selected(i) Then
            lstSelected.AddItem lstFont.List(i)
        End If
    Next i
End Sub
```

lstFont.Selected(i)值为真(非 0)，表示列表框中序号为 i 的列表项被选中。这时应将该项的内容显示在列表框 lstSelected 中。lstFont.List(i)是列表框 lstFont 中序号为 i 的列表项的内容，用 AddItem 方法将它添加到列表框 lstSelected 中。

读者可以使用不同的 MultiSelect 属性值(0、1 或 2)运行这个例题，对比其差异。

7. Sorted 属性

列表框中列表项可以按照其加入到列表框中的先后次序排列，此时应将 Sorted 属性置为 False，即列表框中显示的列表项不按字母顺序排序；若想使其按字母顺序排列，应将 Sorted 属性设为 True。

8. Text 属性

如果列表框中选择了多个列表项，列表框的 Text 属性值是最后一次选中的正文。也就是说，通过 Text 属性只能得到一个被选中的列表项。如果要得到全部被选中的列表项，应按例 6-11 的示例，从 List 属性中读取被选中的列表项。

9. Style 属性

列表框的 Style 属性有两个值：0 和 1。对应不同的 Style 值，列表框有不同的外观形式。常见的列表框使用默认值 Style=0，如例 6-11。当 Style=1，则列表框中的每个选项前面有一个选择框，如图 6-23 所示。选中某个列表项时，列表项之前的方框内有"√"。

在设计有关列表框的程序时，要考虑使用什么方法接收来自操作者的选择。一般有两种方法：

(1) 用命令按钮与列表框配合使用。在列表框中选择列表项，然后单击命令按钮，执行有关操作。

(2) 利用列表框的单击或双击事件过程，处理有关操作。

列表框应用比较广泛，它支持 Click（单击）和

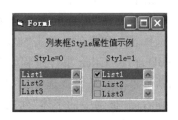

图 6-23　Style 属性值示例

DblClick(双击)事件。它具有多个属性。它支持的"方法"有：AddItem、RemoveItem、Clear(清除列表框中全部内容)。这里仅作简单介绍,若有兴趣进一步了解和应用,可以参阅有关的手册。

6.3 组合框

列表框能从多个列表项中任选一个或多个进行相应的处理。但有时不仅需要从已有的列表项中进行选择,还希望能输入列表中不包含的列表项。例如,在例 6-9 中,如果需要输入列表中未包括的图片名称,就需要使用文本框等控件接受输入的文字。类似这种情况,使用组合框(ComboBox)是一个很好的方式。组合框是 VB 提供的一个控件,在工具箱中组合框的图标是▤。

组合框相当于将列表框和文本框的功能综合到一起,既可以像列表框一样选择其中的列表项,又能像文本框一样,输入指定的内容,并添加到组合框中。

6.3.1 组合框的使用

【例 6-12】 使用组合框。

设计一个程序,要求程序运行后,在组合框中显示若干城市的名称。选中某个城市后,将其名称显示在对应于"选中的城市"的标签中。在程序运行中,可以向组合框中添加新的城市,也可以删除选中的城市。

窗体外观如图 6-24 所示。窗体及各控件的属性见表 6-6。

图 6-24 例 6-12 窗体外观

表 6-6 例 6-12 对象属性设置

对 象	属 性	设 置
窗体	(名称)	Form1
组合框	(名称)	cboCity
	Style	1
标签 1	(名称)	lblTitle1
	Caption	所有城市
标签 2	(名称)	lblTitle2
	Caption	选中的城市
标签 3	(名称)	lblCity
	Caption	置空
	BorderStyle	1

对　象	属　性	设　置
命令按钮 1	（名称）	cmdAdd
	Caption	添加
命令按钮 2	（名称）	cmdDelete
	Caption	删除
命令按钮 3	（名称）	cmdExit
	Caption	退出

首先在 Form_Load 中把城市名称添加到组合框中。
过程代码如下：

图 6-25　运行例 6-12

```
Private Sub Form_Load()
    cboCity.AddItem "北京"
    cboCity.AddItem "上海"
    cboCity.AddItem "天津"
    cboCity.AddItem "重庆"
    cboCity.AddItem "广州"
End Sub
```

程序运行开始后，组合框中显示这些城市的名称，如图 6-25 所示。

当选择组合框中的某个城市，触发组合框的单击事件，将组合框中所选择的城市（即cboCity. Text）显示在标签中。相应的过程代码如下：

```
Private Sub cboCity_Click()
    lblCity.Caption=cboCity.Text
End Sub
```

如果要在组合框中添加新的城市，需要先在组合框中输入一个新城市名，再单击"添加"按钮，处理的基本思路如图 6-26 所示。

运行程序，执行"添加"事件过程，把新的城市添加到组合框中。程序如下：

```
Private Sub cmdAdd_Click()
    Flag=0
    If cboCity.Text<>"" Then
        For i=0 To cboCity.ListCount
            If cboCity.Text=cboCity.List(i) Then
                Flag=1
            End If
        Next
        If Flag=0 Then
            cboCity.AddItem cboCity.Text
        End If
```

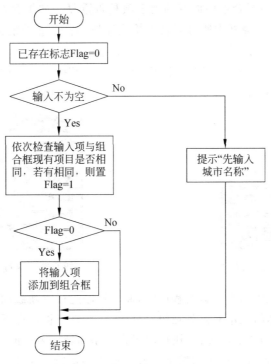

图 6-26 "添加"事件过程的思路

```
    Else
        MsgBox    "请先输入城市名称！"
    End If
End Sub
```

实际上，使用 cboCity. AddItem cboCity. Text 命令就可以把组合框当前显示的文本添加到组合框中。但是，必须要考虑以下三种不同的情况：

（1）cboCity. Text 中的内容（即新添加的城市）已经存在于现有的城市列表中。

（2）cboCity. Text 中的内容为空。

（3）cboCity. Text 中的内容不存在于现有的城市列表中。

在编写程序时，必须区别这三种情况，分别进行处理。对于前两种情况，都不应该把 cboCity. Text 中的内容添加到组合框中，即不能执行 cboCity. AddItem cboCity. Text 命令，否则会在组合框中添加许多重复或空白的列表项。只有第三种情况，即所输入的城市是当前组合框中所没有包含的城市，才需要执行添加操作。

程序中，首先设置一个标志变量 Flag，并设其初值为 0，用来标明输入的城市是否与组合框中现有的城市重复。

随后，判断组合框的 cboCity. Text 是否为空。如果这一项内容为空，表明没有输入城市名称。程序给出如图 6-27 的提示。这样就能避免把一个空白的列表项添加到组合框中。

程序在 For 循环中依次判断组合框中各个列表项是否与 cboCity. Text 的内容相等，

即判断新添加的内容与组合框中原有的列表项是否重复。如果存在这样的列表项,将变量 Flag 的值置为 1。组合框中所有列表项检查完毕,若 Flag 的值仍为 0,表明组合框中不存在与 cboCity. Text 相同的内容。此时,可以将 cboCity. Text 中的内容添加到组合框中。例如,在组合框中添加城市"石家庄",单击"添加"按钮,可以实现添加城市的操作。图 6-28 是添加"石家庄"后的窗体。

图 6-27　输入提示　　　　　　　　图 6-28　执行添加操作之后

需要特别说明的是,当再次运行程序时,原来程序运行时新添加到组合框中的城市不再存在。因为,新添加的城市只是列在组合框中,没有真正被保存下来。在每次运行程序时,重新执行 Form_Load 事件过程,执行向组合框添加城市名称的操作,显然它不会包括上次运行时所新添加到组合框中的城市。若要将程序运行过程中添加的城市保存起来,需要将这些城市保存到文件中。每次运行程序时,将保存在文件中的城市添加到组合框中。

单击"删除"按钮,使用组合框控件的 RemoveItem 方法将选中的列表项从组合框中删除。程序如下:

```
Private Sub cmdDelete_Click()
    If cboCity.ListIndex=-1 Then
        MsgBox "请选择要删除的列表项!"
    Else
        cboCity.RemoveItem cboCity.ListIndex
    End If
End Sub
```

RemoveItem 方法要求指明待删除列表项的序号。程序中使用 ListIndex 属性标识被选中的列表项。程序运行后,若没有选择组合框中的任何列表项,则 ListIndex＝-1。如果此时执行 cboCity. RemoveItem ListIndex(即执行 cboCity. RemoveItem-1),程序会出错。因此,使用 If 条件语句对没有选择待删除列表项的情况给以提示,避免程序的错误。

以上我们举了一个简单应用的例子,介绍了使用组合框的基本方法,读者完全可以通过此例举一反三,设计出功能丰富的应用程序。

6.3.2　组合框的属性和方法

组合框在使用上与列表框有许多类似之处,使用 AddItem 方法向组合框中添加列表项,使用 RemoveItem 方法从组合框中删除列表项。AddItem 和 RemoveItem 的使用方法与列表框相同。

读取组合框中数据时,常常用到 List、Text、ListIndex 和 ListCount 属性。这几个属性的含义和使用方法与列表框相同。

组合框有三种不同的形式,不同的 Style 属性值确定了组合框的类型和显示方式,如图 6-29 所示。

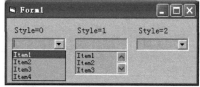

图 6-29　组合框的 Style 属性

(1) 当 Style 的属性值为 0 时,组合框称为"下拉式组合框"。它由可输入的编辑区和一个下拉列表框组成,可以从键盘直接向文本编辑区输入内容,也可以单击右端的箭头,从下拉的列表框中选择一项,单击该项使之被选中,则上面文本区就出现该项的内容(见图 6-29 左侧 Style=0 的组合框)。

(2) 当 Style 的属性值为 1 时,称为"简单组合框",它也是由一个文本区和一个列表框组成,但该列表框不是下拉式的,而是始终显示在屏幕上的。在画组合框时按自己的意愿选择组合框的大小,如果所选择组合框的大小不能将全部列表项在列表框中显示出来,在列表框的右侧就会出现一垂直滚动条,可以通过滚动条浏览无法直接显示在列表框中的列表项。如果所选择组合框的大小能将全部列表项在列表框中显示出来,在列表框的右侧不会出现垂直滚动条。可以从列表框中选择所需要的列表项,也可以直接向文本区输入信息。这种组合框可以识别 DblClick 事件(其他两种不能识别 DblClick 事件)。

(3) 当 Style 的属性值为 2 时,称为"下拉式列表框",它的形状与"下拉式组合框"相似,右端也有一个箭头能弹出一个下拉式列表框,但只能从列表框中选择而不能直接向文本区输入。VB 属性窗口的对象框就是这样一种组合框。

在实际编程时可以根据需要选择使用以上三种组合框。

组合框还有一个重要的属性——Text 属性。它的值就是在其文本区中显示出来的内容。

思考与练习

1. 组合框和列表框的主要区别是什么?
2. For 与 Do 循环的区别是什么?举例说明。
3. Do While…Loop 与 Do Until…Loop 循环结构的区别是什么?举例说明。
4. 阅读如下程序,说明该程序运行后,变量 s 的值是多少?

```
s=2
For i=1 To 5
    s=s+i*2
Next
```

5. 阅读如下程序,说明该程序运行后,变量 x 的值是多少?

```
x=1
For i=1 To 5
    For j=1 To i
        x=x+i
    Next
Next
```

6. 说明如下循环执行的次数:

```
i=0
Do While i<=10
    i=i+1
Loop
```

7. 阅读程序,说明程序运行后,x 的值是什么?

```
x=0
For i=1 To 2
    For j=1 To 3
        If j Mod 2<>0 Then
            x=x+1
        End If
    Next j
Next i
```

8. 阅读程序,说明程序运行后,x 的值是什么?

```
i=0
x=0
Do
    i=i+1
    x=x+i
Loop Until i>5
```

9. 说明列表框的 ListCount、ListIndex 属性的含义和作用。

10. 说明列表框、组合框的 AddItem、RemoveItem 的使用方法,以及使用时应该注意的问题。

实验 6 循环处理

1. 实验目的

(1) 通过练习,理解和掌握循环结构程序设计的概念、语法和技术;

(2) 掌握循环结构的程序设计的一般方法;

（3）掌握列表框、组合框的作用、常用属性、方法及使用方法，能够掌握循环问题的求解思路。

2．实验内容

（1）编写程序，计算 $1 \times 2 \times 3 \times 50$。

（2）由键盘输入 3 个整数，作为三角形的 3 条边。先判断这 3 个数是否能够构成三角形。若可以，计算并输出三角形的面积；若不可以构成三角形，提示重新输入数据。

（3）找出 $10 \sim 100$ 范围内的所有素数，并将这些素数显示在窗体上。

（4）编写一个函数，计算 $\sum_{x=1}^{n} \frac{1}{x}$。在窗体上画一个命令按钮"输入并计算"，当单击这个命令按钮时，使用 InputBox 输入一个整数 n。然后，调用函数，计算并显示表达式的值。

（5）生成 20 个 $100 \sim 200$ 之间的随机数，将这 20 个数显示在窗体上。再显示出其中能够被 7 整除的数，计算并输出它们的和。

（6）斐波那契数列的问题。显示斐波那契数列前 20 项，并求它们的和。斐波那契数列的第 1 个数是 0，第 2 个数是 1，以后的数是前两个数的和，即：0，1，1，2，3，5，8，13，21，……

（7）设计一个程序，运行时的窗体如图 6-30 所示。窗体中包含两个列表框。左侧列表框中列出若干城市的名称。当双击某个城市名时，这个城市从左侧的列表框中消失，同时出现在右侧的列表框中。其中，左侧列表框中的城市名是在程序开始运行时添加到列表框中的。

图 6-30　实验第（7）题界面

第7章

Visual Basic 程序设计的进一步讨论

　　掌握了前几章所介绍的 VB 基本语法以及窗体和常用控件,就能够进行简单的 VB 程序设计。但是若要解决比较复杂的问题,还需要掌握更多的知识、技术和方法。这一章将介绍程序设计中常用的数组、过程与函数等技术。

7.1 使用数组与控件数组

　　使用数组能够编写比较复杂的程序。本书第 3 章(3.2.4 小节初步了解数组的概念)中已经初步介绍了数组的概念。我们已知,数组是一组具有相同的属性和类型的数据放在一起,并用一个统一的名字作为标识。数组中的每一个数据称为一个数组元素,用数组名和该数据在数组中的序号来标识,序号称作下标。例如,第 6 章例 6-2 中对产生的 10 个随机数进行处理,每次产生的随机数存放在同一个变量中,在对它处理完成后,新产生的第 2 个随机数还是保存在这个变量中,其他类似。程序先后产生的 10 个随机数都先后保存在一个同变量中,最后,只有最后一个随机数保留下来,前面 9 个随机数都不存在了。假如要求对这 10 个数进行排序,就不可能了。解决这个问题的有效方法是:用一个包含 10 个元素的数组来保存这 10 个数,每一个数组元素保存一个随机数。

　　在 VB 中可以使用由数据组成的数据数组和由控件组成的控件数组。

7.1.1 使用数组

　　先回顾第 3 章中所介绍的有关概念。VB 中定义数组的一般格式为是:

Dim 数组名([下界 To]上界)[As 数据类型]

　　例如:

```
Dim a(2) As String
```

这条语句定义了字符类型的一维数组 a。所谓一维数组是指数组元素只有一个下标。在上面的语句中,数组名 a 之后的括号中只有一个数,表示此元素在数组中的序号,以上所声明的数组 a 共有 3 个元素,分别是 a(0)、a(1)和 a(2)。数组的命名规则与简单变量的命名规则相同。

如果没有特别声明，VB中数组元素的下标是从0开始的，即第一个元素的下标为0。以下语句：

```
Dim b(-1 To 2) As Integer
```

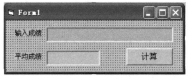

图7-1 例7-1窗体外观

定义了类型为整型的一维数组b。该数组共有4个元素，分别是：b(-1)、b(0)、b(1)和b(2)。

【例7-1】 输入10个学生的成绩，求10个学生的平均成绩。

学生成绩的输入通过文本框实现。按照图7-1所示的设计窗体，并按照表7-1所示的属性表设置各控件的属性。

表7-1 例7-1对象属性表

对象	属性	设置	对象	属性	设置
文本框	（名称）	txtNumber	标签3	（名称）	lblAverage
	Text	（置空）		Caption	（置空）
标签1	（名称）	lblTitle1		BorderStyle	1-Fixed Single
	Caption	输入成绩	命令按钮	（名称）	cmdCala
标签2	（名称）	lblTitle2		Caption	计算
	Caption	平均成绩			

计算平均成绩的方法有几种。一种方法是定义10个变量，每个变量对应一名学生的成绩。这种方法需要定义10个变量，比较麻烦，不是一种好方法。还有一种方法：可以使用第6章所介绍的循环结构，每次循环输入一个学生的成绩，并累加到一个变量中，全部数据输入完毕后，再将累加的结果除以学生的人数，得到平均成绩，流程如图7-2所示。该算法执行过程中，输入的学生成绩都先保存在变量x中，并执行累加操作。每输入一个学生的成绩，都会覆盖前一个学生的成绩。换句话说，x中只保存当前输入的学生成绩。若想保留每个学生的成绩，后续进行其他操作，需要使用数组保存输入的学生成绩。

使用数组计算平均成绩的算法与图7-2所示的算法基本相同，区别仅在于不是使用变量x、而是使用数组保存输入的学生成绩。

在"计算"命令按钮的事件过程cmdCala_Click()中，设置一个数组a，放置学生的成绩。编写过程如下：

```
Option Base 1              '指定数组下标从1开始
Private Sub cmdCala_Click()
    Dim a(10) As Integer
```

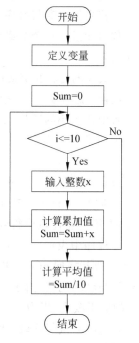

图7-2 计算平均值流程

```
    Dim I As Integer, Sum As Integer
    Sum= 0
    For i=1 To 10
        a(i)=Val(InputBox("输入整数:"))
        Sum=Sum+a(i)
        txtNumber.Text=txtNumber.Text & Str(a(i))
    Next i
    lblAverage.Caption=Str(Sum/10)
End Sub
```

语句"Option Base 1"的作用是使数组下标由 1 开始。循环中,用输入框逐一输入学生的成绩,并将其分别保存在 a(1)、a(2)、…、a(10)中。用 InputBox 接收的数据是字符类型数据,因此使用 Val 函数转换为数值类型的数据。然后将学生的成绩累加到 Sum 中。最后求

图 7-3 运行例 7-1

出平均成绩 Sum/10,并显示在标签 lblAverage 中。图 7-3 是程序运行的界面。

【例 7-2】 选择法排序。

要求按由小到大的顺序对数组中的 5 个数据排序,并将排序前、后的数据分别显示出来。

排序是程序设计中经常遇到的问题之一。排序的方法有很多种。这里介绍选择法排序。选择法排序的基本思路是:先从全部数据中选择出最小的数,把它和第 1 个数对换,这样,最前面的数就是最小的数。然后再从余下的几个数据中选出最小的数,把它和第 2 个数对换,这样,第 2 个数就是次小的数……经过几轮的选择处理,完成排序操作。

首先把要参与排序的 5 个数存放在数组 a 中。每个数分别对应 a(1)、a(2)、…、a(5)等数组元素。每个数组元素就像一个格子,每个格子里存放一个数据,格子上面注明数组元素名。

具体的比较和交换过程是:第 1 轮,先从 5 个数中选择最小数,放在数组的第 1 个元素的位置。怎样实现这一点呢? 先用 a(1)与 a(2)比较。对于图 7-4(a),如果 a(1)＞a(2),则把二者中比较小的数据元素 a(2)的下标(也就是 2)赋给变量 k,否则(即 a(1)≤a(2),不做处理,k 保持其初值 1。这样做的目的是保证 a(k)是已比较过的数中最小的数。如果 a(1)＞a(2),k=2,如果 a(1)≤a(2),k=1。显然 a(k)是此二数中较小者。接着再用 a(k)(当前 a(1)与 a(2)中的最小数)与 a(3)~a(5)进行比较,每次把最小数的下标赋给 k。完成 a(k)与 a(5)的比较并将最小数的下标赋给 k 后,将 a(1)与最小数 a(k)的值互换。这样,在第 1 轮比较中得到的最小数在 a(1)中。

程序中设置一个变量 k,用来"指向"当前最小的数组元素。程序开始时变量 k 的值为 1,即 k 指向 a(1)。以后,在每一次比较后,哪个数最小,k 就指向哪个数。例如,先将 a(1)与 a(2)比较,由于 10＜30,即 a(1)＜ a(2),10 就是当前比较过的两个数中最小的数。k 的值不改变,仍为 1。表示在已经比较过的 a(1)与 a(2)两个数中,a(1)最小。接着,用 a(1)与 a(3)进行比较,比较的结果是 5＜10,所以 5 是当前比较过的三个数中最小的数,这时把 k 的值改为 3,表示在已经比较过的 a(1)、a(2)和 a(3)三个数中,a(3)最小。注意,

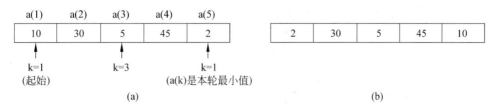

图 7-4　第一轮比较示意

下面是用 a(3) 和 a(4) 进行比较,而不是 a(1) 与 a(4) 比较,因为 k 的值已变为 3 了。每次都以当前最小的数 a(k) 与未被比较过的数进行比较,直到全部数据都与 a(k) 比较过为止。对于图 7-4(a) 的数据,第一轮比较完成后,找到 5 个数中的最小数 a(k) 即 a(5)。将 a(1) 与 a(k) 的值对换,将最小的数换到 a(1) 的位置。图 7-4(b) 是第一轮比较、交换数组元素的值之后的示意。比较完第一轮后,除 a(1) 与 a(k) 两个数的位置发生变化外,其余 3 个数的位置没有变化。

然后开始第 2 轮,用同样的方法,从剩下的 4 个数中选择最小数,放在第 2 位。在第 2 轮比较中,先令 k=2(即从第 2 个数开始比较),将 a(k) 分别与 a(3)～a(5) 比较,找出 4 个数中最小的数,并将其换到 a(2) 的位置。图 7-5(a) 是第 2 轮比较的示意,图 7-5(b) 是第 2 轮比较、交换数组元素后的结果。

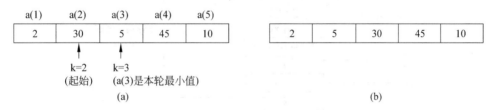

图 7-5　第 2 轮比较示意

按照这个思路,依次对其余数据进行比较和换位,直到完成数据的排序。每一轮比较的结果见表 7-2。

表 7-2　排序过程示意

	a(1)	**a(2)**	**a(3)**	**a(4)**	**a(5)**
第 1 轮结果	2	30	5	45	10
第 2 轮结果	2	5	30	45	10
第 3 轮结果	2	5	10	45	30
第 4 轮结果	2	5	10	30	45

选择排序法的流程图见图 7-6.

实现上述排序算法的程序如下:

```
Option Base 1
Private Sub cmdSort_Click()
```

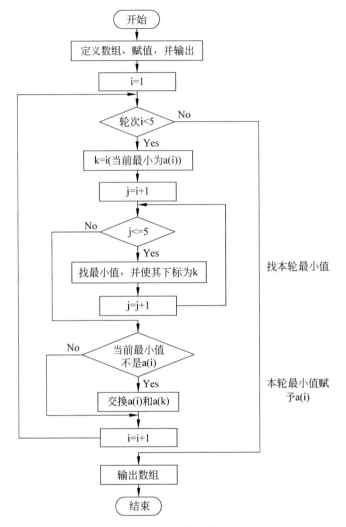

图 7-6 选择法排序流程图

```
Dim a(5) As Integer
Print "排序前:"
For i=1 To 5
    a(i)=Int(Rnd() * 100)
    Print a(i);
Next
Print
For i=1 To 4
    k=i
    For j=i+1 To 5
        If a(j)<a(k) Then k=j
    Next j
    If k<>i Then
```

```
            tmp=a(k)
            a(k)=a(i)
            a(i)=tmp
        End If
    Next i
    Print "排序后:"
    For i=1 To 5
        Print a(i);
    Next
End Sub
```

上面第 1 行"Option Base 1"的含义是将数组的下标设置为从 1 开始。（如无此指定，默认数组下标从 0 开始。）

cmdSort_Click 事件过程中有 3 个 For 循环。第 1 个 For 循环是为数组赋初值。在此循环中，利用随机函数产生 5 个 0～99 范围内的随机整数，并将所产生的随机数显示在窗体上。第 2 个 For 循环是排序算法的主体，对数组中的数据进行排序。第 3 个 For 循环是将排序的结果显示在窗体上。

第 2 个 For 循环是嵌套的循环，进行数据的排序操作。外循环用来控制比较的"轮"数，循环变量 i 由 1 变到 4，表示共进行 4 轮比较。"k＝i"的意思是在第一轮比较中，使 k 的初始值为 1，从下标为 1 的数据元素开始进行比较。在第 2 轮比较中，使 k 的初始值为 2……在每一轮比较完成后，都使 a(k)与 a(i)对换。(k＝i 时不交换，因为，k＝i 表明下标为 i 的数组元素中数据就是最小数，不必进行数据交换。)

请读者结合具体的数据仔细消化上述排序过程。

7.1.2　数组的初始化

前面的例题中，使用循环语句为数据赋初值。在 VB 中，可以使用函数 Array 为一维数组赋初值。其一般格式为：

数组变量名=Array(数组元素值)

例如，程序中的语句：

```
a=Array(10,30,5,45,2)
```

将 10、30、5、45、2 等数据分别赋给数组的各个元素，即 a(1)＝10,a(2)＝30,…,a(5)＝2。

说明：若要使用 Array 函数为数组赋初值，则在声明变量时，a 必须定义为变体类型变量，而且不能指定维数。即：

```
Dim a As Variant
```

以上定义了一个变体类型变量 a，作为数组变量使用。数组变量可以用 Array 函数赋初值。

使用 Array 也可以为字符串数组赋初值。具体操作步骤也类似。

```
Option Base 1
```

```
Private Sub Command1_Click()
    Dim week As Variant
    week=Array("Monday", "Tuesday", "Wednesday", "Thursday",
        "Friday", "Saturday", "Sunday")
    For i=1 To 7
        Print week(i)
    Next
End Sub
```

以上定义了 week 是变体类型的数组变量,并对数组初始化,给数组 week 的各数组元素赋值,week(1)="Monday",week(2)="Tuesday",…,week(7)="Sunday"。由于 Array 函数中的参数是字符串,因此每个数组元素都是字符串类型,week 是一个字符串数组。

也可以在 Dim 语句中不指定数组的类型,如:

```
Dim week
```

VB 对未指定数据类型的变量,默认为变体类型。

注意:Array 函数只用于给一维数组初始化,不能对二维数组进行初始化操作。

7.1.3 二维数组和多维数组

一维数组有时不能满足使用要求。例如,表达学生成绩数据,设有 4 名学生,每个学生学习 5 门课程。以下是 4 名学生的成绩:

$$s = \begin{pmatrix} 90 & 85 & 80 & 70 & 85 \\ 80 & 70 & 85 & 67 & 85 \\ 85 & 85 & 80 & 78 & 70 \\ 75 & 85 & 78 & 70 & 73 \end{pmatrix}$$

显然,为了表示学生各门课程的成绩需要使用二维数组。二维数组是由若干行组成的,每一行又包括若干个数据。上面表示的就是一个二维数组 s。二维数组又称为矩阵(matrix)。矩阵 s 的每一行对应一个学生的成绩,每一列代表一门课程的成绩。如第 2 行第 4 列的数据表示是第 2 个学生、第 4 门课程的成绩。也可以说是数组 s 的第 2 行第 4 列的元素(假设下标从 1 开始)。

定义二维数组的一般格式是:

Dim 数组名([下界 To]上界,[下界 To]上界) [As 数据类型]

例如:

```
Dim a(1,2) As Integer
Dim b(1,3 To 5) As String
```

第 1 条数组声明语句定义了一个名称为 a 的二维数组,数据类型为整型。a 数组有 2 行(其行下标为 0、1)、3 列(其列下标为 0、1、2),共有 6 个数组元素:a(0,1)、a(0,2)、a(0,3)、a(1,1)、a(1,2)和 a(1,3)。

以上第 2 条数组声明语句定义了一个名称为 b 的二维数组,数据类型为字符串,有两个下标,第 1 个下标为 0、1,第 2 个下标是 3、4、5,即 b(0,3)、b(0,4)、b(0,5)、b(1,3)、b(1,4)和 b(1,5),共有 6 个数组元素。

下例说明二维数组的应用。

【例 7-3】 找出一个矩阵中所有数中的最大者。

有一个 3×3 矩阵,要求找出其中最大的数组元素值及所在的行号、列号。

分析这个问题,主要处理思路是:

(1) 建立一个 3×3 的二维数组,为各数组元素赋值。

(2) 用变量 Max 存放当前最大值,分别用变量 rowMax、colRow 记录当前最大值所在的行号、列号。一般将第一个数组元素设为初始最大值。

(3) 依次用当前最大值与数组中所有的元素相比较,找出最大值及所在的行、列号。

(4) 输出查找结果。

按照上述思路,画出程序流程图,如图 7-7 所示。

按照流程图编写程序,代码如下:

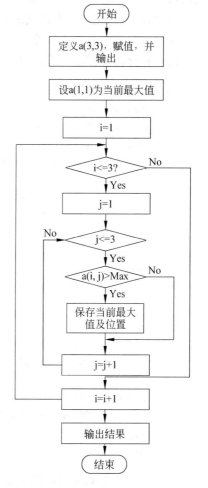

图 7-7 例 7-3 流程图

```
Option Base 1
Private Sub cmdSearch_Click()
    Dim a(3,3) As Integer
    Print "3×3 数组:"
    For i=1 To 3
        For j=1 To 3
            a(i,j)=Int(Rnd() * 100)
            Print a(i,j);
        Next
        Print
    Next
    rowMax=1
    colMax=1
    Max=a(1,1)
    For i=1 To 3
        For j=1 To 3
            If a(i,j)>Max Then
                Max=a(i,j)
                rowMax=i
                colMax=j
            End If
        Next
    Next
    Print "最大数组元素值是:"; Max
    Print "所在的行号是:"; rowMax
    Print "所在的列号是:"; colMax
End Sub
```

图 7-8　运行例 7-3

运行程序,界面如图 7-8 所示。

这个例题中,采用生成随机数的方式为二维数组赋值。当然,也可以使用输入语句依次输入各个数组元素的值。

为了在窗体上显示二维数组的数据以及处理结果,程序中多次使用了 Print 语句,包括空 Print 语句。请大家对照程序和窗体上显示的内容,仔细分析这些 Print 语句的作用。

【例 7-4】　统计学生多门课程的成绩。

设有 4 名学生选修 5 门课程,求每个学生各门课程的平均分。

分析这个问题,首先要保存 4 个学生、5 门课程的成绩。显然应当使用二维数组,每一行表示一个学生的成绩,每一列表示一门课程的成绩。然后向数组中输入学生的成绩,最后统计学生的成绩,并输出结果。

程序处理流程如图 7-9 所示。

按照程序流程图设计程序,代码如下:

```
Option Base 1
Private Sub cmdAvg_Click()
    Dim a(4,5) As Integer
    For i=1 To 4
        Print "第" & Str(i) & "个学生成绩:";
        For j=1 To 5
            a(i,j)=InputBox("输入成绩:")
            Print a(i,j);
        Next
        Print
    Next
    Print
    For i=1 To 4
        Sum=0
        For j=1 To 5
            Sum=Sum+a(i,j)
        Next
        Avg=Int(Sum/5)
        Print "第" & Str(i) & "个学生平均成绩:" & Str(Avg)
    Next
End Sub
```

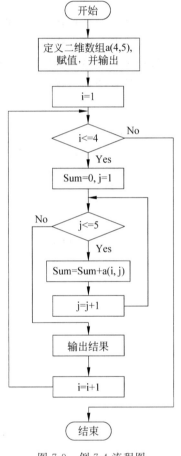

图 7-9　例 7-4 流程图

程序中第 1 个双重循环用于输入学生的成绩。i＝1 时,表示输入第 1 个学生的成绩,j 从 1 到 5,对应着输入第 1 至第 5 门课程的成绩。依此类推。所输入的成绩保存在数组中。

第 2 个双重循环进行成绩计算,先分别计算每个学生的总成绩,再被 5 除(5 门课程),得到该学生的平均成绩。

运行程序,输入学生的成绩,计算结果如图 7-10 所示。

思考:程序中,Sum=0 为什么要放在内层 For 循环开始之前?可否放在外层 For 循环的前面?

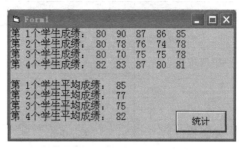

图 7-10　例 7-4 运行结果

7.1.4　使用控件数组

在 VB 中,除了前面提到的普通数组外,还可以使用**控件数组**。所谓控件数组,就是把控件作为数组元素的数组。下面介绍控件数组的概念和使用方法。

控件数组是把多个控件作为一个整体来处理。控件数组的每个元素都是相同类型的

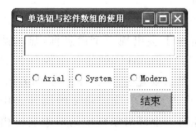

图 7-11　例 7-5 窗体外观

控件,例如,由若干标签构成数组 Label1。每个数组元素 Label1(0)、Label1(1)、Label1(2)等都是标签控件。控件数组中的控件具有统一的名称,如 Label1。不同的控件通过下标予以区别。控件数组中的对象共享相同的事件过程。我们通过例题说明控件数组的建立和使用方法。

【例 7-5】 控件数组的使用。

设计如图 7-11 所示的窗体,其中的 3 个单选按钮构成一个控件数组。要求当单击任一个单选按钮时,按照所选中的字体改变文本框中文字的字体。各控件的属性设置见表 7-3。

表 7-3　例 7-5 对象属性设置

对　象	属　性	设　置
窗体	(名称)	Form1
	Caption	单选按钮与控件数组的使用
标签	(名称)	lblTitle
	Caption	置空
	Borderstyle	1
单选按钮 1	(名称)	Option1
	Caption	Arial
	Index	0

对　象	属　性	设　置
单选按钮 2	（名称）	Option1
	Caption	System
	Index	1
单选按钮 3	（名称）	Option1
	Caption	Modern
	Index	2

建立控件数组的方法有两种：

（1）第一种方法是在设计界面时把多个相同类型的控件设置为相同的 Name 属性。具体方法如下：

① 在窗体上画出单选按钮 1，系统给出默认的 Name 属性值为 Option1 。

② 接着画单选按钮 2，系统给出默认的名字 Option2。

③ 在属性表中将 Option2 的 Name 属性值改为 Option1。然后用鼠标单击窗体（表

图 7-12　Option1 控件数组

示属性值设置结束），此时屏幕上会出现一个消息框，显示两行文字：“已经有一个控件为‘Option1’，创建一个控件数组吗？”。按下“是（Y）”按钮，表示要建立一个名称为 Option1 的单选按钮控件数组，此时可以看到单选按钮 2 的属性表中 Name 属性是 Option1，属性窗口上部对象框中的对象名已由 Option2 变为 Option1(1)了。如果单击属性窗口中对象框右端的下拉箭头，从其下拉表中可以看到原来的 Option2 已变成 Option1（1），即 Option1 控件数组中已有两个元素 (Option1(0)和 Option1(1))，如图 7-12 所示。

④ 按以上方法继续添加单选按钮 Option1(2)。这时控件数组共有 3 个元素了，即 Option1(0)～Option1(2)。当然也可以不用 Option1 作为数组名，而按照命名规则定义一个“见名知意”的数组变量名。

（2）第二种建立控件数组的方法是在设计时，先在窗体上添加一个单选按钮控件，然后用鼠标右击该控件，在弹出的快捷菜单中选择“复制”，再右击窗体，选择弹出菜单中的“粘贴”命令，当出现是否创建控件数组的提示时，选择“是”，则建立单选按钮的控件数组。

程序运行时，先设置标签的 FontSize 属性值为 12，设置 Caption 属性值为“Microsoft Visual Basic”，即在标签中显示“Microsoft Visual Basic”，字体大小为 12。并先指定用第一种字体（Arial）显示，故使 Option1(0). Value＝True。这里的 Option1(0). Value 是第一个单选按钮的 Value 属性，当其值为 True 时表示此单选按钮被选中，故用"Arial"字体显示。相应过程如下：

```
Private Sub Form_Load()
    lblTitle.FontSize=12
```

```
    lblTitle.Caption="Microsoft Visual Basic"
    Option1(0).Value=True
End Sub
```

要特别注意,单选按钮控件数组是一个整体,具有相同的名称 Option1。单击其中任何一个单选按钮(即 Option1 控件数组中的任一个元素),都会触发 Option1_Click 事件,执行 Option1_Click 事件过程。编写此事件过程如下:

```
Private Sub Option1_Click(Index As Integer)
    If Index=0 Then lblTitle.FontName="Arial"
    If Index=1 Then lblTitle.FontName="System"
    If Index=2 Then lblTitle.FontName="Modern"
End Sub
```

如果用户单击第 2 个单选按钮(System),Option1 数组的 Index 属性值就是 1(Index 属性的值是从 0 开始的)。If 语句判定 Index 的值是 1,就使标签中的字体改为"System"。

注意:

(1) Option1 不是一个控件的名字,而是一组相同类型控件共同的名字,即控件数组名。

(2) 不能直接使用 Option1 作为一个对象名使用。例如不能写成 Option1.Value=1,而只能写成 Option1(0).Value=1。正如不能直接给一个整型数组整体赋值,只能给一个数组元素赋值一样。

(3) 区别 Option1 控件数组中各个元素的方法是利用其 Index 属性。Index 属性是控件数组的下标序号,Option1(0)对应于第 1 个单选按钮,Option1(1)对应于第 2 个单选按钮……程序根据 Index 的值即可判定当前哪个单选按钮被选中。

(4) 什么情况下需要使用控件数组呢? 如果在一个窗体中有多个相同类型的控件,而且有类似的操作,则使用控件数组能够简化程序,便于设计和维护。读者可通过本例举一反三,灵活应用。

7.2 使用通用过程

在前面的章节中,我们已经了解了**事件过程**的概念和程序设计方法。在设计实际应用系统时,还会用到另一种过程——**通用过程**。通用过程是用来执行一组特定功能的程序代码。这段代码可以与具体的事件无关。使用通用过程不但可以精简程序代码,还可以使程序结构清晰、易于进行程序维护。

VB 的通用过程包括两大类,它们是 **Sub 过程**(即过程)和 **Function 过程**(即函数)。

7.2.1 定义和调用 Sub 过程

在程序中使用 Sub 过程的目的,一方面可以把一个规模较大的程序分割为较小的部分,简化程序设计的工作;另一方面能够提高程序的重用程度。所谓程序的重用是指同一段程序代码多次重复使用。

我们通过一个例题了解什么是 Sub 过程及其使用方法。

【例 7-6】 通用过程示例。

本章例 7-1 是利用命令按钮的单击过程来实现计算 10 个学生的平均成绩的。现在改用通用过程实现这项功能。

建立 Sub 过程有两种方法：

一是进入代码窗口，在左侧显示对象名的下拉框中选择"通用"，在右侧显示过程的下拉框中选择"声明"，然后输入"Sub"和过程名，按回车键，VB 系统会自动加上一行"End Sub"。此时就可以在这两行之间输入过程语句了。

另一种方法是进入代码窗口后，单击主窗口中菜单条的"工具"菜单，选择"添加过程"，打开一个对话框（见图 7-13），然后按对话框中的提示输入相应的内容。例如，如果想建立一个名为 TestProc 的过程，就在"名称"后面的输入框中输入过程名"TestProc"，在"类型"中选择"子程序"，在"范围"中选择"公有的"，确认后退出对话框，系统自动给出过程的头和尾，如图 7-14 所示。

图 7-13 添加过程示意

图 7-14 代码窗口中 Sub 过程

在 TestProc 过程中包含输入学生成绩、统计平均成绩及显示计算结果等语句。过程如下：

```
Option Base 1
Private Sub TestProc()
    Dim a(10) As Integer
    Dim i,Sum As Integer
    Sum=0
    For i=1 To 10
        a(i)=InputBox("输入整数:")
        txtNumber.Text=txtNumber.Text & Str(a(i))
        Sum=Sum+a(i)
    Next i
    lblAverage.Caption=Str(Sum/10)
End Sub
```

仔细对比 TestProc 过程与例 7-1 中单击命令按钮的事件过程，会发现这两个过程中的代码基本上相同。其中有些语句的形式有些不同，请读者自己分析。

实际上，编写 Sub 过程与编写事件过程的思路与方法是相同的。区别在于程序的框架不一样，而且调用过程时会有参数传递的问题。

如何调用这个过程呢？在命令按钮的单击事件过程中，使用过程调用语句，执行 Sub 过程：

```
Private Sub cmdCala_Click()
    Call TestProc
End Sub
```

当单击命令按钮时，执行 cmdCala_Click 事件过程，该过程只有一条调用 TestProc 过程的语句，程序转而执行 TestProc 过程。待该过程执行完毕，返回到 cmdCala_Click 事件过程中，再执行过程调用语句(Call TestProc)之后的第一条语句。在 cmdCala_Click 过程中，过程调用语句之后的第一条语句就是 End Sub，过程结束。程序的执行顺序如图 7-15 中的箭头所标示。

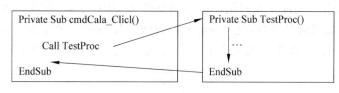

图 7-15　过程调用示意

定义 Sub 过程的一般格式如下：

[Public|Private][Static] Sub 过程名([形参表列])
　　〈语句〉
End Sub

关于 Sub 过程的定义，有以下几个问题需要注意：

(1) Sub 和 End Sub 是一个过程的开始与结束标志。

(2) Public 或 Private 表示过程是"公用"的还是"私用"的。Private 过程能在该过程所在窗体或模块中被调用。Public 过程可在整个程序范围内被调用(但需要指明该过程所在的对象名，如果在窗体 Form1 中定义了一个过程 sub1，在窗体 Form2 中调用它，应该用 Call Form1.sub1)。

(3) Static 表示该过程中的局部变量是静态变量，在过程调用结束后，该变量不会释放，变量值仍然保留，在下次再调用此过程时，可以使用此值(上次调用结束时的值)。

(4) "[形参表列]"的具体形式是：

([变量名 [As 类型,] 变量名 [As 类型,]…]

关于参数的概念和使用，将在随后关于过程调用方法中介绍。

【例 7-7】　显示 2010 年至 2050 年之间的所有闰年。

设计一个程序，在窗体上画一个命令按钮，当单击命令按钮时，调用一个过程，在窗体上显示出 2010 年至 2050 年之间所有的闰年，如图 7-16

图 7-16　例 7-7 运行结果

所示。

分析题目,首先需要知道闰年的条件:

(1) 能被 4 整除,但不能被 100 整除的年份是闰年,如 2012。

(2) 能被 100 整除,又能被 400 整除的年份是闰年,如 2000。

运行程序,在命令按钮的单击事件过程中,先在窗体上显示一行提示信息,然后,调用过程 FindLeap。命令按钮的单击事件过程如下:

```
Private Sub cmdLeap_Click()
    Print "2010 年至 2050 年之间的闰年:"
        Call FindLeap
End Sub
```

FindLeap 过程的功能是按照闰年的判断条件从 2010 年到 2050 年逐年判断是否满足闰年的条件。如果满足条件,就使 leap=1,否则使 leap=0。在完成对是否闰年的判断后,根据 leap 的值判断如果是闰年(leap=1),就输出该年份。算法如图 7-17 所示。

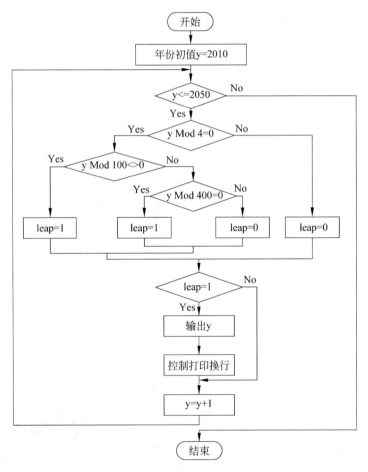

图 7-17 例 7-7 流程图

程序如下:

```
Public Sub FindLeap()
    n=0
    y=2010
    Do Until y>2050
        If  y Mod 4=0 Then
            If (y Mod 100)<>0 Then
                leap=1
            ElseIf (y Mod 400)=0 Then
                leap=1
            Else
                leap=0
            End If
        Else
            leap=0
        End If
        If leap=1 Then
            Print y;
            n=n+1
            If n Mod 5=0 Then Print
        End If
        y=y+1
    Loop
```

程序中 n 的作用是控制在窗体上每行显示五个年份。当 n 为 5 的倍数,则换行。

例 7-7 的 FindLeap 过程没有参数。在实际应用中,有许多过程的调用需要传递参数,即将主调过程的实参传递给被调程序的形参。以下例题说明参数传递的过程。

【例 7-8】 设计计算四则运算的过程。

设计一个过程,功能是根据调用过程传来的两个参数,计算这两个数的加、减、乘、除。程序代码如下:

```
Private Sub compute(a As Single,b As Single)
    c1=a+b
    c2=a-b
    c3=a*b
    c4=a/b
    d=d+a+b
    Print "c1=";c1,"c2=";c2,"c3=";c3,"c4=";c4
    Print "d=";d
End Sub
```

compute 过程的算法比较简单。不同于前面例题之处在于过程名 compute 后面的括号中有"a As Single、b As Single",说明 compute 过程中有两个参数 a 和 b,数据类型都是 Single。a、b 称为过程的**形式参数**,简称形参。参数的值是由调用 compute 的过程传过来的,在 compute 过程中可以利用此值进行运算和输出。下面会详细说明参数的传递过程。

7.2.2 Sub 过程的调用

在例 7-7 中已经看到调用 Sub 过程的方法：

```
Call FindLeap
```

这是最简单的 Sub 过程调用方式：在 Call 后面直接写出被调用的 Sub 过程名称即可。用这种方式时，调用和被调用过程之间没有参数的传递。所谓参数传递是指在过程调用时，不同过程之间的数据传递。例如，例 7-8 的 compute 过程是计算 a、b 两个数的＋、－、×、÷运算，a 和 b 的值不是在 compute 过程中赋值，而是在调用这个过程时给定的。每次调用 compute 时，a、b 的值可以不同。调用这种过程的方式是：

```
Call compute(3,4)
```

括号中的 3、4 就是传递给过程的参数，称为**"实际参数"**，简称"实参"。而 compute 过程中的 a、b 是**"形式参数"**，简称"形参"。在调用过程时实参与形参间的数据传递称为"虚实结合"。

在 VB 中可以用两种方法调用 Sub 过程。

1. 使用 Call 语句调用 Sub 过程

一般格式如下：

Call 过程名 ([实参表列])

需要注意的是，实参的个数和数据类型要与被调用过程的形参一致。如果 Sub 过程不带参数，Call 语句中过程名后的一对括号可以省去，如例 7-7 的调用方式。

2. 直接使用过程名调用 Sub 过程

调用 Sub 过程可以直接使用过程名，不写 Call，其一般格式如下：

过程名 [实参[,实参]…]

这种调用方式不必用括弧把实参括起来。例如，可以这样调用 compute 过程：

```
compute 3,4
```

调用不带参数的 Sub 过程，可以直接写出过程名即可。以下调用是符合 VB 语法的：

```
FindLeap
```

7.2.3 调用过程中的参数传递

在调用 Sub 过程时，需要特别注意调用过程与被调用过程之间的参数传递。在 VB 中实参与形参的传递有两种方式：**值传递**方式和**地址传递**方式。还有一个同种特别情况，就是参数是控件。

1. 值传递方式

值传递方式就是实参将数据传递给形参,这种数据的传递是单向的,只能从实参传到形参,而不能由形参传到实参。如果在执行 Sub 过程中,形参的值改变,不会影响主调程序中实参的值,如图 7-18 所示。如果实参 a 的值为 5,则将 5 传给形参 b,b 的值也为 5。如果在执行 Sub 过程中将 b 的值改变为 10,a 的值不会发生变化,仍为 5。这种值传递方式,a 和 b 两个变量在内存中分别占两个存储单元,它们具有不同的值。在 VB 中,在形参前加 **ByVal** 关键字,表示是值传递方式。

编写一个过程,调用例 7-8 的 compute 过程。

```
Private  Sub Command1_Click()
    str1$ ="输入对话框"
    v1=InputBox("v1=?",str1$)
    v2=InputBox("v2=?",str1$)
    Call compute(v1,v2)
End Sub
```

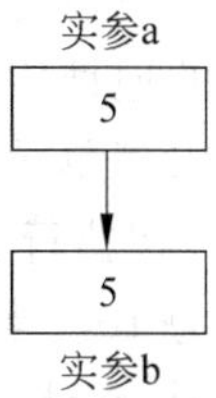

图 7-18　值传递示意

运行程序后,通过 InputBox 输入 v1 和 v2 的值,如输入 5、6。通过 Call 语句调用过程 compute,将实参值(5,6)传递给形参 a 和 b,在 compute 过程中计算这两个数的加、减、乘、除的值。

本章例 7-1 是计算 10 个学生平均成绩。假如学生人数不是 10 个,而是 30、50 或更多。修改程序,使用 Sub 过程,就能方便地解决这个问题。实际上,不论计算多少学生的平均成绩,其计算的程序基本相同,区别仅在于计算累加和的循环终止变量不同。这种情况下,要使用过程的参数。修改程序,代码如下:

```
Private Sub cmdCala_Click()
    Dim n As Integer
    n=Val(InputBox("输入学生人数:"))
    Call TestProc(n)
End Sub
```

学生的人数通过 InputBox 输入,并赋给变量 n。在调用 TestProc 过程时,将 n 作为实参,传递给所调用的 TestProc 过程。

计算平均成绩的过程如下:

```
Public Sub TestProc(num As Integer)
    Dim a(10) As Integer
    Dim i,Sum As Integer
    Sum=0
    For i=1 To num
        a(i)=InputBox("输入整数:")
        txtNumber.Text=txtNumber.Text & Str(a(i))
        Sum=Sum+a(i)
    Next i
```

```
    lblAverage.Caption=Str(Sum/num)
End Sub
```

以上过程中 num 的值是从 cmdCala_Click 过程中调用 TestProc 过程的"Call TestProc(n)"语句中的实参 n 传递过来的值。在 TestProc 过程中,学生人数 num 的值就是 n。这样不论是多少学生,都可以使用同一个过程进行统计,只需在调用 TestProc 过程时给 n 赋予不同的值即可。

2. 地址传递方式

另一种传递参数的方式是**地址传递**。在调用过程时,不是将实参的值传给形参,而是将实参的地址传给形参。因此,形参就具有和实参相同的地址,这意味着实参与形参共用同一个内存单元,如图 7-19 所示。如果 a 的值为 5,在调用 Sub 过程开始时,形参 b 的值也为 5。在执行过程中,如果 b 的值改变为 10,由于 a、b 共用同一个内存单元,因此 a 的值也必为 10。当过程执行完毕,形参 b 不存在了,但实参 a 仍存在,且 a 的值已变为 10。换句话说,在调用过程时形参的值如果改变了,会通过实参把这个值带回到主调程序。

在声明形参时用 **ByRef** 表示**传址方式**。如不声明传址方式,系统默认为传址方式。

通过以下程序可以了解这两种参数传递方式的区别。

```
Private Sub cmdTest_Click()
    x=5   :    y=5
    Print "传值方式","传址方式"
    Call subProg(x,y)
    Print "x="; x,"y="; y
End Sub


Public Sub subProg(ByVal a,ByRef b)
    a=a*a   :   b=b*b
    Print "a=";a,"b="; b
End Sub
```

在 cmdTest_Click 事件过程中,对变量 x 和 y 赋予相同的值 5。以 x、y 为实参调用过程 subProg。在调用开始时实参 x 按值传递方式把其值 5 传递给形参 a,实参 y 按传址方式把 y 的地址传递给形参 b。在 subProg 过程中,a、b 分别进行了乘方的运算,a 和 b 的值均为 25,显示出 a 和 b 的值均为 25。在 subProg 过程结束时,按值传递的形参 a 被释放,而实参 x 的值仍为 5,在 cmdTest_Click 事件过程中显示出实参 x 的值为 5。而形参 b 与实参 y 共用同一个内存单元,b 的值改变为 25 时,与它共用同一内存单元的实参 y 的值同时变为 25,因此输出 y 的值为 25。程序运行结果如图 7-20 所示。

图 7-19　地址传递示意

图 7-20　参数传递示意

过程的参数不仅可以是普通数据或变量,还可以是数组或控件。下面的例题说明如何以数组、控件作为过程的参数。

【例 7-9】 以数组为参数的示例。

在例 7-2 中,对有 5 个元素的数组进行排序。现在将程序改变为能够对具有不同数量元素的数组进行排序。

在命令按钮的单击事件过程中,由键盘输入数组元素的个数 n,随后的初始化、排序、输出等处理都以 n 为数组上界,算法如图 7-21 所示。

(1) 命令按钮的单击事件过程

命令按钮的单击事件过程代码如下:

```
Option Base 1
Private Sub cmdSort_Click()
    Dim a(20) As Integer,b(20) As Integer
    Dim na As Integer,nb As Integer
    Dim i As Integer
    na=4
    nb=5
    Call Init(a,na)              '调用初始化过程
    Call Init(b,nb)
    Print "排序前:"
    Call Display(a,na)          '调用显示过程
    Call Display(b,nb)
    Print
    Call Sort(a,na)             '调用排序过程
    Call Sort(b,nb)
    Print "排序后:"
    Call Display(a,na)          '调用显示过程
    Call Display(b,nb)
End Sub
```

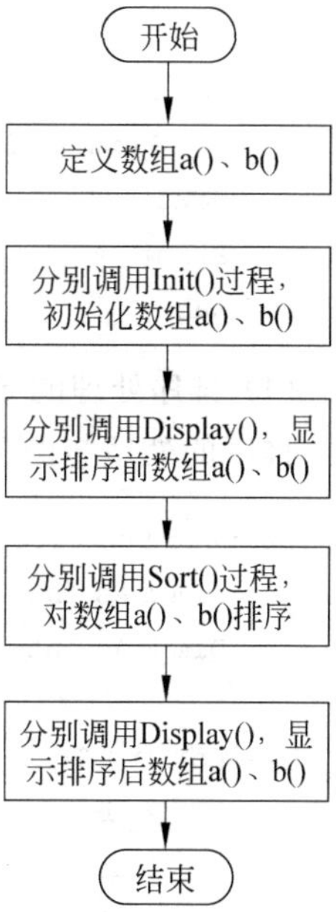

图 7-21 例 7-9 流程图

可以看到上面的过程中,包括变量初始化、显示排序前数组元素、排序、显示排序结果等几个部分。每个部分均分别调用有关的 Sub 过程进行相应的处理。在每个调用过程语句中都把数组(a 或 b)和数组元素的个数(na 或 nb)作为实参。VB 规定,数组作为过程的参数时都以地址方式传送,所以各个过程中的数组均共享相同的存储单元。

(2) 初始化数组的 Init 过程

本程序对数组数据的初始化是通过循环产生 n 个 0~99 范围内的随机整数,并赋值给数组中的 n 个元素。

```
Private Sub Init(x() As Integer,n As Integer)
    Dim i As Integer
    For i=1 To n
        x(i)=Int(Rnd() * 100)
```

```
        Next
    End Sub
```

（3）显示数组元素的 Display 过程

在初始化和排序之后，都显示数组中各元素的内容。显示处理的算法是相同的，因此可以用同一个 Sub 过程显示数据元素。过程代码如下：

```
Private Sub Display(x() As Integer,n As Integer)
    Dim i As Integer
    For i=1 To n
        Print x(i);
    Next
    Print
End Sub
```

（4）排序处理的 Sort 过程

排序的处理与例 7-2 相同。代码如下：

```
Private Sub Sort(x() As Integer,n As Integer)
    Dim i As Integer,j As Integer
    Dim k As Integer,tmp As Integer

    For i=1 To n-1
        k=i
        For j=i+1 To n
            If x(j)<x(k) Then k=j
        Next j
        If k<>i Then
            tmp=x(k)
            x(k)=x(i)
            x(i)=tmp
        End If
    Next i
End Sub
```

注意：使用数组作为过程的参数时，在定义过程时，过程名后面括号内的形参数组要写数组名及空括号，如 Sort 过程中的形参"x()"，表示形参 x 是一个数组，不必在括号中写下标(如 x(n))。而在调用该过程时，实参只写数组名（如 a）即可，不需要写括号及下标(如调用 Sort 过程的语句为 Call Sort(a，na))，a 是数组名。数组名代表地址，其作用是把数组的地址传给形参数组 x。如果写成 a(n)就是一个数组元素了。

3. 控件作为参数

VB 中不仅允许以数组为过程的参数，还可以用控件作为参数，也就是以对象为参数。

【例 7-10】 以控件为过程参数的示例。编写一个简单的程序，说明以控件为过程参数的编程方法。

在窗体上添加一个名称为 Text1 的文本框，一个名称为 Command1 的命令按钮。

（1）控件作为实参

编写文本框和命令按钮的单击事件过程，这两个事件过程都只包含一条调用 TestControl 过程的命令，以下是命令按钮的单击事件过程：

```
Private Sub Command1_Click()
    Call TestControl(Command1)
End Sub
```

仔细观察调用 TestControl 过程的语句，过程的实参是 Command1，它是一个名称为 Command1 的命令按钮控件。

再看文本框的单击事件过程：

```
Private Sub Text1_Click()
    Call TestControl(Text1)
End Sub
```

在 Text1_Click 事件过程中，调用 TestControl 过程时的实参也是控件——文本框 Text1。可以看到，以控件作为过程的实参，其方法与用一般数据作为实参相类似，直接把控件名写在调用过程时实参的位置即可。

（2）声明形参是控件类型

在定义 TestControl 过程时应对控件形参进行声明，声明形参是控件类型（而不是一般的数值类型）。其类型声明符可以是 Control，表示是控件，也可以是某一种确定的控件类型，如命令按钮 CommandButton、文本框 TextBox、列表框 ListBox 等。本例调用过程的实参既有文本框，又有命令按钮，因此，应该声明为 Control。过程声明语句中的 Control 表明参数是控件。

（3）调用过程中的虚实结合

在调用过程时要进行虚实结合。在本例中已用 Control 声明形参是控件，但究竟是哪一种控件呢？在 TestControl 过程中是看不出来的，需要看相应的实参是什么类型。如果调用语句是："Call TestControl(Command1)"，可知实参是 Command1，它是一个命令按钮控件。在虚实结合时，把控件名 Command1 传递给形参 c，因此形参 c 在 TestControl 过程中就是 Command1。

在过程中判断形参 c 是什么类型的控件，并据此进行相应的处理。用来判断控件类型的函数是 TypeOf。其一般格式是：

{If|Else If} TypeOf 控件名称 Is 控件类型

其中**"控件名称"**是过程的形参名字，即 As Control 前面的参数名称（如 c），**"控件类型"**是各类控件的名称，如 CommandButton、TextBox。

过程 TestControl 就是一个示例：

```
Private Sub TestControl(c As Control)              '声明 c 是控件类型
    If TypeOf c Is CommandButton Then
        MsgBox (" 控件参数是命令按钮!")
    End If
    If TypeOf c Is TextBox Then
        MsgBox (" 控件参数是文本框!")
    End If
End Sub
```

以上仅仅是一个示例,说明使用控件作为参数的方法。

7.2.4　用 Exit Sub 退出过程

不论是 Sub 过程,还是事件过程,按正常顺序运行到 End Sub 语句时,结束过程的运行。若在某些情况下,需要提前终止程序的运行,可以使用 Exit Sub 命令。

在实际使用 Exit Sub 时,往往需要指定条件,如果符合条件才退出过程。例如,可以修改 compute 过程如下:

```
Private Sub compute(a As Single,b As Single)
    If   b=0   then
        Exit Sub                          '当满足 b=0 时退出过程
    End If
    c1=a+b
    c2=a-b
    c3=a * b
    c4=a/b
    Print "c1="; c1,"c2="; c2,"c3="; c3,"c4="; c4
End Sub
```

在 compute 过程中首先测试变量 b 的值是否等于 0,如果 b 的值为 0,不再进行后续的处理,立即退出 compute 过程。如果不作这样的处理,当执行到 a/b 时,就会由于除数为 0 而产生错误。

7.3　使用函数

函数与过程相似,也是用来完成特定功能的独立程序代码,它由一组符合 VB 语法的语句组成,它与过程不同的之处在于函数可以将一个值返回到调用程序。

7.3.1　定义函数

如果遇到这样一个问题:计算表达式 $y=(m-n)/(m!-n!)$ 的值。

计算 y 的值,需要两次计算阶乘,即 $m!$ 及 $n!$,程序中计算阶乘的代码要写两遍。两次计算阶乘的不同仅仅在于一个是 $m!$,一个是 $n!$。对这类问题,可以使用一个专用的计算阶乘的函数,先后二次调用这个函数就可以求出 $m!$ 及 $n!$ 的值。利用函数可以简化编写程序的工作。

【例 7-11】 计算 $y = (m-n)/(m! - n!)$ 的值。要求用函数计算阶乘的值。为了计算 $m!$ 和 $n!$，需要编写一个计算阶乘的函数 Factorial，其作用是计算参数 num 的阶乘。

```
Public Function Factorial(num As Integer) As Long
    x=1
    For i=1 To num
        x=x * i
    Next
    Factorial=x                    '最后的计算结果赋给函数名
End Function
```

在调用此函数时，分别以 m、n 为实参，在执行函数过程中求得阶乘值，此值通过函数名 Factorial 返回到调用函数处。

图 7-22 是函数调用的示意。

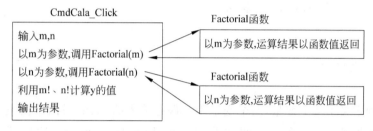

图 7-22　调用函数示意

通过这个例题，可以了解定义函数的一般方法。函数定义的一般格式如下：

[Public|Private][Static] Function 函数名 ([形参表列]) [As 类型]

　　…

　　函数名=表达式

　　…

End Function

其中的 Function 与 End Function 是一个函数的开始与结束标志。Public 和 Private 表示函数的是"公有的"还是"私有的"。Static 表示是"静态的"，其含义随后介绍。

　　一个函数可以有多个形参，这些形参都在函数名称后面的"形参表列"中依次列出。具体形式是：

变量名 [As 类型] [,变量名 [As 类型]…]

调用函数得到一个返回值，返回值的类型用[As 类型]说明。如上例用"As long"表示调用函数 Factorial 得到的返回值是 long 类型。也可以说函数 Factorial 是 long 型。

　　建立函数的方法与建立过程类似：一种方法是进入代码窗口后，在左侧显示对象名称的列表框中选择"通用"，在右侧显示过程的列表框中选择"声明"，然后输入

Function 和函数名。另一种方法是进入代码窗口后,选择主窗口菜单栏"工具"→"添加过程"命令,在"添加过程"对话框中选定"类型"为"函数",确认后即可出现建立函数的框架。

7.3.2 调用函数

如果要在过程中调用一个函数,只需写出函数名和相应的参数即可。例如,单击命令按钮,调用上述 Factorial 函数,执行计算 y 的操作:

```
Private Sub cmdCala_Click()
    Dim m As Integer,n As Integer
    Dim MFactorial As Long,NFactorial As Long
    m=Val(InputBox("输入 m:"))
    n=Val(InputBox("输入 n:"))
    MFactorial=Factorial(m)
    NFactorial=Factorial(n)
    y= (m-n)/(MFactorial-NFactorial)
    Print "m="; m
    Print "n="; n
    Print "y="; y
End Sub
```

上面分别定义了 4 个变量,两个变量用于保存输入的 m、n,另两个变量 MFactorial、NFactorial 分别保存 m!及 n!。两次调用 InputBox,输入 m、n。然后两次调用函数 Factorial,计算 m!及 n!。最后按照题目要求,计算 y 的值。

函数调用时参数传递方式与调用 Sub 过程的参数传递方式相同。本题目采用的是值传递方式。

【例 7-12】 编写一个程序,将输入的十进制数转换为二进制数。要求数制转换在函数中完成,转换结果(二进制数)为函数的返回值。

按图 7-23 设计窗体界面。单击"清除"按钮,将文本框和用于显示二进制数的标签内容清除。程序如下:

```
Private Sub cmdClear_Click()
    txtDec.Text=""
    lblResult.Caption=""
End Sub
```

"转换"按钮的单击事件过程代码如下:

```
Private Sub cmdTransfer_Click()
    dec=Val(txtDec.Text)
    lblResult.Caption=DecToBin(dec)
End Sub
```

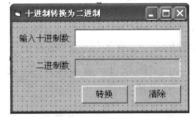

图 7-23 例 7-12 窗体外观

程序中将文本框中输入的数据转换为数值型数据，然后，调用 DecToBin 函数进行数值转换，并将函数值赋给 lblResult. Caption。函数 DecToBin 的代码如下：

```
Public Function DecToBin(ByVal dec)
    Dim bin(100) As Integer
    i=0
    d=dec
    Do While d<>0
        bin(i)=d Mod 2
        d=d \ 2
        i=i+1
    Loop
    i=i-1
    Do While i>=0                        '构造二进制字符串
        tmp=Str(bin(i))
        strBin=strBin+tmp
        i=i-1
    Loop
    DecToBin=strBin
End Function
```

函数中的 bin 数组用于存放二进制数。通过一个循环，逐次用十进制数与 2 取模，将余数保存在数组 bin 中。由于最后一个余数是相应二进制数的最高位，因此，需要将保存在数组中的各个二进制位的数据取出，构造一个二进制字符串。最后，执行 DecToBin＝strBin 语句，使函数的返回值为该二进制字符串。程序运行结果如图 7-24 所示。

图 7-24　例 7-12 运行结果

7.3.3　用 Exit Function 语句退出函数

使用 Exit Function 语句可以从当前调用的函数中直接退出。例如，有如下函数过程，其功能是计算两个形参的和。

```
Public Function add(a As Single, b As Single)
As Single
    If a=0 Or b=0 Then
        Exit Function
    End If
    add=a+b
End Function
```

如果形参中有一个值为 0，则不作加法运算，直接退出函数。

7.4 Visual Basic 应用程序的结构及变量作用域

7.4.1 Visual Basic 应用程序的结构

在前面章节所建立的程序都比较简单,这些程序是只包含一个窗体文件的工程文件。复杂的 VB 程序可以包含多个工程文件,每个工程文件又可以包含多种类型的文件,如窗体文件、标准模块文件等。图 7-25 所示是 VB 应用程序的结构及相应的文件类型。

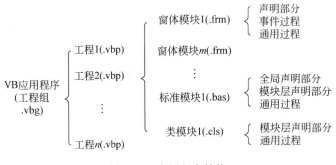

图 7-25 应用程序结构

VB 应用程序有多种类型的文件。

(1) 工程文件

工程文件的扩展名是.vbp,一个简单应用程序对应一个工程文件。

(2) 工程组文件

工程组文件的扩展名是.vbg,一个复杂的应用程序可以包含多个工程文件,这些工程文件组成一个工程组文件。

(3) 窗体文件

窗体文件扩展名是.frm,一个窗体对应一个窗体文件。窗体文件中保存窗体上的控件及其属性设置、程序代码等。一个工程文件中可以包含多个窗体文件。

(4) 标准模块文件

标准模块文件的扩展名是.bas。一般将工程文件中定义的全局变量和通用过程等保存在标准模块文件中。

(5) 类模块文件和其他文件

类模块文件的扩展名是.cls。类模块文件是用户自己建立的类。此外,还有资源文件(.res)、用户定义控件文件(.ctl 文件)、属性页文件(.pag 文件)等不同类别的文件。由于初学者编写一般的 VB 文件时,暂时不需要用到这方面的内容,故本书不拟介绍,有兴趣的读者可参阅相关手册。

7.4.2 Sub Main 过程及启动窗体

如果一个应用程序只包含一个窗体,则程序从窗体的 Form_Load 过程开始执行。如果有多个窗体,一般是从设计阶段建立的第一个窗体开始执行。也可以根据需要在设定启动窗体时,指定在运行窗体程序之前先执行一些操作,在 VB 中,用 Sub Main 来完成这类处理操作。

Sub Main 过程在标准模块中定义。Sub Main 过程中可以包含若干语句。但它与其他语言中的主程序不同,程序启动时不会自动执行,必须指定程序从哪一个窗体或是 Sub Main 开始执行。

确定启动窗体或过程的方法是:选择 VB 主窗口中"工程"→"属性"命令,打开"工程属性"对话框,单击"通用"选项,如图 7-26 所示,单击对话框中的"启动对象"框右侧的箭头,显示出当前工程中各窗体的名字和 Sub Main,从中选择启动工程时先启动的窗体或 Sub Main。如果选择了 Sub Main,则程序从标准模块的 Sub Main 过程开始运行。

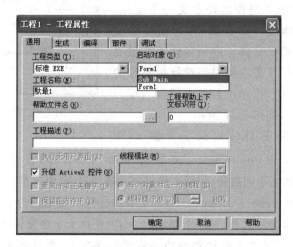

图 7-26　设置启动对象

说明:一个程序中只能允许有一个 Sub Main 过程。

7.4.3　变量的作用域

前已说明:一个 VB 应用程序可以包含一个或多个窗体模块或其他模块等文件。程序中所定义和使用的变量,在定义后并不是在任何地方都能被引用的,每一个变量都有它的有效范围,也就是变量的**作用域**。由于变量的有效范围不同,所以也就有了不同级别的变量。

(1) 局部变量

不论是事件过程或 Sub 过程还是 Function 过程,凡是在过程内部定义的变量都属于**局部变量**。这个变量只能在定义该变量的过程内使用。一个窗体可以包括很多过程,在不同过程中定义的变量可以同名,因为它们是互相独立互不干扰的。例如:

```
Private Sub Form1_Click()
    Dim Count1 As Integer
    …
End Sub
```

```
Private Sub Command1_Click()
    Dim Count1 As Integer
    Static Sum1 As Single
    ...
End Sub
```

在 Form1_Click 过程中定义了局部变量 Count1,在 Command1_Click 过程中也定义了 Count1,这两个同名变量 Count1 分别是两个独立的变量,代表不同的对象,在内存中分配不同的存储单元,互相间不产生任何影响。

（2）窗体和模块级变量

如果一个窗体中不同的过程要使用同一个变量,就需要在该窗体的各过程之外定义一个变量。这个变量在整个窗体模块中有效,称为**窗体级变量**,其作用的范围是整个窗体。声明窗体级变量要先进入程序代码窗口,单击左侧对象选择框右端的向下箭头并选择"通用",再单击右侧下拉框右端向下的箭头选择"声明",如图 7-27 所示。

图 7-27　声明窗体级变量

图中在各过程外用 Dim 定义了变量 x,用 Private 定义了变量 a,用 Public 定义了变量 b。其中用 Dim 和 Private 定义的变量是**窗体级变量**,在同一个窗体的不同过程（包括事件过程及通用过程）中 x 都起作用。例如,运行如下程序,单击命令按钮 1,执行 Command1_Click 事件过程,x 被赋值为 10。单击命令按钮 2,执行 Command2_Click 事件过程,窗体上显示出 10,说明这个 x 在窗体范围内起作用。

说明：窗体级变量只在声明该变量的窗体模块中有效,在其他窗体或模块中不能用该变量名来访问它。例如,图 7-27 中声明的 x 和 a 的作用范围只在本窗体中,其他窗体或模块不能使用这两个变量名。

同样,若一个标准模块中的各过程要共享一个变量,就应该在该标准模块的各个过程之外定义变量,称为**模块级变量**。

如果以 Public 声明窗体级变量,则允许在其他窗体和模块中引用它,但必须指出其所在的对象。例如在窗体 Form1 中有如下的变量声明：

```
Public b As Integer
```

在另一窗体及模块中可以引用此变量,但必须用 **Form1. b** 而不能直接用 b。请注意不能把 b 误认为全局变量（一个全局变量名在程序中全程有效。如果 b 是一个全局变量,那么在其他窗体及模块中引用它时只需写变量名 b,而无须写 Form1. b）。

标准模块中的变量的声明和使用,与窗体级变量类似。

（3）全局变量

全局变量能够被程序中任何一个模块和窗体访问。在窗体中不能定义全局变量,全局变量要在标准模块文件（. bas）中的声明部分用 Global 或 Public 关键字声明。它的一般格式如下：

Global　变量名　As　数据类型

或

Public　变量名　As　数据类型

例如：

```
Global  Width  As  Single
Public  Area  As  Integer
```

建立一个新标准模块的方法有两种方法：

① 选择窗体顶部主菜单栏"工程"→"添加模块"项；

② 在"工程"窗口中，单击鼠标右键，选择"添加"→"添加模块"命令，然后在声明部分用 Public 进行变量声明。

下面通过图 7-28 来说明各级变量的作用范围。

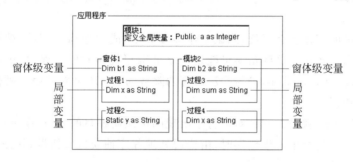

图 7-28　各级变量的作用范围

在图 7-28 中，模块 1 中定义 a 为全局变量，它在整个程序范围内有效。在窗体 1 中定义的 b1 为窗体级变量，它的作用域为窗体 1，包括过程 1、过程 2。模块 2 中用 Dim 定义 b2 为模块级变量，它的作用域为模块 2。根据上述有关变量的作用范围，我们从图中可以看到，过程 1 可以访问变量 x、b1 和 a，过程 2 可以访问变量 y、b1 和 a，过程 3 可以访问变量 sum、b2 和 a。

通过上面的介绍，可以知道：

- 在过程中只能定义局部变量（如 x，y）；
- 在窗体的声明部分可以定义窗体级变量（如 b1）；
- 在模块的声明部分可以用 Private 或 Dim 定义模块级变量（如 b2）；
- 在模块的声明部分可以用 Global 或 Public 定义全局变量（如 a）。

例如在标准模块中有以下说明和 Sub Main 过程，并将 Sub Main 过程设置为启动过程。

```
Public d As String
Sub Main()
    d=date$
    If  Left$(d,4)="2012" Then
        Form1.Show
        Form1.Print d
```

```
        Else
            Form2.Show
        End If
End Sub
```

运行程序,先启动 Sub Main 过程,调用日期函数 date $,如果其前 4 个字符为"2012"(即 2012 年)就显示窗体 1,并在窗体上输出当前日期,否则显示窗体 2。然后用户可以继续在窗口进行操作。

Sub Main 也可以被其他过程调用,如:

```
Call Main
```

一般利用 Sub Main 过程实现程序加载窗体之前的初始处理。

7.5 出错处理程序

不论程序员的工作多么仔细,测试工作多么周密,成功地通过调试,被测试的程序在运行中仍然会出现错误。这些错误可能是程序员编写代码时的失误,也可能由于一些错误的数据导致运行错误(例如,参与除法运算的除数为 0),还可能是由于硬件或软件环境的变化产生的错误。

"出错处理程序"就是人们针对运行中出现的错误而编写的、对错误进行处理的程序。它的作用是当程序运行中发生错误时,由错误处理程序捕获这些错误,并按程序中所设计的处理方法进行处理。

7.5.1 Err 对象

程序运行中出现问题时,当前运行的出错信息就会在 Err 对象中反映出来。Err 是系统运行期间自动生成的对象,包含了最新的出错信息。利用这些出错信息,能够了解系统产生错误的原因,以便编写有针对性的出错处理程序。程序开始运行后,Err 对象就存在。发生错误时,系统把相关出错的信息写到 Err 的相应属性中。直到遇到 On Error(随后介绍这个命令的使用)语句,并且在使用 Exit Sub、Exit Function 或 Exit Property 语句退出一个过程后,Err 对象的属性值才被清除。表 7-4 中列出了 Err 对象的部分属性。

表 7-4　Err 对象的属性

属　　性	说　　明
Number	错误号码
Source	当前 VB 工程名
Description	错误描述信息
HelpFile	与错误相关的 VB 帮助文件所在的驱动器、路径及文件名
HelpContext	帮助文件中

说明：Err 对象中保存的是最新的出错信息,这些信息是可以被清除的。因此,如果需要以后使用这些出错信息,应及时保存。

7.5.2 捕获错误

程序运行中,只有及时捕获出现的错误,才能进行有效的处理。如果没有及时捕获并处理程序中的错误,会导致程序执行的错误甚至中止程序的运行。在实际的应用系统中,都应该有出错处理程序。所谓捕获错误,有时又称为错误陷阱,就是在出现错误时将程序的执行流程引导到错误处理程序,由出错处理程序针对具体的错误进行处理。

捕获错误的基本方法是在程序的开头放置错误转移命令,相当于激活出错处理程序。具体的操作语句主要有 On Error GoTo 和 On Error Resume Next。

1. On Error GoTo

当程序出现错误时,On Error GoTo 语句将程序的执行流程转移到指定的代码行,而不是终止运行。On Error GoTo 的语法格式如下:

On Error GoTo<语句标号>

其中的"语句标号"是与 On Error GoTo 语句在同一个过程中的语句行标号。下面通过例题说明怎样使用这个语句。

【例 7-13】 窗体上有一个命令按钮,名称为 Command1。单击该命令按钮,执行如下事件过程。

```
Private Sub Command1_Click()
    On Error GoTo ErrHandle
    a=10
    b=0
    Print a/b
    Exit Sub
ErrHandle:                              '语句行标号
    MsgBox "错误号为:" & Str(Err.Number) & "。   错误内容为:" & Err.Description
End Sub
```

显然这个程序在执行"Print a/b"语句时会出现错误(分母 b=0)。由于程序的第一句是 On Error GoTo 语句,在出现运行错误时,程序的流程将转到 ErrHandle 所标识的语句行,继续执行该语句标号后面的语句序列。ErrHandle 之后的这段代码就是出错处理程序。这个题目的出错处理仅仅是给出一个提示,然后结束 Command1_Click 事件过程,上述程序的运行结果如图 7-29 所示。

图 7-29 运行例 7-13

在实际系统中,可以根据具体的错误类型,进行不同的处理。

2. On Error Resume Next

On Error Resume Next 语句的作用是在程序运行错误时,既不中断程序的运行,也不转移程序的执行流程,而是忽略出现错误的代码行,执行导致错误的下一条语句。这是出错处理的最简单方法,但也是最危险的方法。因为错误没有被纠正,也没有给出提示,程序继续运行。这个错误可能给后续的操作留下隐患。例如,在执行打开文件的操作时失败,若执行 On Error Resume Next 语句,忽略打开文件的命令,继续执行后续的操作,而由于文件没有打开,所有与该文件有关的读写操作都不能正常进行。由于使用忽略错误的 On Error Resume Next 语句有一定的危险性,因此建议尽可能不要使用 On Error Resume Next 语句。

7.5.3　编写出错处理程序

捕获错误后所执行的出错处理程序是由程序设计人员根据系统的具体情况设计的对错误进行处理的一段程序。例 7-13 中语句标号"ErrHandle:"之后的代码就是一段简单的出错处理程序。

编写错误处理程序的目的有 3 个:一是防止程序的异常中断运行;二是如果可能,在程序运行中纠正某些错误,使程序继续运行;三是将发生的错误通知用户,以便用户纠正错误。

【例 7-14】　编写一个程序,从光盘驱动器 F 的文件 Test. txt 中读取数据。要求能够对可能出现的错误进行判断和处理。文件操作的内容将在第 8 章详细介绍。读者可以从本例中重点了解错误处理的思路和步骤。

我们考虑了对驱动器没有准备好、文件没有找到、文件已被打开以及不可预知等几种出错情况进行处理。程序如下:

```
Private Sub cmdTest_Click()
    On Error GoTo ErrHandle
    Open "f:\test.txt" For Input As # 1
    Input # 1,a
    Close # 1
SubExit:
    Exit Sub
ErrHandle:
    Select Case Err.Number
        Case 53                                   '文件未找到
            MsgBox "文件没有找到,请检查文件名是否正确!"
        Case 55                                   '文件已被打开
            Close # 1
            Resume
        Case 71                                   '磁盘没有准备好
            Response=MsgBox(Err.Description,vbRetryCancel)
            If Response=vbCancel Then
```

```
            Exit Sub
        End If
        Resume
    Case Else                                    '其他错误
        MsgBox  Err.Description
End Select
End Sub
```

程序的功能是打开 F 盘的文件 Test.txt，读取数据，最后关闭文件。考虑到打开文件操作中经常遇到的错误，如文件已被打开、文件不存在等，编写错误处理程序。

程序的第一句是捕获错误的 On Error GoTo 语句，当发生错误，转到由语句标号ErrHandle 指明的出错处理程序。

出错处理程序的主体是 Select Case 结构（也可以使用 If Err.Number 语句），根据出现的错误（由 Err.Number 判断）执行不同的程序分支，进行相应的处理。这里，针对三种错误编写处理程序。Case 分支所用到的出错号可以从有关手册查到。

当指定的文件没有找到（错误号 Err.Number 为 53），执行 Case 53 分支，用 MsgBox给出提示。提示信息既可以使用系统提供的错误描述信息 Err.Description，也可以采用用户更容易理解的语言描述。

当执行 Open 语句时，若该文件已被打开，则打开文件的操作失败，转到错误处理程序，执行 Case 55 分支后面的语句序列。对于这种错误，可以在错误处理程序中予以纠正。首先执行关闭文件的命令，将文件关闭，然后执行 Resume 命令。Resume 命令的作用是重新执行出现错误的语句。

Resume 命令有三种格式：

（1）Resume

Resume 命令的作用是重新执行引起错误的语句。例如，对于"文件已被打开"这类错误，在执行了关闭文件的命令后，错误已被纠正，可以重新执行打开文件的操作，不必结束程序的运行。因此在关闭文件之后，执行 Resume 命令，程序的执行流程返回到 Open 语句。对于这类错误及这种处理方式，用户甚至不会感觉到程序发生了错误。

需要特别注意的是 **Resume** 语句的作用是重新执行出现错误的语句。但是若该语句的错误没有纠正，则程序又会转到错误处理程序，执行 Resume 语句，这样会使程序陷入死循环。

（2）Resume Next

运行程序时中发生错误，使用 **Resume Next** 将忽略导致程序出现错误的语句，继续执行下一条语句。前面已经提到，使用这个命令要留意，可能对后续操作留有隐患。

（3）Resume<语句标号>

处理错误时，**Resume**<**语句标号**>的作用是当发生错误时，忽略产生错误的语句行，跳转到<**语句标号**>所指明的语句继续执行。如果<**语句标号**>为 0，则表示中止程序的执行。

Err.Number 为 71 的错误是指定的磁盘没有准备好。这种错误不能由系统自动处理,需要用户的干预才能纠正。因此在处理这类问题时,应提示用户进行某些操作(如插入 F 盘),然后再进行相应的处理。例题中,用包含"重试"、"取消"按钮的消息框给出错误提示,用户根据实际情况选择不同的按钮。如果选择"取消",则不做任何处理,退出这个过程,否则执行 **Resume**,重新执行出现错误的语句。

除上述 3 种错误之外,程序在运行中还会有其他不可预知的错误,凡是这类错误,都由 Case Else 分支统一处理,用系统提供的 Err. Description 给出提示。

说明:在程序正常运行时,不应执行错误处理程序的代码,即不要执行 ErrHandle 之后的语句。因此,在该语句之前应该有退出过程的语句"Exit Sub"。该语句前面的语句标号"SubExit"没有实际意义,只是为了使程序的结构清晰,可读性好。

7.5.4　集中出错处理程序

在实际的应用系统中,出错处理程序是必不可少的。从前面的例题中可以看到:如果在一个过程中发生错误,可以通过语句使流程转到出错处理程序。但如果为所有过程都编写出错处理程序,工作量是很大的。解决这个问题的有效方法是:建立一个集中的出错处理程序。

集中的出错处理程序是在出现错误时调用一个过程,由该过程集中处理错误,给出风格一致的提示。我们通过一个简单的例题说明编写集中错误处理程序的方法。

【例 7-15】　集中处理程序中的错误。

设计一个程序,在窗体添加一个名称为 cmdOpen 的命令按钮。当单击该按钮时,执行 cmdOpen_Click 事件过程。

cmdOpen_Click 过程的代码如下:

```
Private Sub cmdOpen_Click()
    On Error GoTo Errhandle
    Open "d:\test.txt" For Input As # 1
    Input # 1,a
    Close # 1
SubExit:
    Exit Sub
Errhandle:
    Call ShowError(Me.Name,"cmdOpen_click",Err.Description)
End Sub
```

这个过程与例 7-13 的过程的主要区别在于出错处理程序不同。在上面的程序中,出错处理是一个过程调用语句,调用 ShowError 过程。该过程有三个参数:第一个参数是 Me. Name。Me 表示当前窗体,Me. Name 是当前窗体的名称。第二个参数是一个字符串,表示当前过程的名称。第三个参数是出错描述信息 Err. Description。

ShowError 过程的代码如下:

```
Public Sub ShowError(strModel As String,strProc As String,
        strErrDesc As String)
```

```
    On Error GoTo ErrorLine
    strMessage="错误提示:" & strErrDesc & vbCrLf & vbCrLf & _
        "程序名:" & strModel & vbCrLf & _
        "过程名:" & strProc & vbCrLf
    MsgBox strMessage,vbCritical
SubExit:
    Exit Sub
ErrorLine:
    Resume Next
End Sub
```

ShowError 是一个集中出错处理程序。它以统一的格式和风格显示"出错提示"。出错提示的内容包括"错误提示"的信息、出现错误的"程序名"及"过程名"。其中错误提示、程序名和过程名均是通过过程调用的参数传递得到的。当程序运行并出现错误时,调用这个集中错误处理程序,用消息框给出提示,形式如图 7-30 所示。

以上集中错误处理程序仅仅给出统一格式的提示,实际上,这个程序中可以涵盖各个过程对错误的处理代码。这里只是一个示例。

图 7-30　运行例 7-15

思考与练习

1. 说明以下定义的数组中有多少数组元素？

(1) Dim a(10) as Integer

(2) Dim a(−2 To 5) as Integer

(3) Dim a(3,5) as Integer

(4) Dim a(−1 To 4,−2 To 6) as Integer

2. 使用 Array 进行一维数组初始化,需要注意的问题是什么？

3. Sub 过程与函数过程的主要区别是什么？

4. 什么是实参？什么是形参？

5. 过程调用时,参数传递的主要方式、特点是什么？ 举例说明参数的传值和传址方式有何不同？

6. VB 工程文件可能包含哪些类型的文件？ 文件的扩展名是什么？

7. 说明局部变量、窗体(模块)级变量、全局变量的含义,使用这些变量应该注意的问题是什么？

8. 设有窗体 Form1、模块 Model1。窗体上有两个名称分别为 cmdTest1、cmdTest2,标题分别为"测试 1"、"测试 2"的命令按钮。窗体各过程代码如下:

```
Public x As Integer
Private Sub Form_Load()
    x=10
```

```
End Sub
Private Sub cmdTest1_Click()
    Print x
End Sub
Private Sub cmdTest2_Click()
    Call Test
End Sub
Private Sub Test()
    Dim x As Integer
    x=20
    Call mTest
    Print x
End Sub
```

标准模块的程序代码如下：

```
Public x As Integer
Public Sub mTest()
    x=30
End Sub
```

运行以上程序，分别单击"测试 1"、"测试 2"命令按钮，窗体上显示的内容是什么？说明原因。

9. 为了使变量在程序中所有地方都有效，应该如何声明这个变量？

10. 窗体上有名称为 Command1 的命令按钮，其事件过程如下：

```
Option Base 1
Private Sub Command1_Click()
    Dim a
    Dim i As Integer,n As Integer,s As Integer
    a=Array(9,8,7)
    n=1
    For i=1 To 3
        s=s+a(i) * n
        n=n * 10
    Next
    Print s
End Sub
```

运行程序，单击命令按钮，窗体上显示的内容是什么？

11. 窗体上有名称为 Command1 的命令按钮，命令按钮的单击事件、函数过程代码如下：

```
Private Sub Command1_Click()
    Dim x As Integer,i As Integer
    x=2
```

```
    For i=1 To 3
        Print func(x)
    Next
End Sub
Private Function func(y As Integer) As Integer
    Dim a As Integer
    Static b As Integer
    a=0
    a=a+1
    b=b+1
    func=a+b+y
End Function
```

分析函数过程中 a、b、y 等变量的数值变化情况,说明单击命令按钮后,窗体上显示的内容。

12. 什么是错误处理程序? 错误处理的主要步骤是什么?

13. On Error GoTo 与 On Error Resume Next 语句的作用是什么? 这两个语句有什么区别?

14. Resume 语句有几种格式? 各有什么用途?

15. 为什么要使用集中错误处理程序?

实验 7　设计程序

1. 实验目标

(1) 理解数组、函数、过程程序结构的概念。

(2) 掌握数组的应用。

(3) 掌握通用过程、函数过程的建立、调用方式,掌握形参、实参的含义的应用。

(4) 掌握 VB 程序的结构,变量的作用域。

(5) 了解出错处理的概念和一般方法。

2. 实验内容

(1) 编写一个函数,计算 $\sum\limits_{x=1}^{n}\dfrac{1}{x}$ 。在窗体上画一个命令按钮"输入并计算",当单击这个命令按钮时,使用 Inputbox 输入一个整数 n。然后,调用函数,计算并显示表达式的值。

(2) 设计如图 7-31 所示的窗体。单击"输入"按钮时,出现输入对话框,输入一个整数,并显示在上面的标签中。连续输入 10 个数据。对这 10 个数据排序,将排序后的数据显示在下面的标签中。单击"清除"按钮,将清空两个显示数据的标签中的数据。单击"退出"按钮,结束程序的运行。

(3) 定义一个 5×5 的矩阵。编写程序,为该矩阵赋值,使该矩阵第 1、5 行,第 1、5 列的元素为 1,其他为 0,并显示矩阵。

(4) 定义一个 5×5 的矩阵,用随机函数产生各数组元素的值(100 以内的正整数)。找出矩阵中最大的数,以及该数所在的行、列。若有相同的最大数,只显示其中一个数的行列号即可。

(5) 找出二维数组 $m×n$ 中的"鞍点"。所谓"鞍点"是指该点在所在行为最大,所在列为最小。输出该点的位置和值。若没有鞍点,则输出"没有鞍点"的提示信息。

(6) 编写一个程序,窗体外观如图 7-32 所示。程序运行时,在文本框中输入一个整数。如果输入的数据小于或等于 0,提示重新输入。如果大于 0,计算该整数的阶乘,并显示计算结果。要求用函数过程计算阶乘。

 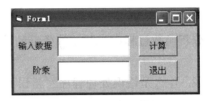

图 7-31　题(2)窗体外观　　　　　　　　图 7-32　题(6)窗体外观

(7) 编写一个程序,将一维数组中所有元素的次序颠倒,把原来的一个元素变为最后一个元素,第二个元素变为倒数第 2 个元素,…,依此类推。要求以数组为参数,可以对含有 n 个数组元素的数组进行逆序处理。

(8) 编写一个程序,定义两个数组 a(3,4) 和 b(3,4),数据类型为整型。利用过程分别实现两个数组初始数据输入、求和及结果输出等。

(9) 编写一个程序,找出文本框中所输入英语句子中最长的单词。显示该单词及长度。要求用函数过程实现上述功能。

(10) 编写一个过程,计算 $S=1+1/2+1/3+…+1/n$。其中,n 由键盘输入。

(11) 编写一个程序,生成一个有序的一维数组。程序能够对该数组进行数据的插入、删除操作。要求:插入、删除后的数组仍然有序。界面及详细处理细节请自行设计。

(12) 自行设计一个包含错误处理的程序。

第8章

文件及文件系统控件

　　每一个程序都有一个程序名，并以此名称保存在磁盘上，在需要使用此程序时，系统会按照文件名从磁盘中找到它，然后把它调入内存。这是读者很熟悉的。这种文件称为程序文件。此外，也可以把程序运行时所需用的数据事先保存在磁盘上，使用时从磁盘输入到内存供程序使用。例如，学生的成绩以及通讯录等。这种文件称为数据文件。

　　利用文件把程序和数据保存在磁盘上，既可以长期保存程序和数据，又能做到数据共享。因此应当学会使用文件。

8.1　什么是文件

　　所谓"文件"是指**存放在外部介质上的数据集合**。每一个文件要有一个文件名作为标识。

　　可以从不同的角度对文件进行分类。如果按照文件的内容，可把文件分成**程序文件**和**数据文件**两大类。按照文件存储信息的形式可分成 **ASCII 文件**和**二进制文件**。按照文件的组织形式可分成**顺序文件**和**随机文件**。按存储介质又可为光盘文件、磁盘文件、磁带文件、打印文件等。

　　本章主要介绍数据文件。数据文件就是保存数据的文件。数据文件中的数据是以"记录"（Record）的形式组织起来的。一个文件是由若干个记录组成的。在一个记录中可以包含若干数据项。或者说由一组数据组成一个记录，若干记录构成一个文件。因此，可以认为，文件是记录的集合，而记录是数据项的集合。

　　一个记录中所包含的各数据项既可以是相同类型的数据，也可以是不同类型的数据。这些数据项一般都是有内在联系的。例如描述学生的信息包括学号、姓名、性别、专业、入学年份等数据项，它们是同一个学生的数据。因此可以把这一组数据作为一个整体，放在一个记录中。

　　把程序中的数据保存到磁盘上的操作称为"写文件"，即向磁盘输出数据。把磁盘文件中的数据读到计算机中的操作称为"读文件"，即将文件读入内存。

8.2　对顺序文件的读写

顺序存取文件(Sequence Access File)简称顺序文件。顺序文件的名称反映了它的特点:文件中各记录的写入顺序、在文件中存放的顺序和从文件中读出的顺序三者一致。也就是说,最先写入的记录放在最前面,也最早被读出,类似于日常生活中的排队购物,先来先购。

从顺序文件中读取记录必须从第一个记录读起,顺序进行。如果要访问的是第1000个记录,必须先顺序读过前面的999个记录,才能读到第1000个记录。

8.2.1　顺序文件的打开和关闭

在对顺序文件进行操作之前,必须用Open语句打开要操作的文件,如同打开房门才能进入房间一样。在对一个文件的操作完成之后,要用Close语句将它关闭。

1. Open语句的格式

Open语句的作用是打开文件,该语句的一般格式如下:

Open< 文件名>[For 打开方式] As [#]<文件号>

其中文件名指欲打开文件的名字。

For是一个关键字,For引导的短语指明了文件的打开方式。"打开方式"包括Input、Output及Append等三种方式。

(1) Input方式:表示文件只用来向计算机输入数据,即从所打开的文件中读取数据。

(2) Output方式:表示文件只用来向文件写数据,即从计算机向所打开的文件写数据。如果该文件中原来已有数据,则原有数据被删除,即新写上的数据将已有的数据覆盖。

(3) Append方式:向文件添加数据,即从计算机向所打开的文件写数据。不同于Output方式是,Append方式把新的数据添加到文件尾部原有数据的后边,文件中原有数据保留。

As是一个关键字,As引导的短语为打开的文件指定一个文件号。♯号是可选项。文件号是一个1~511之间的整数。文件号代表所打开的文件,在程序中可以直接引用文件号来替代文件名。

以下是Open语句的示例:

```
Open "Employee.dat" For  Output  As  #1
Open "Leader.dat"   For  Input   As  #10
```

第一条语句的作用是:打开一个名为Employee.dat的文件,打开的方式为Output方式,即向Employee.dat文件进行写操作。指定在程序中以文件号"1"代表该文件。

第二条语句的作用是：打开一个名为 Leader.dat 的文件，打开方式为 Input 方式，即从 Leader.dat 中读入数据，文件号为 10。

在 Open 命令中，文件名可以是变量，例如：

```
Filenm="FirstFile.txt"
Open Filenm  For  Append  As  #2
```

上述两条语句的作用是打开一个文件名为 FirstFile.txt 的文本文件，并准备进行增添数据的操作，文件号为 2。从此例可以看出，文件名可以是一个已被赋值的字符串变量。

2. Close 语句的格式

Close 语句的作用是关闭先前所打开的文件。在打开一个文件并对其进行操作后，不再使用时，必须将其关闭，否则会影响后续对文件的使用。Close 语句的一般格式如下：

Close [文件号表列]

其中文件号就是 Open 语句中打开文件时指定的文件号。例如：

```
Close #2
```

使用一条 Close 语句，可以同时关闭多个文件，例如：

```
Close #10,#11,#15
```

上述语句的作用是关闭文件号为 10、11、15 的 3 个文件。

Close 语句还有一种使用方式：

```
Close
```

这条 Close 语句后面省略了文件号，表示关闭当前所有被打开的文件。

8.2.2　顺序文件的写操作

VB 中有两个向顺序文件写数据（即输出）的语句，即 Print 和 Write 语句。

1. 用 Print 语句向文件写数据

Print 语句的一般格式如下：

Print #<文件号>[,输出表列]

其中文件号是在 Open 语句中所指定的文件号。"输出表列"是指准备写到文件中的数据，既可以是变量名，也可以是常量。各数据之间用逗号或分号隔开。例如：

```
Open "C:\d1.dat"  For  Output  As  #1
Print#1,  "Visual"; "Basic"; "&"; "Computer"
Close #1
```

执行以上程序后,输出到文件"d1. dat"的数据如下:

```
VisualBasic&Computer
```

d1. dat 文件中的 4 个字符串之间没有空格。这是因为 VB 规定在 Print 语句中如果用分号作为输出项的分隔符时,数据输出时它们之间是没有空格的,字符连成一片难以区分。

将 Print 语句中的分号改成逗号,就能在字符串之间增加间隔。例如,Print 语句修改如下:

```
Print #1, "Visual","Basic","&","Computer"
```

写入文件后,文件中的数据如下:

```
Visual   Basic   &   Computer
```

每一个数据分别占据一个输出区,一个输出区的长度为 14 列的空间。

每执行一次 Print 语句,向文件输出一个记录,顺序文件中各记录的长度可以是不相同的。在执行 Print 语句向文件输出一个记录后,会在输出的数据后面自动加上一个记录结束标志,表示本记录"到此为止",其后是下一记录的数据。

2. 用 Write 语句向文件写数据

使用 Write 也可以向文件中写数据。用此语句向文件写数据时,能自动地在各数据项之间插入逗号,并给字符串加上双引号。

Write 语句的一般格式如下:

Write #<文件号>[,输出表列]

其中"输出表列"中各输出项间可以用分号、逗号或空格分隔。例如:

```
Open "C:\d2.dat" For Output As #2
s0$="This is a test about file"
s1$="Visual"
s2$="Basic"
s3$="&"
s4$="Computer"
Write #2,s0$
Write #2,s1$
Write #2,s2$
Write #2,s3$
Write #2,s4$
Close #2
```

执行以上程序段后,先后向文件"d2. dat"中写了 5 个记录,每个记录包含一个双引号括起来的字符串。我们用记事本打开文件"d2. dat",查看文件的内容,文件中有 5 行,也就是 5 条记录,内容如下:

```
"This is a test about file"
"Visual "
"Basic "
"&"
"Computer"
```

如果把 5 个 Write 合起来写成一个 Write 语句：

```
Write #2, s0$, s1$, s2$, s3$, s4$
```

则向文件输出一个记录，这个记录包含 5 个数据项，互相有逗号分隔。

```
"This is a test about file","Visual ", "Basic ", "& ","Computer"
```

3. 向文件追加数据

如果要在原有数据文件的基础上增加数据，则在 Open 语句中应指定用 Append 方式打开文件。在 Append 方式下向文件进行写操作时，原有的数据将被保留，新的数据添加在文件的尾部。

注意：在 Output 方式下进行写操作时，新的数据是从文件头部开始写入的，原有的文件内容被覆盖。若想在文件的末尾增加新的记录，可以采用如下方式：

```
Open "C:\ d2.dat" For Append As #1
mystr$ = "I am learning VB"
Write #1,mystr$
Close #1
```

执行上述程序后，在原有的数据文件 d2.dat 的尾部添加了一个字符串"I am learning VB"。

8.2.3 顺序文件的读操作

顺序文件的读操作，就是从已建好的顺序文件中将数据读入计算机中。在读一个文件时，首先要将该文件用 Input 方式打开。VB 中有 Input 和 Line Input 两个语句能够将顺序文件的内容读入。

1. 用 Input 语句从文件读入数据

Input 语句的一般格式如下：

Input#<文件号>,<变量表列>

其中**变量**用来存放从顺序文件中读入的数据。"**变量表列**"中的变量用逗号分开，并且变量的个数和类型应该与磁盘文件中记录中所存储的数据一致。例如，有一个顺序文件"d2.dat"，内容如下：

```
"Visual"          (第 1 个记录)
"Basic"           (第 2 个记录)
```

```
"&"                    (第 3 个记录)
"Computer"             (第 4 个记录)
```

编写一段程序,读入 d2. dat 中的数据并显示在文本框中。可以编写以下过程:

```
Private Sub cmdInput_Click()
    Dim s1 As String,s2 As String,s3 As String,s4 As String
    Open "C:\d2.dat" For Input As #1
    Input #1,s1
    Input #1,s2
    Input #1,s3
    Input #1,s4
    text1.Text=s1+s2+s3+s4
    Close #1
End Sub
```

执行上述 cmdInput_Click 过程,读入"Visual"存放在变量 s1 中,读入"Basic"存放在变量 s2,读入"&"存放在变量 s3,读入"Computer"存放在变量 s4,然后将这 4 个字符串"连接"(将字符串按前后次序串联在一起),最后在文本框 text 中显示如下的字符串:

```
Visual Basic & Computer
```

2. 用 Line Input 语句从文件读入数据

Line Input 语句的作用是从打开的顺序文件中读取一个记录,即一行信息。它的一般格式如下:

Line Input #<文件号>,<变量>

其中变量用来接收从顺序文件中读入的一行数据。例如,有数据文件"d3. dat",内容如下:

```
There are some data about employeeId in the file:    (第 1 个记录)
100,101,260,530,999                                  (第 2 个记录)
```

现在,使用 Line Input 语句读入"d4. dat"文件中的数据,并且将其显示在文本框 Text1 中。事件过程如下:

```
Private Sub Command1_Click()
    Dim s1 As String,   s2 As String
    Open "C:\d3.dat" For Input As #3
    Line Input #3,s1
    Line Input #3,s2
    Ptint   s1,s2
    Close #3
End Sub
```

执行以上过程,在窗体上显示的内容如下:

There are some data about employeeId in the file: 100,101,260,500,999

从以上运行结果可以看到:文件中第 1 个记录被读入 s1,第 2 个记录被读入 s2。请注意在第 2 个记录中包括 4 个逗号。如果不用 Line Input 语句而用 Input 语句读文件"d3. dat"的数据,情况就不同了,请看以下过程:

```
Private Sub Command1_Click()
    Open "C:\d3.dat" For Input As #3
    Input #3,s1
    Input #3,s2
    Print  s1,s2
    Close #3
End Sub
```

执行以上过程后在窗体上显示出以下内容:

There are some data about employeeId in the file: 100

分析以上显示的内容,可以看到第一条记录被完整读入,而第 2 条记录只读入第 1 个数。这是因为用 Input 语句进行读入操作时,当遇到逗号或记录尾时就认为一个字符串结束,除非字符串用双引号括起来。因此,将第 1 条读入 s1,然后将第 2 条记录中第 1 个逗号之前的内容读入 s2,后面的内容都未读入。而 Line Input 语句读数据时不受空格和逗号的限制,它将一行中回车之前的信息作为一个记录一次读入。

3. 用 Input 函数从文件中读取数据

Input 函数的作用是从文件中读取指定字数的字符。Input 函数的一般格式如下:

Input(整数,[#]<文件号>)

其中"**整数**"是所要读取的字符个数。

设有一个数据文件 d4. dat,文件的内容如下:

Hello! Visual Basic & Computer

现有如下语句序列:

```
Open "C:\d4.dat" for Input As #1
mystr$=Input(18,#1)
text1.text=mystr$
Close  #1
```

以上语句序列执行的结果是,在文本框中显示下面 20 个字符:

Hello! Visual Basi

因为 Input 函数中指定了只读入 18 个字符 ,其他字符不被读入。

8.3 对随机文件的读写

随机存取文件(Random Access File)就是通常所说的随机文件。随机文件中所有记录的长度是相同的。整个文件如同一个二维表格,记录中所包括各个数据项的长度也是固定的,也就是说各记录中相应数据项长度是一样的。例如,有一个职工信息的文件,每个记录有 3 个数据项,分别是职工号、职工姓名和地址,如表 8-1 所示。在随机文件中,每个数据项的长度是固定的。

表 8-1 职工信息

职工号	职工姓名	职工住址	职工号	职工姓名	职工住址
1001	张红	海淀区中关村大街 1 号	1003	柳青青	宣武区阳光路 1 号
1002	李平	海淀区海淀南路 10 号			

与顺序文件不同,随机文件中各记录的输入顺序、排列顺序和输出顺序一般是不一致的。即,先输入的记录不一定排列在前面,排在前面的记录也不一定先被读取。也就是说,随机文件的逻辑顺序和物理顺序是不一致的(顺序文件的逻辑顺序和物理顺序是一致的)。

随机文件的每一个记录都有一个记录号,在读写数据时,只要指出记录号,就可以直接对该记录进行读写。因此随机文件又称"直接存取文件"。

8.3.1 随机文件的打开和关闭

同顺序文件一样,在操作一个随机文件之前,必须用 Open 语句打开文件。完成对随机文件的操作之后,也要用 Close 语句将文件关闭。

1. 用 Open 语句打开随机文件

打开随机文件也要使用 Open 语句,其一般格式如下:

Open<文件名>For Random As [#]<文件号>Len=<记录长度>

其中"**文件名**"指要打开的文件名称。**For Random** 表示打开一个随机文件。随机文件的打开方式是 Random。**Len** 用来指定记录的长度。例如:

```
Open "C:\employee.dat" For Random As #1 Len=30
```

这条语句的作用是打开名称为"employee. dat"的随机文件,指定文件号为 1,记录长度是 30。

2. 用 Close 语句关闭随机文件

Close 语句的作用及使用与顺序文件的 Close 语句相同,此处不再赘述。

8.3.2 对随机文件的写操作

对随机文件的写操作使用 Put 语句。Put 语句的一般格式如下:

Put #<文件号>,<记录号>,<变量>

例如,有如下语句:

```
Put #1,5,v1
```

这条语句的作用是:将变量 v1 中的内容输出到 1 号文件中第 5 条记录。v1 可以是普通变量,也可以是记录类型变量。

【例 8-1】 向随机文件写数据。

建立一个随机文件,文件包含职工的信息。首先用 Type/End Type 语句定义一个职工记录类型:

```
Private  Type employee
    empNo As Integer
    name As String * 10
    address As string * 20
End Type
```

在 employee 结构中包含 3 个成员:职工号(empNo)、职工姓名(name)和职工住址(address)。下面按照 employee 的结构建立随机文件。

```
Private Sub cmdPut_Click()
    Dim emp As employee
    Open App.Path  &  "\employee.dat" For Random As #1 Len=len(emp)
    Title$="写记录到随机文件"
    Str1$="请输入职工编号"
    Str2$="请输入职工姓名"
    Str3$="请输入职工住址"
    For i=1 To 3
        emp.empNo=InputBox(Str1$,Title$)
        emp.name=InputBox$(Str2$,Title$)
        emp.address=InputBox$(Str3$,Title$)
        Put #1,i,emp
    Next i
    Close #1
End Sub
```

程序中声明了一个 employee 类型的变量 emp,它包含 3 个成员。Open 语句中函数 Len(emp)的值是 employee 类型变量 emp 的长度(总字节数)。

执行以上过程,按照表 8-1 中的职工信息输入三个职工的职工号、职工姓名及地址。输入操作通过输入对话框完成。每执行一次 InputBox 函数输入一项,如:将 1001 输入给 emp. empNo,将"张红"输入给 emp. name,将"海淀区中关村大街 1 号"输入给 emp. address。然后用 Put 语句将上述 3 项写到 1 号文件中,作为文件的第 1 个记录(因为此时记录号 i 的值为 1)。继续执行程序,输入另外两个人的信息并写到文件。程序执行完毕后,随机文件中有 3 条记录:

Open 语句中的 App. Path 是指当前应用程序的路径。App 是系统的内部对象。运行应用程序的时候,系统会自动生成 App 内部对象。App 对象对应于当前正在运行的程序,它提供了十几个属性,包括应用程序的标题、可执行文件的路径及名称、帮助文件的路径及名称等。App 对象的主要属性及含义见表 8-2。程序中的 App. Path & "\employee.dat"将当前路径及文件一起构成一个文件的完整路径。

表 8-2　App 对象的属性

属　　性	含　　义
Title	得到或设置应用程序的标题
Path	当前路径
ExeName	当前正在运行的可执行文件名(不包括扩展名)
PreInstance	检查系统中是否已有一个实例

8.3.3　对随机文件的读操作

上例建立了一个随机文件,内含有若干个记录。那么,如何把随机文件中的信息读出来?其实很简单,用 Get 语句能够读取随机文件的记录。它的一般格式如下:

Get #<文件号>,<记录号>,<变量>

例如,有如下读数据的语句:

```
Get #2,3,v1
```

表示将 2 号文件中的第 3 个记录读出并存放到变量 v1 中。

【例 8-2】　读取随机文件中的数据。

编写一个过程,将由例 8-1 中 cmdPut_Click 事件过程建立的随机文件"employee.dat"中的记录读出并显示在文本框内。过程代码如下:

```
Private Sub cmdGet_Click()
    Dim emp As employee
    Open App.Path  &  "\employee.dat" For Random As #1 Len=Len(emp)
    Get #1,1,emp
    Text1.Text=Str$(emp.empNo)+emp.name+emp.address
    Get #1,2,emp
    Text2.Text=Str$(emp.empNo)+emp.name+emp.address
    Get #1,3,emp
    Text3.Text=Str$(emp.empNo)+emp.name+emp.address
    Close #1
End Sub
```

程序开始运行后,单击 cmdGet 命令按钮,打开当前路径下的 employee. dat 文件,指定文件号为 1 号。第一个 Get 语句的作用是从 1 号文件中,读出记录号为 1 的记录,把该记录中的数据放在 emp 变量中。emp 变量已定义为 employee 类型,每一个变量包含

empNo(职工编号)、name(职工姓名)、address(职工地址)3个成员。成员 emp. empNo 是一个整数，要先把它转换成字符串，然后将此字符串与 emp. name 和 emp. address 串接成一个字符串，赋给文本框 Text1 的 Text 属性，也就是在文本框 Text1 中显示出第 1 个职工的数据。与此类似，第 2 个 Get 语句读出第 2 个记录，然后在文本框 Text2 中显示第 2 个职工的数据。一共处理 3 个记录。

对于随机文件可以不按顺序而根据需要直接读取某一个职工的记录。例如：

```
Get #1,3,emp
```

在应用中，对文件的操作是很重要的。读者可以通过实际应用进一步理解和掌握文件操作方法和技巧。

8.4 文件系统控件

在应用程序中常常需要对某些文件进行处理，例如打开文件、保存文件、复制或删除文件、文件改名等。前几节介绍了用文件操作语句实现这些操作的方法，如用 Open 语句打开文件，用 Close 语句关闭文件等，在本节中还会介绍其他一些文件操作的语句(如用 Kill 语句实现删除文件，用 FileCopy 语句实现文件的复制，用 Name 语句实现文件改名等)。这些语句是供 VB 程序设计人员使用来直接对文件进行操作的。

但是，对于 VB 应用程序的用户来说，他们并不熟悉 VB 语言，不能要求他们用 VB 提供的语句来直接对文件进行操作。VB 应用程序的设计者应当能设计出一些形象的、使用方便的用户界面，使得不懂 VB 的人也能很容易地实现对文件的操作(例如删除一个已有的文件、改变文件名等)。

为此，VB 提供了文件系统控件，使用这些控件可以设计出供用户使用的友好界面，方便地实现文件的操作。例如，当执行"文件"→"打开工程"命令时，屏幕上会出现一个打开文件对话框，如图 8-1 所示。在这个对话框中，允许用户选择文件路径(包括驱动器、文件夹、要打开的文件名)，还可以指定文件类型等。在 Windows 应用程序中，常常会见到

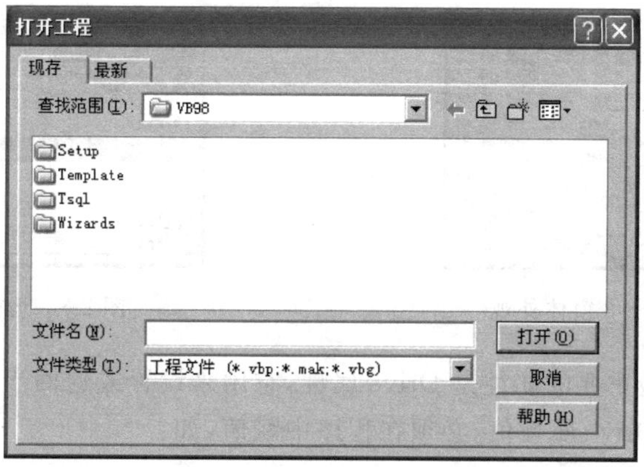

图 8-1　打开文件对话框

这类界面,使用户感到很方便好用。那么,怎样用 VB 设计出这样的用户界面呢?

为了使用户在应用程序中能选择各磁盘中的文件,VB 提供了 3 种文件系统控件:驱动器列表框、目录列表框和文件列表框。利用它们就可以自己设计出各种处理文件的对话框。当然也可以直接利用第 9 章将要介绍的通用对话框,使用系统提供的"打开"(Open)、"另存为"(Save As)对话框,但是,利用本章介绍的文件系统控件可以设计出能满足用户特殊要求的、具有不同界面风格的对话框,利用这些控件,能够编写不同的文件管理程序。

8.4.1 驱动器列表框

在工具箱中,驱动器列表框控件(Drive List Box)的图标为 ▭。我们通过一个例题说明驱动器列表框的使用方法。

【例 8-3】 使用驱动器列表框。

在窗体上添加一个名称为 drvTest 的驱动器列表框以及一个"退出"命令按钮。单击驱动器列表框中的某个驱动器名称时,用消息框显示所选择的驱动器名称。

属性设置如表 8-3 所示。

表 8-3 例 8-4 对象属性设置

对　象	属　性	设　置	对　象	属　性	设　置
窗体	(名称)	Form1	命令按钮	(名称)	cmdExit
驱动器列表框	(名称)	drvTest		Caption	退出

单击工具箱中的驱动器列表框图标,并用鼠标在窗体上拖动画出一个驱动器列表框,如图 8-2 所示。

从图 8-2 中可以看到驱动器列表框的右端有一个向下的箭头。在程序运行时,单击这个箭头能够打开一个驱动器名称的列表,列出当前系统中所能使用的驱动器名字,如图 8-3 所示。驱动器列表框最上边一行显示的是当前驱动器的名称。若单击列表框中某一驱动器的名字,则顶部立即改为所选择的驱动器名。

图 8-2　例 8-3 窗体外观

图 8-3　运行例 8-3

驱动器列表框最重要的属性是 Drive 属性,它用来设置或返回当前驱动器名称,但在设计阶段不能设置 Drive 属性值,必须在程序中赋值,如:

```
drvTest.Drive="c:"
```

其中 drvTest 是驱动器列表框控件的"名称"属性值（即该控件的名字,已在属性表中指定）。执行此赋值语句后把当前驱动器改为"c:"。当单击列表框中某个驱动器名称时,该驱动器名称就成为驱动器列表框的 Drive 属性值,也就是说,Drive 属性可以用来设置当前驱动器,也可以接收并表示用户选定的驱动器名。

当 Drive 属性值发生改变时,就发生 Change 事件。例如,执行上面的赋值语句后,就触发 drvTest _Change()事件过程。为了显示选中的驱动器名,可以编写如下事件过程:

```
Private Sub drvTest_Change()
    MsgBox "选中的驱动器是:"+drvTest.Drive
End Sub
```

例如,选中驱动器 D 后,驱动器列表框中显示该驱动器名,并弹出消息框,如图 8-4 所示。

8.4.2 目录列表框

目录列表框用于显示当前磁盘驱动器下的文件夹。在工具箱中,目录列表框控件 DirList Box 的图标为 。

【例 8-4】 目录列表框的使用。

调整图 8-4 窗体的布局,添加一个名称为 dirTest 的目录列表框,窗体如图 8-5 所示。当用户选中某个驱动器后,该驱动器中的所有的文件夹就会显示在目录列表框中。如果选中某个文件夹,可以用消息框显示被选中的文件夹名。

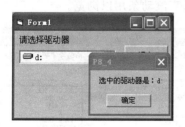

图 8-4　选择某个驱动器

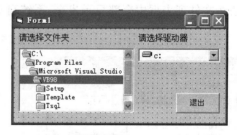

图 8-5　例 8-4 窗体外观

从图 8-5 可以看到文件列表框顶部是被选中的驱动器根目录"C:\",下面列出"C:\"下的子文件夹名,其中"vb98"有深色条,表示这个文件夹是系统当前文件夹。目录列表框右侧有一个垂直滚动条,在程序运行时移动滚动条可以浏览全部文件夹。从图中可以看到,只有当前文件夹（VB98）是打开的,图标为 ,其他子文件夹全部是关闭的 。

双击一个文件夹,将其打开,触发目录列表框的 Change 事件,编写过程如下:

```
Private Sub dirTest_Change()
    MsgBox "选中的文件夹是:"+dirTest.Path
End Sub
```

路径属性 Path 是目录列表框的重要属性之一,用来设置和表示当前的路径。上面事件过程中的 dirTest.Path 就是当前的路径。

到目前为止,窗体中的驱动器列表框和目录列表框两个控件之间没有任何关系。也就是说,改变驱动器名称时,目录列表框中内容不能随之变化。若要把驱动器列表框和目录列表框结合起来用,使二者"同步",需要编写一个过程。代码如下:

```
Private Sub drvTest_Change()
    dirTest.Path=drvTest.Drive
End Sub
```

例如,当驱动器列表框 drvTest 中当前驱动器由"C:\"改变为"d:\"时,drvTest.Drive 的值变为"d:\"。同时,触发控件的 Change 事件,执行 drvTest _Change 事件过程。在此事件过程中,把驱动器列表框 drvTest 的 Drive 属性赋给目录列表框 dirTest 的 Path 属性,因此在目录列表框就显示"d:\"的目录结构,如图 8-6 所示。这样,驱动器列表框和目录列表框能够同步变化。

8.4.3　文件列表框

文件列表框用来显示当前文件夹中的文件。在工具箱中,文件列表框控件(File List Box)的图标是█。

【例 8-5】　文件列表框的使用。

在图 8-5 所示的窗体上添加名称为 filTest 的文件列表框,调整窗体的布局,如图 8-7 所示。编写程序,使目录列表框与文件列表保持同步。

在窗体上画出文件列表框,列表框中显示当前文件夹下的文件名。由于文件数量多,无法在文件列表框中全部显示出来,系统自动添加垂直滚动条用以浏览。

图 8-6　运行例 8-4

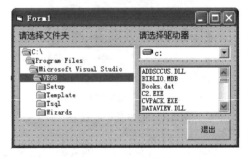

图 8-7　例 8-5 窗体外观

对于文件列表框,有几个问题要讨论:

1. 利用 Path 属性保持文件列表框与目录列表框的同步

文件列表框也有 Path 属性,用来指定或返回当前文件夹。在程序运行时,当选中目录列表框中的一个文件夹名时,要求文件列表框也"同步"工作,显示出新文件夹下的文件。这个操作需要用程序来实现。当选择新的文件夹名时,由于文件夹改变了,触发了目录列表框控件的 Change 事件。编写如下的事件过程,使文件列表框和目录列表框保持同步:

```
Private Sub dirTest_Change()
```

```
         filTest.Path=dirTest.Path
End Sub
```

将目录列表框的 Path 属性值赋给文件列表框的 Path 属性,这样就使得文件列表框得到目录列表框所指定的路径,显示出新文件夹下的文件名。

若执行以下语句:

```
filTest.Path="C:\vb"
```

则指定当前路径为"C:\vb",文件列表框中显示出"C:\vb"文件夹中的文件名。Path 的默认值是系统的当前路径。通过文件列表框 Path 属性能够改变当前路径。请注意,目录列表框和文件列表框都有 Path 属性,但二者的含义不同。如果有以下两个赋值语句:

```
dirTest.Path="C:\" (目录列表框)
```

及

```
filTest.Path="C:\" (文件列表框)
```

则在目录列表框中显示 C 盘根目录下的**目录结构**,而在文件列表框中则列出 C 盘根目录下的**全部文件名**,在这里 Path 用来确定文件的路径。

2. 用 Filename 属性设置或返回文件名

文件列表框的 Filename 属性用来在运行时设置或返回所选中的文件名。例如,当用鼠标单击一个文件时,该文件被选中,要求用 MsgBox 函数显示被选中的文件。对于这个要求,可以通过 FileName 属性得到文件名:

```
Private Sub filTest_Click()
    MsgBox "选中的文件是:"+filTest.FileName
End Sub
```

在单击文件列表框中一个文件名时,系统会自动将该文件名赋值给文件列表框的 Filename 属性,也就是说,从该控件的 Filename 属性会自动获得所选择的文件名。

3. 用 Pattern 属性限制显示文件的类型

文件列表框控件有一个 Pattern 属性,用来指定在文件列表框中显示什么类型的文件。它的默认值为"*.*",即显示所有文件的名字。如将 Pattern 属性设置为"*.frm",则仅显示扩展名为.frm 的文件。Pattern 属性值既可以在设计阶段在属性表中设置,也可以在运行阶段通过语句设置,例如:

```
filTest.pattern="*.frm"
```

8.4.4 利用文件系统控件设计用户界面

在开发 VB 应用程序时,应该提供对用户方便友好的对文件操作的界面。利用本章介绍的内容可以方便地实现这一任务。

【例 8-6】 利用文件系统控件进行文件操作。

利用前面介绍的驱动器列表框、目录列表框和文件列表框 3 个文件系统控件,对文件进行复制、重新命名和删除的操作。窗体设计如图 8-8 所示。各控件的属性设置如表 8-4 所示。

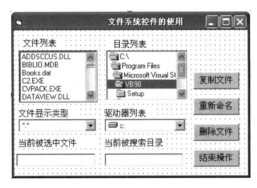

图 8-8　例 8-6 窗体外观

表 8-4　例 8-6 对象属性设置

对　象	属　性	设　置	对　象	属　性	设　置
窗体	(名称)	Form1	标签 5	(名称)	Label5
	Caption	文件系统控件的使用		Caption	目录列表
文件列表框	(名称)	FileList	标签 6	(名称)	Label6
目录列表框	(名称)	DirList		Caption	驱动器列表
驱动器列表框	(名称)	DriveList	标签 7	(名称)	Label7
组合框	(名称)	Combo1		Caption	当前被搜索目录
	List	*.*　*.vbp　*.frm	标签 8	(名称)	Label8
	Style	0—Dropdown		Caption	置空
	Text	"*.*"	命令按钮 1	(名称)	cmdCopy
标签 1	(名称)	Label1		Caption	复制文件
	Caption	文件列表	命令按钮 2	(名称)	cmdRename
标签 2	(名称)	Label2		Caption	重新命名
	Caption	文件显示类型	命令按钮 3	(名称)	cmdKill
标签 3	(名称)	Label3		Caption	删除文件
	Caption	当前被选中文件	命令按钮 4	(名称)	cmdEnd
标签 4	(名称)	Label4		Caption	结束操作
	Caption	置空			

从以下几个方面分析怎样设计这个程序。

（1）装载窗体

在初始装载窗体时，将当前路径显示在标签（Label8）中。

```
Private Sub Form_Load()
    Label8.Caption=DirList.Path
End Sub
```

如果不在初始装载时为 Label8. Caption 赋值，并且不改变目录，则 Label8. Caption 会一直为空。有了以上的赋值，在程序开始运行后，在图 8-8 中"当前被搜索目录"下面的标签框中就会显示当前目录。

（2）保持文件系统的各个控件同步

若要使驱动器列表框、目录列表框和文件列表框保持同步，需要建立如下两个事件过程：

```
Private Sub DriveList_Change()
    DirList.Path=DriveList.Drive              '使目录列表框与驱动器目录列表框同步

End Sub
Private Sub DirList_Change()
    FileList.Path=DirList.Path                '使文件列表框与目录列表框同步
    Label8.Caption=DirList.Path               '把当前目录显示在标签框中
End Sub
```

单击驱动器列表框中某一个驱动器的名称时，触发 DriveList_Change 事件过程，将驱动器名称赋给目录列表框的 Path 属性，从而使驱动器列表框与目录列表框保持"同步"变化。

由于目录列表框中的目录发生改变，触发了 DirList_Change 事件过程，该过程首先将目录列表框的 Path 属性值赋给文件列表框的 Path 属性。然后将目录列表框的 Path 属性值赋给 Label 8. Caption。这样，使 Label8. Caption 的值随着目录的改变而发生改变，并在"当前被搜索目录"下面的框中显示出改变后的当前目录。

（3）选择文件名

假设通过单击操作来选定文件名，则相应的文件列表框的"单击"事件过程如下：

```
Private Sub FileList_Click()
    Label4.Caption=FileList.filename          '显示被选中的文件名
    If Right$(DirList.Path,1)="\"  Then
        choicedFile=DirList.Path+FileList.filename
    Else
        choicedFile=DirList.Path+"\"+FileList.filename
    End If
End Sub
```

以上事件过程先将文件列表框的 Filename 属性（即选定的文件名）赋值给标签 Label4 的 Caption 属性，以使得在图 8-8 中的"当前被选中文件"下面的标签中显示出当前文件名，如图 8-9 所示。

考虑到后面可能要对文件进行复制、删除、重命名等多项操作，应该把被选中的文件名保存下来，并允许在其他事件过程中对此文件进行操作。把文件名赋给字符串变量 choicedFile。应当注意的是，在对文件进行操作时，不仅需要知道文件名，还要知道文件的路径。因此有两个问题需要考虑：

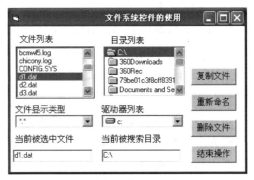

图 8-9　运行例 8-6

① 必须在文件名前加上路径名，从而得到完整的文件名，否则系统无法找到该文件。

② 如果所选择的目录是根目录，其表示方式为"C:\"或"D:\"等，即路径字符串的末尾有一个"\"符号。如果不是根目录，则无此"\"符号，如："C:\vb"。这就需要分情况进行处理：对已有"\"号的不再加"\"号；对原来无"\"号的，在路径后面加一"\"号。如："C:\vb"下面的文件 a1.vbp，应表示为"C:\vb\a1.vbp"。上面的 FileList_Click 事件过程中的 If 语句对 DirList.Path 最后一个字符进行判断，如果是"\"，则直接把路径字符串和文件名串接起来，赋值给 choicedFile；如果不是"\"号，则在路径字符串之后加"\"，然后把几部分内容连接起来，形成完整的文件名，最后再赋值给 choicedFile。

（4）确定文件列表框中显示的文件类型

程序允许用户选择在文件列表框中显示文件的类型（如.vbp 类型、.exe 类型等）。用户在组合框 Combo1 中选择需要显示文件的类型（组合框的位置在"文件显示类型"这一行文字的下面），所选的类型应赋给文件列表框的 Pattern 属性，其过程如下：

```
Private Sub Combo1_Click()
    FileList.Pattern=Combo1.Text
End Sub
```

（5）文件的复制

如何实现对所选定的文件进行有关的操作？在图 8-9 所示的窗口中有 4 个命令按钮，分别是"复制文件"、"重新命名"、"删除文件"和"结束操作"，分别对应 4 种处理。如果单击"复制文件"按钮，应执行下面过程，进行文件的复制。

```
Private Sub cmdCopy_Click()
    Dim sourFile As String
    Dim destFile As String
    str2$="请输入复制目标文件"
    sourFile=choicedFile
    destFile=InputBox$(str2$,"复制文件")
    If destFile<>"" Then
        FileCopy  sourFile,destFile
    End If
End Sub
```

程序中首先定义了两个字符串变量 sourFile(表示源文件)和 destFile(目标文件),再将已选定的文件 choicedFile 赋给变量 sourFile。注意,为了在不同的过程中能使用同一个变量,设计阶段应在窗体的"通用"区将 choicedFile 定义为窗体级变量(关于窗体级变量请参阅 7.4.3 节):

```
Dim choicedFile As String
```

这样,在工程文件的各个事件过程中都能使用所选择的文件名 choicedFile。

在 cmdCopy＿Click 事件过程中用 InputBox 函数打开一个输入对话框,如图 8-10 所示。

在输入对话框中输入目标文件名,并存放在 destFile 中。如果在 InputBox 中没有输入文件名,而是选择了"取消"按钮,则

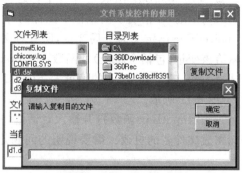

图 8-10　打开输入对话框

destFile 为空字符串。程序中用 If 语句进行判断,确保只有 destFile 不是空字符串时,才执行 FileCopy 语句。FileCopy 语句是 VB 提供的复制文件语句,其一般格式为:

FileCopy<源文件>,<目标文件>

FileCopy 语句的功能是将所选定的源文件复制到指定的目标文件。在本例中,目标文件名就是输入对话框中所指定的文件名。

(6) 文件重命名

如果用户按下"重新命名"按钮,会执行以下过程,对文件重新命名。

```
Private Sub cmdRename_Click()
    Dim oldName As String
    Dim newName As String

    Title$="重新命名"
    str1$="请输入新文件名"
    Call FileList_Click
    msg$="确认被更改的文件名" & choicedFile
    p=MsgBox(msg$,35,"数据检查框")
    If  p=6 Then
        newName=InputBox(str1$,Title$)
        Name    choicedFile As newName
        MsgBox "更名完毕,新文件名是: "+newName
    End If
End Sub
```

cmdRename_Click 过程的功能是更改文件名。文件的重新命名主要使用 VB 所提供的 Name 语句。Name 语句的一般格式是:

Name<旧文件名>As<新文件名>

下面说明 cmdRename_Click 事件过程的执行情况。

① 在目录列表框中寻找 E:\yuanVB\,在文件列表框中找到需要重新命名的文件（设为 Chp8.doc），单击该文件，使之被选中。

② 调用 MsgBox 函数打开一个标题为"数据检查框"的消息框，确认要更改的文件名。语句中的 35 指明了消息框中图标的样式和按钮个数，详见第 5 章表 5-6、表 5-7。变量 choicedFile 已定义为全局变量，所有对文件列表框的单击操作都会将所选文件的文件名赋给该变量（包括全路径）。函数 MsgBox 返回的值放在变量 p 中，如果在数据检查框中选择了"是(Y)"按钮，p 的值就是 6（参阅第 5 章表 5-6），确认要更改的文件名是正确的，如图 8-11 所示。

③ 用 InputBox 函数打开输入对话框，输入新文件名，如图 8-12 所示。最后用 Name 语句完成文件名的更改。需要说明的问题是所输入的文件名应该包含路径。

图 8-11　确认文件重命名

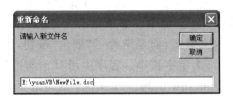

图 8-12　输入新文件名

修改成功后，屏幕上弹出对话框显示新的文件名（包括驱动器及路径名），如图 8-13 所示。完成上述操作后，重新进入 E:\yuanVB 文件夹时，检查文件名已经被成功地修改了。

（7）删除文件

单击"删除文件"按钮，则应当删除所选定的文件。删除文件的事件过程如下：

```
Private Sub cmdKill_Click()
    Title$=" 数据检查框 "
    msg1$="你要删除文件:" & killedFile
    x=MsgBox(msg1$,35,Title$)
    If x=6 Then
        Kill choicedFile
    End If
End Sub
```

在 VB 中删除文件用 Kill 语句，其一般格式为：

Kill<文件名>

删除文件时，要先选中要删除的文件，按"删除文件"按键，出现图 8-14 的提示框，选择"是(Y)"，即可完成删除文件的操作。

图 8-13　文件更名后的提示

图 8-14　确认删除文件

8.4.5 文件系统控件的一些属性

除了前面例题中涉及的文件系统控件的属性,还有一些常用的属性。这里介绍常用属性及使用方式。

不论是驱动器列表框、目录列表框,还是文件列表框都有 ListCount 属性。这个属性与列表框控件 ListCount 的类似,其作用是提供当前列表框(驱动器、目录、文件列表框)控件中的项目数,例如文件列表框的 ListCount 属性表明文件列表框中的所有文件数。

图 8-15 例 8-7 窗体外观

【例 8-7】 显示当前路径下的文件数量。

首先在窗体上添加驱动器列表框、目录列表框和文件列表框。当选中某个驱动器或文件夹时,在标签中显示出当前驱动器或当前文件夹中的子文件夹及文件的数量。窗体界面如图 8-15 所示。

窗体及各对象的属性设置如表 8-5 所示。

表 8-5 例 8-7 对象属性设置

对　象	属　性	设　置
窗体	(名称)	Form1
	Caption	显示文件数量
驱动器列表框	(名称)	Drive1
目录列表框	(名称)	Dir1
文件列表框	(名称)	File1
标签 1	(名称)	lblPath
	Caption	当前路径文件夹数量
标签 2	(名称)	lblPathCount
	Caption	(置空)
	BoderStyle	1
标签 3	(名称)	lblFile
	Caption	当前路径文件数量
标签 4	(名称)	lblFileCount
	Caption	(置空)
	BoderStyle	1
命令按钮	(名称)	cmdExit
	Caption	退出

文件列表框控件 File1 的 ListCount 属性表示文件列表框中列表项的数量,就是当前路径下文件的数量。目录列表框控件 Dir1 的 ListCount 属性表示目录列表框中列表项的数量,也就是文件夹的数量。使用这两个控件的 ListCount 属性,就能得到题目所要的数据。

(1) 在 Form_Load 中显示初始数据

运行程序,首先执行 Form_Load 程序,分别在两个标签中显示当前路径下文件的数量和路径的数量。

```
Private Sub Form_Load()
    lblFileCount.Caption=File1.ListCount
    lblPathCount.Caption=Dir1.ListCount
End Sub
```

(2) 保持文件系统控件的同步

当目录列表框的内容发生变化时,触发 Dir1_Change 事件过程,使目录列表框与文件列表框同步。

```
Private Sub Dir1_Change()
    File1.Path=Dir1.Path
End Sub
```

(3) 显示文件数和文件夹数

当驱动器列表框的内容发生变化时,触发 Drive1_Change 事件过程,首先,使驱动器列表框和目录列表框同步,然后,在两个标签中显示当前目录列表框中列表项的数量和文件列表框中列表项的数量。

```
Private Sub Drive1_Change()
    Dir1.Path=Drive1.Drive
    lblPathCount.Caption=Dir1.ListCount
    lblFileCount.Caption=File1.ListCount
End Sub
```

当文件列表框的路径发生变化时,同样在标签中显示相应文件或文件夹的数量。

```
Private Sub File1_PathChange()
    lblFileCount.Caption=File1.ListCount
    lblPathCount.Caption=Dir1.ListCount
End Sub
```

(4) 退出程序

单击"退出"按钮,结束程序的运行。

```
Private Sub cmdExit_Click()
    End
End Sub
```

【例8-8】 显示文件的属性。

在资源管理器中可以看到,保存在磁盘上的文件主要有几种不同的属性,例如,只读文件、隐藏文件、归档文件、系统文件等。一般情况下,文件列表框中不显示隐藏文件及系统文件。现在,编写一个程序,窗体如图8-16所示。3个复选框分别对应3种文件的属性。当"隐藏文件"复选框被选中时,文件列表框中显示出当前文件夹中的普通文件和隐藏文件;当"隐藏文件"和"系统文件"两个复选框被同时选中时,文件列表框中显示出满足条件的文件。

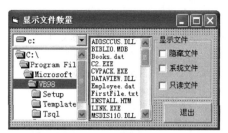

图8-16 例8-8窗体外观

其余类推。窗体及对象的属性设置如表8-6所示。

表8-6 例8-8对象属性设置

对 象	属 性	设 置	对 象	属 性	设 置
窗体	(名称)	Form1	复选框2	(名称)	chkSystem
	Caption	显示文件数量		Caption	系统文件
驱动器列表框	(名称)	Drive1	复选框3	(名称)	chkReadOnly
目录列表框	(名称)	Dir1		Caption	只读文件
文件列表框	(名称)	File1	命令按钮	(名称)	cmdExit
框架	(名称)	fraShow		Caption	退出
	Caption	显示文件			
复选框1	(名称)	chkHidden			
	Caption	隐藏文件			

下面编写有关事件过程:

(1)"隐藏文件"复选框对应的事件过程

Hidden、ReadOnly、System是文件系统控件的属性。当 File1. Hidden＝False(假)时,文件列表框中不显示隐藏文件;File1. Hidden＝True,则将隐藏文件显示在文件列表框中。程序如下:

```
Private Sub chkHidden_Click()
    If  chkHidden.Value=0 Then            '未选中"隐藏文件"
        File1.Hidden=False
    ElseIf chkHidden.Value=1 Then         '选中"隐藏文件"
        File1.Hidden=True
    End If
End Sub
```

(2)"只读文件"复选框对应的事件过程

类似地,当单击对应于"只读文件"的复选框时,执行 chkReadOnly_Click()事件过程。如果复选框"只读文件"被选中,即 chkReadOnly. Value＝1,将 File1. ReadOnly 属性设为 True ,文件列表框中显示只读文件。

```
Private Sub chkReadOnly_Click()
    If chkReadOnly.Value=0 Then              '未选中"只读文件"
        File1.ReadOnly=False
    ElseIf chkReadOnly.Value=1 Then          '选中"只读文件"
        File1.ReadOnly=True
    End If
End Sub
```

（3）"系统文件"复选框对应的事件过程

当单击对应于"系统文件"的复选框时,执行 chkSystem_Click()事件过程。若复选框没有被选中,即 chkSystem. Value＝0,则将 File1. System 属性设为 False,文件列表框中不显示系统文件。

```
Private Sub chkSystem_Click()
    If chkSystem.Value=0 Then                '未选中"系统文件"
        File1.System=False
    ElseIf chkSystem.Value=1 Then            '选中"系统文件"
        File1.System=True
    End If
End Sub
```

（4）文件系统控件同步

程序中其他事件过程包括驱动器列表框、目录列表框及文件列表框的同步、结束程序运行等。代码如下:

```
Private Sub Dir1_Change()
    File1.Path=Dir1.Path
End Sub
Private Sub Drive1_Change()
    Dir1.Path=Drive1.Drive
End Sub
Private Sub cmdExit_Click()
    End
End Sub
```

有了以上的基础,读者可以自己编写程序以生成简单的对文件操作的用户界面。

思考与练习

1. 什么是文件? 什么是顺序文件? 什么是随机文件? 它们的主要特点是什么?

2. 如何读取和写入顺序文件?

3. 如何读取和写入随机文件？

4. 如何使驱动器列表框、目录列表框和文件列表框同步工作？

5. 总结文件操作的命令及使用方式。

实验 8　文件及文件系统控件

1. 实验目标

（1）理解顺序文件、随机文件的概念及应用特点。

（2）掌握顺序文件的读写操作、随机文件的读写操作。

（3）掌握文件系统控件的使用特点，能够结合文件的管理使用这些控件。

2. 实验内容

（1）通过键盘输入 5 个数。计算这 5 个数的和，并将计算结果保存到一个文件中。

（2）修改例 8-7 程序。运行该程序时，若没有选择任何文件（"当前被选择文件"下面的标签框中显示为空白），不论是"复制文件"、"重新命名"或"删除文件"操作，都有可能出现错误。例如，没有选择任何文件时，单击"复制文件"按钮并输入一个文件名时，程序出现"文件/路径访问错误"的提示。修改本章例 8-7，增强程序的健壮性，应该能够对用户的非正常操作予以相应的处理。

（3）建立一个通讯录，姓名、电话、邮件地址等数据。设计一个通讯录管理程序，要求能够输入、查询通讯录的内容，能够修改、删除现有的数据记录。界面自行设计。

（4）设计一个图片浏览器，能够显示指定文件中选定的图片文件。详细功能自行设计。写出图片浏览器的功能定义，并设计该程序。

（5）编写一个图书管理程序。图书信息包括有：书号、书名、作者、出版社、单价、出版日期等。程序功能主要有：输入图书信息，修改图书信息，删除图书信息，查询图书信息。请自行设计程序界面，编写处理程序。

第9章

界面设计的进一步讨论

9.1　界面设计概述

通过前面几章的学习,可以知道使用 VB 设计应用程序,主要包括**界面设计**和**程序设计**两部分工作。

界面设计包括:(1)根据需要在窗体上添加控件,并进行界面布局的调整;(2)设置各个控件的相关属性。

需要特别指出,界面设计是可视化程序设计要解决的一个重要问题。对于应用程序的用户来说,用户界面就是他们能够看得见、用得着的应用系统。如果界面设计良好,方便使用,用户很容易接受它,这就意味着接受整个系统。如果界面设计不好,用户难以使用,则无论代码设计如何高明,都难于为用户所接受。

有效的界面设计不仅要设计一个能够方便用户操作的界面,而且要考虑能否能实现用户对系统的要求,使他们能用简捷的操作完成任务的要求。

设计用户界面的一个要点是尽量把程序实现的细节隐藏起来,用户是看不到程序的,他们看到的是一个与其工作习惯和工作方式比较接近的操作界面。界面中所使用的术语也应该是用户容易接受和理解的。

一个良好的界面应该是用户友好的界面。所谓**"用户界面友好"**通常解释为易学、易用,具有一定的容错能力。也就是说不应该要求用户掌握专业的知识和技术,不应该强迫用户必须按照专业人员的工作方式来使用软件。在界面设计中,应充分使用菜单(包括系统的功能菜单和快捷菜单)、提示信息等手段减少用户记忆系统各项功能和操作。尽量减少用户的输入。例如,当需要输入性别时,直接给出"男"、"女"两个选项,由用户选择而不是由键盘输入,如图 9-1(a)所示。这样做不仅方便了使用者,而且可以减少错误数据的输入。如果采用图 9-1(b)所示的输入界面,由用户输入性别"男",有可能由于误操作输入了其他字符,如"南",产生错误的输入数据。

一个用户友好的界面应该保持系统风格一致。它包含两方面的含义:一方面是界面应该与一般软件的操作方法和习惯一致;例如,在 Windows 风格的软件中,文件的打开、保存等操作都列在"文件"菜单中;菜单中灰颜色的菜单项是当前不能执行的命令,等等。

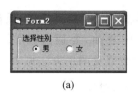
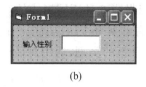

(a)	(b)

图 9-1　界面设计示例

这些是大家都已熟知的操作惯例,设计界面应该与这些习惯的界面和操作风格保持一致,以方便用户使用。另一方面是保持一个软件的整体风格一致。在同一个应用程序中,界面上控件的颜色、字体、字号、操作方式等应该保持一致,例如,所有命令按钮的大小尺寸相同,字体、字号都有一致的风格等,类似的操作具有类似的风格等。

9.2　通用对话框

在使用 Windows 应用程序时,经常会见到打开(Open)、保存(Save As)、打印(Print)、颜色(Color)、字体(Font)等对话框,用户直接在界面上操作,感到很方便。为了生成这些对话框,当然可以利用第 8 章介绍的驱动器列表框、目录列表框和文件列表框等文件系统控件来实现(例如,第 8 章介绍的打开文件、保存文件、删除文件、文件改名等对话框)。除此以外,VB 还提供一种"**通用对话框**(Common Dialog Box)"控件,直接生成常用的一些界面,使用起来更方便。

"通用对话框"控件并不预存在工具箱中。在使用"通用对话框"之前,应先将其添加到工具箱中。具体方法是:

(1) 选择"工程"→"部件"命令,或在工具箱上单击鼠标右键,弹出"部件"对话框。

(2) 在"部件"对话框的"控件"选项卡中找到"Microsoft Common Dialog Control 6.0",使前面的方框中有"√",如图 9-2 所示,再按"应用"按钮,"通用对话框"控件的图标圙出现在工具箱中。

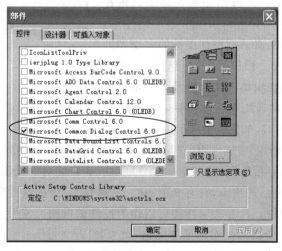

图 9-2　"部件"对话框

通用对话框可以做成 6 种不同形式的对话框，例如，打开文件、保存文件等，也就是说通用对话框可以具有 6 种不同的功能。在使用之前，要通过设置 Action 属性或调用 Show 方法来确定对话框的类型，通用对话框的类型及调用方法见表 9-1。

表 9-1　通用对话框的属性及类型

Action 属性	对话框类型	方　　法	Action 属性	对话框类型	方　　法
1	打开文件(Open)	ShowOpen	4	选择字体(Font)	ShowFont
2	保存文件(Save As)	ShowSave	5	打印(Print)	ShowPrinter
3	选择颜色(Color)	ShowColor	6	帮助文件(Help)	ShowHelp

通用对话框的类型不是在设计阶段中设置，而是在程序运行时进行设置的。例如：

```
CommonDialog1.Action=1                          '设置 Action 属性
```

或

```
CommonDialog1.Action.ShowOpen                   '调用 ShowOpen 方法
```

以上两种方法都指定了对话框 CommonDialog1 为"打开文件"类型。

9.2.1　打开文件(Open)对话框

【例 9-1】　通用对话框被用作**打开文件**对话框。

设计一个程序，将通用对话框作为"打开文件"对话框使用，并将选中文件的文件名及内容显示在窗体上的相应控件中。窗体外观如图 9-3 所示。

为了使用通用对话框，首先需要在窗体上添加通用对话框控件，并设置该控件的属性，步骤如下：

（1）双击工具箱中的通用对话框的图标（Common Dialog)，该控件被添加到窗体上。该控件的默认 Name 属性为 CommonDialog1。请注意，在窗体上显示出的通用对话框控件图标的大小和外观是固定的，不能改变。程序运行时，该图标消失，因此通用对话框图标在窗体上的位置及大小是无所谓的。

图 9-3　例 9-1 窗体外观

（2）单击窗体中的通用对话框图标，使之被选中，再单击鼠标右键，选中"属性"，屏幕上弹出"属性页"窗口，如图 9-4 所示。

（3）从图中可以看出："属性页"对话框中有 5 个选项卡，分别是"打开/另存为"、"颜色"、"字体"、"打印"和"帮助"。这些选项卡分别对应各自的对话框属性设置之用。

选择"打开/另存为"选项卡，它有 9 项属性。"属性页"中的这些属性既可以在设计时设定，也可以在运行时指定，有些属性还可以作为控件的返回值使用。

① 对话框标题：给出通用对话框的标题，设为"打开文件"。

② 文件名称：给出对话框中"文件名"对应的初始值。从对话框的文件列表框中选

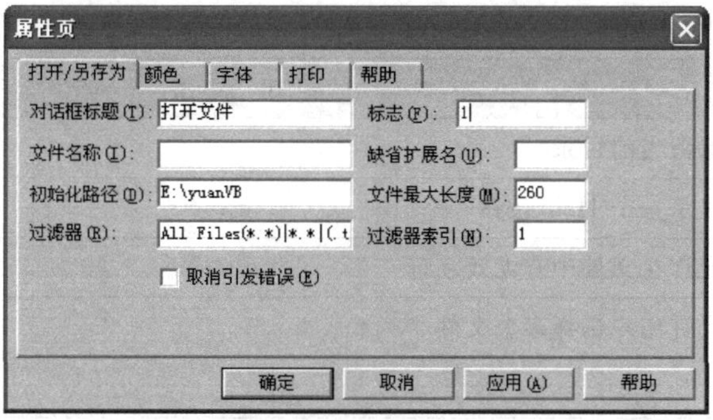

图 9-4 设置通用对话框的属性页

中的文件名也放在此属性中,即该属性既能用于设置文件名,也能返回选中的文件名。

③ 初始化路径:指定初始的目录,若不设置该属性,系统默认显示当前目录。在"打开"对话框中选定的目录也放在此属性中,即该属性既能用于设置初始路径,也能返回选中的目录名。

④ 过滤器:指定在对话框的文件列表框中列出的文件类型。在打开和保存文件时,由于文件的数目很多,文件列表框无法全部显示出来,所以往往要根据需要对文件进行"过滤",把所需类型的文件列出来。如果需要打开一个后缀为".doc"的文件,则"打开文件"对话框中只列出后缀为".doc"的文件名。指定过滤器属性的格式如下:

描述符 1|过滤符 1|描述符 2|过滤符 2|…

例如:

```
All File(*.*)|*.*|(.txt)|*.txt|(.vbp)|*.vbp|
```

上面"描述符 1"、"描述符 2"……是显示在打开文件对话框中"文件类型"下拉列表中的文字说明,是按描述符的原样显示出来给用户看的。如上面"描述符 1"已指定为"All Files(*.*)",则在打开文件对话框的"文件类型"列表框中按原样显示"All Files(*.*)"。如果在设置属性时不写 All Files 而写"全部文件",就会显示"全部文件"字样。过滤符是有严格规定的,由通配符和文件扩展名组成,例如,"*.*"表示全部文件,"*.txt"是扩展名为.txt 的文件,"*.vbp"是扩展名为.vbp 的文件。"描述符|过滤符"是成对出现的,缺一不可。Filter 属性由一对或多对"描述符|过滤符"组成,中间以"|"相隔。

⑤ 标志 Flags:设置通用对话框的一些选项。当通用对话框用于"打开"、"保存"文件时,Flags 的参数见表 9-2。

表 9-2 通用对话框"打开/另存为"的 Flags 参数

Flags 的值	作 用
1	在对话框中显示"只读检查"(Read Only Check)选择框
2	如果用磁盘上已有的文件名保存文件,则显示一个消息框,询问是否覆盖已有文件
4	不显示"只读检查"选择框

Flags 的值	作　　用
8	保留当前目录
16	显示一个 Help 按钮
256	允许在文件中有无效字符
512	允许用户选择多个文件
⋮	⋮

⑥ 默认扩展名：显示在对话框的默认扩展名（即指定默认的文件类型）。如果用户输入的文件名不带扩展名，则自动将此默认扩展名作为其扩展名。

⑦ 文件最大长度：指定 FileName 的最大长度，其长度范围从 1～2048，默认值为 256。

⑧ 过滤器索引：指定在对话框中"文件类型"栏中显示的默认过滤符。在指定过滤器属性时，如果列出多个文件类型，则按序排为 1、2、3、……。例如，FilterIndex＝2，则在打开对话框时，"文件类型"栏中自动显示的是第二项过滤符（即过滤符 2）。

⑨ 取消引发错误：这是一个复选框，如果选中这个复选框（即属性值为 True），则当单击打开文件对话框内"取消"按钮以关闭一个对话框时，系统将显示一个报错信息的消息框，如未选中（False），则不显示报错信息，默认值为 False。

在以上 9 个选项中，有些选项由系统给出默认值，有些需要用户根据需要设定。针对这个题目，做如下设定：

- 对话框标题：打开文件
- 初始化路径：e:\yuanVB
- 过滤器：All Files[＊.＊]|＊.＊|frm 文件|＊.frm|vbp 文件|＊.vbp

确定各个属性后，单击"确定"按钮，完成通用对话框的属性参数设置。

随后，继续在窗体上添加其他控件。在窗体上画 2 个命令按钮："打开文件"和"退出"。通过"打开文件"命令按钮的事件过程执行打开文件的操作；单击"退出"按钮，结束程序的运行。

在窗体上画 3 个标签，其名称属性 Name 分别为 lblTitle、lblFile、lblFileName。lblTitle 的 Caption 属性设为"选中的文件"，lblFile 的 Caption 属性设为"文件内容"，lblFileName 的 Caption 属性用于显示被选中的文件名，该属性的初始值为空。在窗体上添加一个文本框，名称为 txtFile，其 MultiLine 属性值为"True"，ScrollBars 属性值为"2-Vertical"。窗体外观如图 9-3 所示。

以下是"打开文件"命令按钮的单击事件过程：

```
Private Sub cmdOpen_Click()
    CommonDialog1.Action=1
    lblFile.Caption=CommonDialog1.FileName
        '读取文件
```

```
        fileStr=""
        Open CommonDialog1.FileName For Input As #1
        Do While Not EOF(1)
            Line Input #1,fileStr1
            fileStr=fileStr+fileStr1
        Loop
        txtFile.Text=fileStr
        Close #1
    End Sub
```

程序运行开始后，单击"打开文件"命令按钮，执行 cmdOpen_Click 事件过程。过程第一行 CommonDialog1.Action＝1 的作用是显示一个"打开文件"对话框（参见表 9-1），此对话框如图 9-5 所示。从图中可以看到，该通用对话框中列出了指定路径（E:\yuanVB）下的全部文件或文件夹。在下部"文件类型"组合框中，显示出前面指定的过滤器描述符（All Files(＊.＊)、frm 文件、vbp 文件等），用户可以在列表中选择所需显示的文件类型。如果选中 All Files(＊.＊)，则按其对应的过滤符(＊.＊)，在通用对话框中显示出全部文件。如果选择"frm 文件"，则按其对应的过滤符(＊.frm)的含义，在通用对话框中显示后缀为.frm 的文件名。从所列出的文件中选择所需文件，并按下"确定"按钮。

图 9-5 "打开文件"对话框

cmdOpen_Click 事件过程中第 2 行的作用是将"打开文件"通用对话框中选定的文件名显示在标签 lblFileName 中。CommonDialog1.FileName 是在通用对话框 CommonDialog1（"打开文件"通用对话框）中所选中的文件名。

注意：当选择"打开文件"通用对话框中的某个文件名、按下"确定"按钮后，只是选定了文件名，并没有实际执行打开该文件的操作。如果要打开该文件，还应该编写相应的打开文件的程序。在 cmdOpen_Click 事件过程中加入打开文件的语句。过程中从注释行"'读取文件"开始的语句是执行打开文件、将文件内容显示出来的操作。

fileStr 是一个字符串变量，用于保存从文件中读取的内容。用户在打开文件对话框中所选择的文件名就是 CommonDialog1.FileName 属性的值。因此，Open 语句就打开所选中的文件。用 Do-Loop 循环从该文件中逐个读入记录，并保存在字符串 fileStr 中，直到文件结束标志为止，最后，将 fileStr 的值赋给文本框的 Text 属性，即 txtFile.Text ＝ fileStr，就将文件的内容显示在文本框中了。程序运行结果如图 9-6 所示。

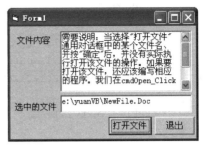

图 9-6　运行例 9-1

以上通用对话框的属性设置是在设计阶段利用属性页窗口进行的。这项工作也可以在属性窗口中进行：先选定通用对话框控件，然后找到相应的属性，设置属性值（Action 属性除外）。也可以在运行阶段在程序中对属性赋值。

如果按例 9-1 的要求在程序运行时设置"打开文件"的属性，则可在事件过程中增加如下代码：

```
CommonDialog1.DialogTitle="打开文件"
CommonDialog1.Filter=" All Files(*.*)|*.*|vbp文件|*.vbp| "
CommonDialog1.FilterIndex=2
CommonDialog1.InitDir=" e:\yuanVB"
CommonDialog1.Flags=1
CommonDialog1.Action=1
```

各属性的含义与例 9-1 相同。这里设 FilterIndex 属性为 2，意为将第 2 个过滤项作为默认的过滤符。

9.2.2　保存文件（Save As）对话框

建立"保存文件"对话框的过程与建立"打开文件"对话框的过程相似，既可以在设计阶段通过属性页设置属性值，也可以在程序运行时通过命令设置各属性值。

【例 9-2】　通用对话框被用作**保存文件**对话框。

在窗体上添加一个名称为 CommonDialog1 的通用对话框，一个名称为 cmdSave、标题为"保存文件"的命令按钮，一个名称为 Text1 的文本框。当程序运行时，单击"保存文件"命令按钮，打开一个保存文件的对话框，确定文件后，将文本框中的文本保存到指定的文件中。

为"保存文件"命令按钮编写事件过程如下：

```
Private Sub cmdSave_Click()
    '在程序运行时设置"保存文件"的属性
    CommonDialog1.DialogTitle="保存文件"
    CommonDialog1.Filter=" All Files(*.*)|*.*|文本文件|*.txt
            |frm文件|*.frm|"
    CommonDialog1.FilterIndex=1
    CommonDialog1.InitDir=" e:\"
```

```
        CommonDialog1.Flags=6
        CommonDialog1.Action=2
        Open CommonDialog1.FileName For Output As #1
        Print #1,Text1.Text
        Close #1
End Sub
```

运行程序,单击"保存文件"命令按钮,显示一个保存文件对话框,如图 9-7 所示。

从图 9-7 可以看到,过程中指定 Action 属性值为 2,即指定对话框为"保存文件"类型。FilterIndex 值为 1,则对话框中过滤的文件类型的默认值为"＊.＊"。Flags 值为 6,在表 9-2 中没有直接找到属性值为 6 的项。这是因为 Flags 的值允许是表 9-2 中两项或多项值相加,例如,6＝4＋2(6 只可能是 2 和 4 的组合),它表示同时具备 Flags＝2 和 Flags＝4 的特性,即对话框中不出现"只读检查"选择框,以及当用户选中磁盘中已存在的文件名时会出现一个消息框,询问用户是否覆盖已有的文件。图 9-8 所示就是文件名与现有文件同名时,所出现的提示。

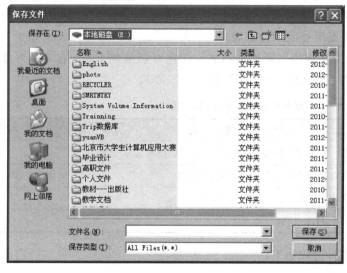

图 9-7 "保存文件"对话框

图 9-8 保存文件时的提示

与打开文件对话框一样,保存文件对话框不包括实际执行保存文件的操作,需要根据具体的程序内容编写代码实现保存文件的操作。

9.2.3 颜色(Color)对话框

许多 Windows 应用程序都有用于设置颜色的颜色对话框。当通用对话框的 Action 属性值为 3 时,通用对话框就会成为颜色选择对话框。

【例 9-3】 使用颜色对话框。

利用通用对话框选择颜色,改变文本框中的文字的颜色。窗体设计如图 9-9 所示。属性设置如表 9-3 所示。

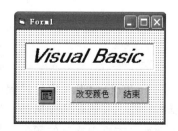

图 9-9 例 9-3 窗体外观

选中通用对话框,在属性窗口中设置通用对话框的"颜色"(Color)和"标志"(Flags)属性。

表 9-3　例 9-3 对象属性设值

对　象	属　性	设　置	对　象	属　性	设　置
文本框	(名称)	Text1	命令按钮 1	(名称)	cmdColor
	Caption	Visual Basic		Caption	改变颜色
	FontSize	14	命令按钮 2	(名称)	cmdEnd
通用对话框	(名称)	CommonDialog1		Caption	结束
	Flags	1			
	Color	255			

"颜色"属性用于设置初始颜色。如果程序运行过程中,在通用对话框中选择了另一种颜色,该颜色值就会存放在"颜色"属性中。也就是说可以利用"颜色"属性来设置颜色,也可以反映出程序运行时所选择的颜色值。每一个"颜色"值对应一个颜色(例如,红色为255,黄色为 65 535……详细情况可查阅相关手册)。

"标志"(Flags)属性用来定义通用对话框的格式。颜色对话框的 Flags 有 4 种可能值,如表 9-4 所示。本例将初始颜色设置为 255(红色),标志为 1。

表 9-4　颜色对话框的 Flags 属性值

Flags 值	含　义
1	使 Color 属性定义的颜色在首次显示对话框时显示出来
2	打开的对话框中包括"自定义颜色"窗口
4	不能使用"规定自定义颜色"按钮
8	显示一个 Help 按钮

"改变颜色"命令按钮的事件过程如下:

```
Private Sub cmdColor_Click()
    CommonDialog1.Action=3                    '将通用对话框定义成颜色对话框
    text1.ForeColor=CommonDialog1.Color
End Sub

Private Sub cmdEnd_Click()
    End
End Sub
```

cmdColor_Click 事件过程中第一条语句将对话框定义成**颜色对话框**,并打开颜色对话框。第二条语句的作用是:在用户选择好颜色后,将该颜色赋给文本框中"前景色",从而改变文本框中文字的颜色。

运行程序,单击窗体中"改变颜色"按钮,触发 cmdColor_Click 事件过程,出现如

图 9-10 所示的"颜色"对话框。

从"**基本颜色**"栏中选择蓝色(当然也可以选择别的颜色),然后按"确定"按钮,文本框中文字的颜色随即被改为所选定的颜色。

如果认为"基本颜色"中的颜色不能满足要求,需要自己定义颜色,单击图 9-10 中的"规定自定义颜色"按钮,此时在对话框右侧展开一个"添加到自定义颜色"部分,如图 9-11 所示。这是许多读者在 Windows 应用程序中见到过的。

图 9-10 "颜色"对话框

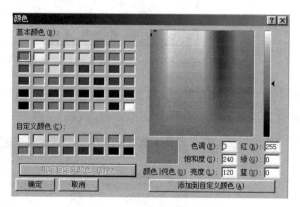

图 9-11 完整的颜色对话框

这个对话框称为"**完整的颜色对话框**"。右侧方框内显示各种颜色,可以用鼠标单击所需要的颜色,进行颜色的选择。颜色对话框最右端有一个柱形条,其中的颜色由浅至深,其右侧的小箭头可以上下移动,用来进行颜色的微调,即平滑地改变颜色,此时文本框中文字的颜色随之逐渐改变。读者可以自己试一下。

9.2.4 字体(Font)对话框

在前面几章的例题中已用过属性窗口中的 Font 属性来产生一个字体对话框,并从中选择字体和大小。为了方便 Windows 应用程序的设计,VB 也提供了字体对话框。当通用对话框的 Action 属性值为 4 时,定义并打开一个**字体对话框**。

【例 9-4】 使用通用对话框设置字体。

改进例 9-3,增加用字体对话框改变字体的功能。在窗体上增加一个名称为 cmdFont、标题为"改变字体"的命令按钮。窗体外观如图 9-12 所示。

通过通用对话框的"属性页"(右键单击通用对话框)设置对话框的属性值。"属性页"

图 9-12 例 9-4 窗体外观

的"字体"选项卡如图 9-13 所示,包括"字体名称"、"字体大小"、"标志"和"样式"等属性。这些属性既可以用于设置字体的属性,也能够在程序运行时获得用户设置字体时选中的属性值。"标志"用于规定对话框的外形。例如,Flags=1 时只显示屏幕能显示的字体,Flags 值为 2 时,列出打印机和屏幕字体,为 4 时,显示一个 Help 按钮……

程序开始运行后,按照初始设置的字体和字号显示文

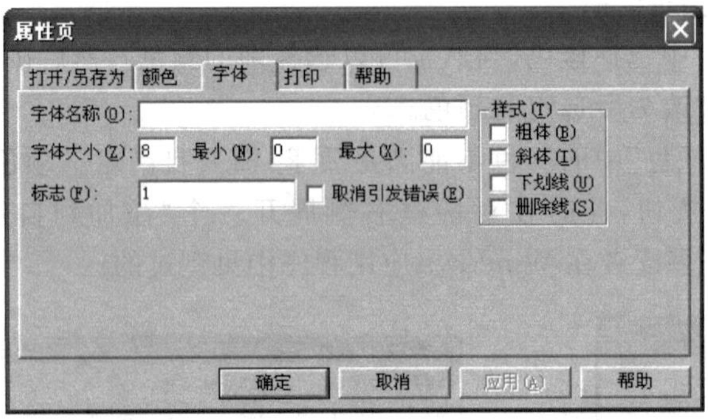

图 9-13　字体选项卡

本框中的文字。文本框中文字的字体和字号是根据设计阶段对文本框 Text 1 的 Font 属性值的设置而显示的。当单击"改变字体"按钮，会弹出一个"字体"对话框，如图 9-14 所示。

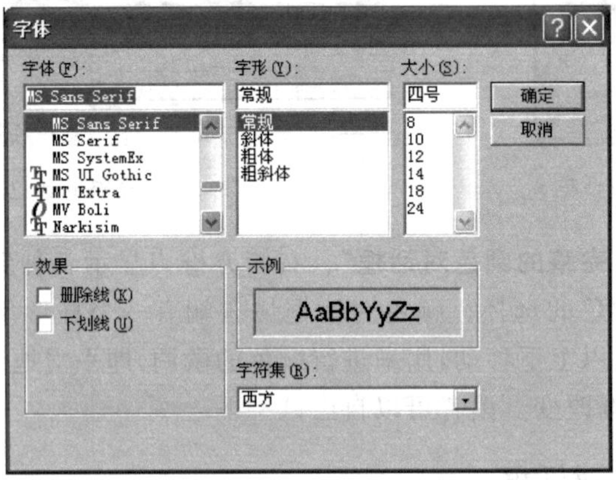

图 9-14　字体对话框

图中对话框中各项属性的初始值就是在属性窗口中设置的值。用户如果确认此值就直接按"确定"按钮，如想修改，可以重新选择各属性值，以改变文本框中文字的外观。程序如下：

```
Private Sub cmdFont_Click()
    CommonDialog1.Action=4                                  '将通用对话框定义成字体对话框
    Text1.FontName=CommonDialog1.FontName                   '选择字体名
    Text1.FontSize=CommonDialog1.FontSize                   '选择字体大小
    Text1.FontBold=CommonDialog1.FontBold                   '选择字形粗细
    Text1.FontItalic=CommonDialog1.FontItalic               '选择是否斜体
    Text1.FontUnderline=CommonDialog1.FontUnderline         '选择下划线
    Text1.FontStrikethru=CommonDialog1.FontStrikethru       '选择删除线
End Sub

Private Sub cmdEnd_Click()
    End
End Sub
```

在 cmdFont_Click 事件过程中,将对话框中选择的字体名(即 CommonDialog1 的 FontName 属性值)赋给文本框 Text1 的 FontName 属性,以下各语句类似,这样就将文本框中的文字按各 Font 属性值的规定显示出来。

9.2.5　打印(Print)对话框

当通用对话框的 Action 属性值为 5 时,通用对话框就作为打印对话框。其属性页如图 9-15 所示。

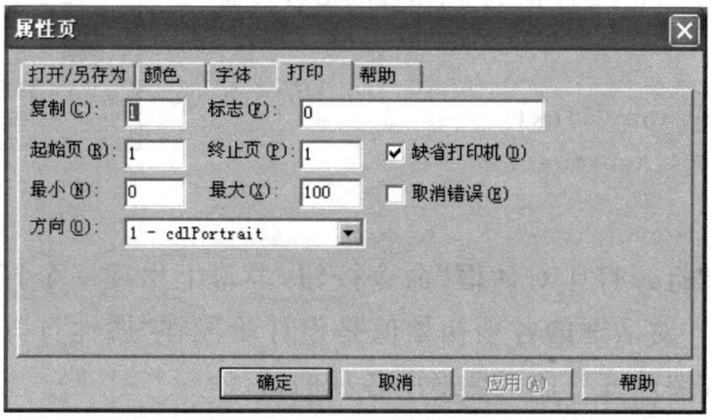

图 9-15　通用对话框属性页

"标志"属性用于设置打印对话框的一些选项(注意,不同类型对话框的"标志"属性值及含义有所不同)。当 Flags=0 时,将打印对话框中"打印范围"(见图 9-16 中的"页面范围")框架内的"全部"单选按钮作为默认按钮,即打印出文本的全部内容。Flags=1 时将"选定范围"单选按钮设置为默认按钮。Flags=2 时将"页码"选项按钮设置为默认按钮。

图 9-15 中的"起始页"和"终止页"指定从第几页打印到第几页(如果要设此两属性,"标志"属性值只能设定为 2)。

图 9-16　"打印"对话框

"最小"和"最大"属性用来规定"起始页"和"终止页"的范围。

"默认打印机"属性用于设置打印对话框中能否更改系统打印机的默认值,如选中此项(该项左侧小方格中有"√"标志),则属性值为 True,可以修改系统打印机的默认值,并对win. ini 文件作相应的修改;如未选中此项,属性值为 False,不能更改系统打印机的默认值。

【例 9-5】 使用通用对话框的打印选项。

利用通用对话框控件使屏幕显示一个打印对话框。窗体设计如图 9-18 所示。

指定"打开打印对话框"命令按钮的 Name 属性值为cmdPrint,对话框的 Name 属性值为 PringDialog,过程可以编写如下:

图 9-17　例 9-5 窗体外观

```
Private Sub cmdPrint_Click()
    CommonDialog1.Action=5
End Sub
```

运行程序,单击"打开打印对话框"命令按钮,屏幕上出现一个打印对话框如图 9-16所示。可以看到,打印对话框的各项初始值是设计阶段在"属性页"(图 9-15)中指定的。用户可以根据打印需要改变打印对话框中各项的值。

需要说明的是,与"打开/另存为"对话框一样,现在仅显示打印框,并未真正实现打印操作,如需实现打印功能,应另编写有关过程。

由于篇幅关系,在本节中只对通用对话框作简单的介绍,使读者建立一个初步的概念,为以后的使用打下一定的基础。

9.3　菜单

菜单是读者很熟悉的操作计算机的一种方式,在 Windows 的各种应用软件中都会用到它。如果在自己所设计的应用程序中加上菜单,那么开发的应用程序就会更专业,用户使用也会更加方便。

9.3.1　设计菜单

VB 中有一个设计菜单工具,称为**菜单编辑器**。菜单编辑器不在工具箱中。在设计菜单的时候,需要到 VB 主窗口的菜单栏中选择"工具"→"菜单编辑器"命令,或单击工具栏中的菜单编辑器按钮▤,这时屏幕上出现一个"菜单编辑器"窗口,如图 9-18 所示。利用这个菜单编辑器,能够对菜单的每一项属性进行设置。

使用菜单编辑器能够建立一个应用程序的菜单系统。这个菜单系统往往包含多个菜单项。需要说明的是虽然菜单系统是一个整体,但每一个菜单项都各自相当于一个控件,也就是说在菜单编辑器中包含了多个控件,每一个控件都有自己的名称,对每一控件需要分别进行属性的设置。当然也要分别针对每个控件编写相应的事件处理过程。在设计阶段,对属性的设置只能通过菜单编辑器进行,在程序运行过程中,可以通过语句改变某些属性的值。

图 9-18　菜单编辑器

建立菜单以后,每一个菜单项的名字(即该控件的"名称"属性)都会出现在程序代码窗口中对象框的下拉列表中(可以单击"视图"→"代码窗口"命令进入此窗口)。

建立菜单的步骤如下:

(1) 建立窗体,添加控件。

(2) 打开"菜单编辑器",进入菜单设计窗口。

(3) 设置各菜单项。

(4) 为相应的菜单命令添加编写事件过程。

图 9-19　例 9-6 窗体外观

通过下面的例题可以了解设计菜单程序的方法和步骤。

【例 9-6】　设计一个窗体,9-19 所示。窗体中包含两个文本框、一个通用对话框。在该窗体上设计菜单,包括"编辑(E)"和"设置(S)"两项。其中的"编辑(E)"包括 Windows 中常用的"剪切"、"复制"和"粘贴"3 个菜单项。另外还应当有"退出"命令。"设置(S)"包括"设置颜色"和"设置字体"两个菜单项。要求实现菜单所指定的功能(例如,单击"复制"菜单,就应将选中的文本复制到剪贴板中)。窗体上各控件的属性见表 9-5。

表 9-5　例 9-6 各对象属性设置

对　象	属　性	设　　置	对　象	属　性	设　　置
窗体	(名称)	frmMenu	文本框 2	(名称)	txtT2
文本框 1	(名称)	txtT1		Multiline	True
	Multiline	True	通用对话框	(名称)	CommonDialog11

按以上要求完成窗体外观设计后,开始建立菜单系统。以下分别讨论如何建立菜单以及怎样编写相应的应用程序。

打开菜单编辑器的方法是：从主窗口的菜单条上选择"工具"→"菜单编辑器"命令，此时会弹出如图 9-18 所示的菜单编辑器窗口。

从图 9-18 可以看到"菜单编辑器"窗口分上、中、下三个部分。上面部分称为属性设置区，用于设置菜单项的属性值。中间部分称为编辑区，有 7 个按钮，用于编辑菜单项。下面部分是菜单项显示区，输入的菜单项在此处显示出来。

1. 建立主菜单

在菜单编辑器的属性设置区中，分别设置菜单的标题、名称等项。简要说明这几个项目的含义：

（1）"标题（P）"是程序运行时显示在菜单上的说明文字，相当于一般控件的 Caption 属性。这个属性的内容是提供给用户看的。在程序运行时，这个属性的值可以改变。

（2）"名称（M）"是该菜单项控件的名称，这个名称将在程序中使用，用于识别控件。这个名称可以是简单的控件名称，也可以是控件数组元素的名称（假设已把所有菜单项组成一个控件数组）。如果菜单项是控件数组的一个元素，则应在"名称"中指出它的下标（即该元素在数组中的序号）。可以利用"索引"属性来指定下标，"索引"属性的值是一个整数，这个属性值是不能改变的。

（3）如果需要为菜单项设置快捷键，则应从"快捷键（S）"的下拉列表框中选择系统提供的可用快捷键组合。

（4）"复选"、"有效"、"可见"等选项用于控制菜单项是否有效、是否可用等。

按照上述说明，建立两个主菜单项，其属性设置如表 9-6 所示。

表 9-6　例 9-6 主菜单项属性设置

	标题（P）	名称（M）	内缩符号
主菜单项一	编辑（&E）	mnuEdit	无
主菜单项二	设置（&S）	mnuSet	无

怎样进行菜单项属性的设置呢？当进入菜单编辑器窗口后光标在"标题（P）"框中闪烁，下面窗口（菜单项显示区）的顶部有一反显的空行（用蓝色或其他色显示），按如下步骤操作：

（1）在"标题（P）"框内输入第一个主菜单标题"编辑（&E）"。

（2）按 Tab 键将光标移至"名称（M）"框（或用鼠标单击"名称（M）"框），在框内输入 mnuEdit，如图 9-20 所示。

在"标题（P）"框中输入"编辑（&E）"后会看到，在"菜单编辑器的菜单项显示区"中会同步显示出刚输入的内容"编辑（&E）"，表示已建立了一个名为"编辑（&E）"的菜单项。

接着建立第 2 个主菜单项。单击"下一个"按钮，菜单项显示区的光标行移到"编辑（&E）"的下一行，然后，按建立第 1 个主菜单项的方法建立第 2 个主菜单项"设置（&S）"。

图 9-20　设置菜单项属性

菜单编辑器编辑区的 7 个按钮分别用于调整菜单项的顺序、缩进位置、移动光标位置等操作,并提供了插入、删除操作。相关的操作在设计子菜单中介绍。

2. 设计子菜单

根据需要确定主菜单"编辑(&E)"的子菜单。见表 9-7。

表 9-7　例 9-6"编辑"子菜单属性设置

"编辑(&E)"的子菜单	标题(P)	名称(M)	内缩符号	快捷键
子菜单 1	剪切	mnuEditCut	....	Ctrl+X
子菜单 2	复制	mnuEditCopy	....	Ctrl+C
子菜单 3	粘贴	mnuEditPaste	....	Ctrl+V
子菜单 4	退出(&X)	mnuEditExit	....	无

具体操作如下:

(1) 首先选中菜单显示区(下窗口)中的第 2 个主菜单项,即用鼠标单击第 2 行的主菜单项"设置(&S)"。

(2) 然后单击编辑区中的"插入"按钮,这时在"设置(&S)"前插入了一个空行。

(3) 单击"标题(P)"框并在其中输入第 1 个子菜单项的标题"剪切"。

(4) 单击"名称(M)"框并在其中输入第 1 个子菜单项的名字"mnuEditCut"。

(5) 单击编辑区(中窗口)中向右的箭头按钮"→",菜单项"剪切"两个字前加入 4 个点,"剪切"被缩进,表示它是从属于"编辑(&E)"的子菜单项。

4 个点表示一个内缩符号,为第 1 级子菜单,如果单击向右的箭头按钮两次,就会出现两个内缩符号(8 个点),为第 2 级子菜单,依此类推。单击向左的箭头按钮,内缩符号便会消失。

3. 设置快捷键

在操作菜单命令,按下快捷键(ShortCut)时,就会立刻运行相应的菜单命令,这样能大大提高选取命令的速度。菜单编辑器中的"快捷键(S)"用来定义菜单项的快捷键。

例如,为"剪切"命令指定快捷键的方法是:在"菜单编辑器"中用鼠标单击"快捷键"右侧的下箭头,下拉列表框中显示了可供选择的快捷键组合,如图 9-21 所示。我们选择 Ctrl+X 作为"剪切"的快捷键。选中后,Ctrl+X 自动出现在菜单中(见图 9-22,图 9-23),不需要在标题栏中键入这几个字母。

图 9-21　设置快捷键

如果要删除已经定义的快捷键,应选取列表框顶部的"None"。

设置快捷键时应该注意两个问题:第一,应尽可能按照 Windows 的操作习惯设置快捷键,这样符合大家平时的使用习惯,会感到系统界面很友好。例如,Windows 应用程序中习惯将复制、剪切、粘贴等命令的快捷键分别设置为 Ctrl+C、Ctrl+X、Ctrl+V。我们在这里也遵循这个习惯。第二,不要设置太多的快捷键。若设置过多的快捷键,难以记忆,反而不能达到快捷操作的目的。

重复以上过程,建立子菜单的第 2 项(复制)、第 3 项(粘贴)、第 4 项(退出)。

4. 符号 & 的作用

子菜单第 4 项"退出"之后的符号"&"的含义是在生成的菜单中设置一个访问键。在设计菜单时,若某一字母前面加上符号 & 后,当程序运行时,在菜单项 & 后面的字母(例如 X)底部就会出现下划线。使用这种访问键时,同时按下 Alt 键和该字母键,能够打开相应的菜单项。例如,用 Alt+E 打开"编辑(E)"菜单。当菜单项被打开后,再按 Alt+X,就可以执行"退出"菜单命令(与单击菜单项"退出"时作用一样),如果不加符号 & 则不能采用这种方式来选择菜单项。

5. 添加分隔线

现在需要在"粘贴"和"退出"两个子菜单命令中间加一个分隔条。操作过程与建立一个菜单项一样:

(1) 在菜单编辑器中,选中"退出"子菜单项。

（2）单击"插入"项，可以看到在"退出"命令的上面添加了一行，并自动加入了一个内缩符号。

（3）在"标题（P）"框中输入一个减号（—）。

（4）在"名称（M）"框中为这个减号起一个名字 menuEditBar。

分隔线本身不是菜单项，它仅仅起到分隔菜单项的作用。它不能带有子菜单，不能设置"复选"、"有效"等属性，也不能设置快捷键。但是要注意，"名称（M）"属性必须设置，否则运行时会出错。

到目前为止，已建立了第一个主菜单和它的第一级子菜单，此时的菜单编辑器如图 9-22 所示。

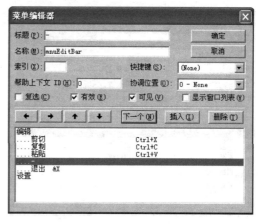

图 9-22 "编辑"菜单的建立

按以上方法，在"设置（&S）"主菜单项下面建立子菜单。表 9-8 中列出了"设置（S）"项中菜单项的属性。

表 9-8 "设置"项中的菜单属性

菜单分类	标题（P）	名称（M）	内缩符号
主菜单 2	设置（&S）	mnuSet	无
子菜单 1	设置字体	mnuSetting	……
	索引	0	
子菜单 2	设置字号	mnuSetting	……
	索引	1	

实际上，也可以采用另一种建立菜单的方法，即按顺序一步步建立，也就是说在完成第 1 个主菜单项的定义后，接着便建立该菜单项的第 1 级子菜单，而不是像上面那样，先把所有的主菜单项建好再建立子菜单。这时不需使用"插入"按钮，直接使用"下一个"按钮，输入"标题（P）"和"名称（M）"，再按内缩键即可。然后建立第 2 级、第 3 级子菜单……（如果有的话），在第 1 个主菜单项及其所属的子菜单全部建立后，再建立第 2 个主菜单项和它的子菜单……

建立第 2 级子菜单与建立第 1 级子菜单在操作上基本相同，只是需要两个内缩符号。

菜单全部构造完毕后的情况如图 9-23 所示。

单击"确定"按钮，关闭"菜单编辑器"窗口。这时可以看到窗体上有一主菜单行，单击某个菜单标题时，列出它的下级菜单。图 9-24 是单击"设置"菜单项时所显示的窗体。如果要修改一个已构造好的菜单，可再次进入"菜单编辑器"窗口进行修改。

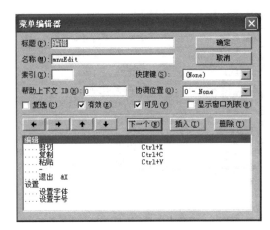

图 9-23　完整的菜单　　　　　　　图 9-24　"设置"菜单的内容

9.3.2　编写代码

菜单构造好后,还要为各个菜单项进行编码才能真正做到通过选择菜单项来实现某项操作功能。

按例 9-6 的要求在第 1 个文本框中输入文本,选中其中的一段文本,用"剪切"或"复制"命令将所选的文本"放"到剪贴板上,再用"粘贴"命令将剪贴板上的内容"贴"到第 2 个文本框中。

读者都知道,在 Windows 的应用程序中,几乎都有"剪切"、"复制"和"粘贴"命令。实际上,这几项操作是借助剪贴板(Clipboard)完成的。剪贴板是内存的一部分区域,可以暂时保存文本和图形等。所有的 Windows 应用程序都能使用(共享)剪贴板中的信息。

在 VB 程序中,与剪贴板有关的操作是通过 Clipboard 对象实现的。Clipboard 对象是**剪贴板**,利用它可以进行文本和图形的复制、剪切和粘贴。Clipboard 对象没有任何属性和事件,但是通过它的方法可以对系统剪贴板进行访问,即通过剪贴板实现不同的应用程序或控件间的数据共享。

为了说明这个问题,把提供数据的对象称为"源"(Source),从剪贴板中取出的数据最终放置的地方称为"目标"。

从提供数据的"源"上读取数据时使用 Clipboard 对象的 SetText 方法或 SetData 方法。其中 SetText 方法用于读取文本数据的操作,SetData 方法用于读取非文本数据的操作。以下是"复制"命令的事件过程代码:

```
Private Sub mnuEditCopy_Click()
    If txtT1.SelLength>0 Then
        Clipboard.SetText txtT1.SelText
    End If
End Sub
```

过程中首先判断文本框 txtT1 中是否有文本被选中,只有选中了文本框中的一段文本才能进行复制操作。If 语句中文本框的 SelLength 属性表示被选中文本块的字符数。条件 txtT1. SelLength ＞ 0 的含义是：被选中文本的字符数大于 0，即有文本被选中。过程中第 2 行中的 SelText 属性表示被选中文本的内容，该语句的作用是把第 1 个文本框（txtT1）中被选中的文本 txtT1. SelText 复制到剪贴板 Clipboard 上。

以下是"剪切"命令的事件过程代码。这个过程与"复制"类似，区别仅仅在于把数据放到剪贴板的同时应把文本框清空，也就是说，剪切后，源数据不再存在。

```
Private Sub mnuEditCut_Click()
    If txtT1.SelLength>0 Then
        Clipboard.SetText txtT1.SelText
        txtT1. SelText=""
    End If
End Sub
```

将 Clipboard 对象的数据放到"目标"对象时，应使用 GetText 方法或 GetData 方法。GetText 方法用于文本数据的操作，GetData 方法用于非文本数据的操作。以下是"粘贴"数据的事件过程：

```
Private Sub mnuEditPaste_Click()
    If Len(Clipboard.GetText)>0 Then
        txtT2.SelText=Clipboard.GetText
    End If
End Sub
```

在"粘贴"之前，应确认 Clipboard 控件上是否有数据，即判断 Clipboard. GetText 的长度是否大于 0。当 Len(Clipboard. GetText) ＞ 0，表示剪贴板上有字符，此时可以执行从剪贴板取数据的操作。请注意从剪贴板取出的数据应赋值给文本框的 SelText 属性，而不是 Text 属性。如果将剪贴板的内容赋给 Text 属性，则文本框中原有数据将被剪贴板中的数据替代，这与题目的要求不一致。使用 SelText 属性，则在光标当前位置处插入文本。

使用剪贴板需要注意的一个问题是，在使用之前，应该先用 Clear 方法将剪贴板 Clipboard 清空，因为 Clipboard 是 Windows 的系统资源，允许多个程序向剪贴板粘贴数据，因此剪贴板上可能已存放其他程序复制的信息。在程序装载时要先清空剪贴板的内容，相应的程序如下：

```
Private Sub Form_Load()
    Clipboard.Clear
End Sub
```

另一个要注意的问题是，在这个题目中，数据源和目标都是固定的。因此只能从第 1 个文本框txtT1 取数据，再粘贴到第 2 个文本框 txtT2 中，不能从 txtT2 向 txtT1 中粘贴数据，也不能从 txtT1 中复制后再粘贴到 txtT1 中。如果要使程序能适应各种对象之间的粘贴操作，应先利用 Screen 对象确定当前的操作对象，例如，当前编辑的是文本框 txtT2，再把这个对象作为"源"，进行粘贴操作。可以将"复制"程序作如下修改：

```
Private Sub mnuEditCopy_Click()
    '使用 Screen.ActiveControl
    Clipboard.Clear
    If TypeOf Screen.ActiveControl Is TextBox Then
        Clipboard.SetText Screen.ActiveControl.SelText
        mnuEditPaste.Enabled=True
    End If
End Sub
```

过程中的 Screen. ActiveControl 表示屏幕对象 Screen 上当前激活的控件 ActiveControl。If 语句中的条件 TypeOf Screen. ActiveControl Is TextBox 的含义是判断当前控件的类型是否是文本框。如果这个条件为真,则将当前屏幕上激活的文本框内容放到剪贴板上。

"粘贴"命令的事件过程如下:

```
Private Sub mnuEditPaste_Click()
    If Len(Clipboard.GetText)>0 Then
        Screen.ActiveControl.SelText=Clipboard.GetText
    End If
End Sub
```

过程首先判断剪贴板是否为空,若不为空(即剪贴板中文本的长度大于 0),将剪贴板的内容放到当前屏幕上激活的控件 Screen. ActiveControl 上。使用 Screen 对象编写剪贴板操作程序,可以不必指明具体的文本框,而针对当前激活的控件 ActiveControl 进行操作,这样就大大加强了程序的通用性。

如果窗体上有多种类型的控件,则在使用时应针对不同类型的控件进行不同的复制、粘贴处理。若窗体上有文本框、列表框、组合框及图片框,则过程可以改为:

```
Private Sub mnuEditCopy_Click()
    '多种控件使用 Screen.ActiveControl
    Clipboard.Clear
    If TypeOf Screen.ActiveControl Is TextBox Then            '文本框
        Clipboard.SetText Screen.ActiveControl.SelText
    ElseIf TypeOf Screen.ActiveControl Is ComboBox Then       '组合框
        Clipboard.SetText Screen.ActiveControl.Text
    ElseIf TypeOf Screen.ActiveControl Is PictureBoxThen      '图片框
        Clipboard.SetData Screen.ActiveControl.Picture
    ElseIf TypeOf Screen.ActiveControl Is ListBox Then        '列表框
        Clipboard.SetText Screen.ActiveControl.Text
    End If
End Sub
```

关于 Screen 的操作在第 13 章中有简单介绍,读者也可以查阅有关手册中的相关内容。这里不详细介绍。

"设置(S)"所包含的两个菜单项是控件数组 mnuSetting 的两个数组元素。单击这两个菜单项中的任一项,都会触发 mnuSetting_Click 事件过程。该过程的代码如下:

```
Private Sub mnuSetting_Click(Index As Integer)
    '选择字体
    If Index=0 Then
        CommonDialog11.Flags=1
        CommonDialog11.ShowFont
        txtT1.FontSize=CommonDialog11.FontSize
        txtT2.FontSize=CommonDialog11.FontSize
    End If
    '选择颜色
    If Index=1 Then
        CommonDialog11.ShowColor
        txtT1.ForeColor=CommonDialog11.Color
        txtT2.ForeColor=CommonDialog11.Color
    End If
End Sub
```

单击"设置字体"或"设置颜色"命令时,系统将控件数组 mnuSetting 上相应的索引号作为参数传给事件过程中的形参 Index。在过程中,根据索引 Index 值判断应执行哪些代码。如果 Index＝0,选择的是"设置字体",应使通用对话框按设置字体的对话框激活。在确定字体后,按选中的字号重新设置两个文本框的字号。如果 Index＝1,选择的是"设置颜色",应使通用对话框为设置颜色的对话框。在确定颜色后,按选中的颜色重新设置两个文本框中文字的颜色。

9.3.3　菜单的有效性控制

在应用程序中,菜单的作用可能因执行条件的变化而相应地发生一些变化。这就是菜单的有效性控制问题。

有一些命令在执行时需要一定的条件,例如,只有剪贴板上保存有信息,"粘贴"命令才能执行,否则该命令是灰色的,表示"粘贴"命令失效。

"有效"复选框用来设置某一菜单项在程序运行期间是否可用,即是否能够响应相

图 9-25　不可用的菜单项

应的事件。它是通过菜单项的"Enabled"属性来实现控制的。例如"粘贴"菜单项在程序开始运行时应设为"不可用"。将"粘贴"菜单项设置为暂时不可用的方法是:进入"菜单编辑器"窗口,选中"粘贴"菜单项,单击编辑区的"有效"复选框,使其框中的"√"消失(此时"粘贴"菜单项的"Enabled"属性值变为 False),按"确定"后就完成该属性的初始设置。

经过这样处理后,用户界面的菜单上此菜单项呈灰色显示(见图 9-25 的"粘贴"),这种变为灰色的菜单

项不能响应单击事件，就是说它不响应用户事件。菜单项的"有效"属性的默认值为 True，即菜单项是可用的。如果想使某菜单项不可用，应按上面的方法将 Enabled 属性改为 False。

【例 9-7】 修改例 9-6，使"粘贴"命令在初始状态下为"不可用"，当发生"剪切"或"复制"操作后，才成为可用的菜单项。

与上述修改有关的过程代码如下：

```
Private Sub Form_Load()
    Clipboard.Clear
    mnuEditPaste.Enabled=False
End Sub
```

过程开始运行时，自动执行 Form_Load() 事件过程，使"粘贴"菜单(mnuEditPaste) 的 Enabled 属性为 False，菜单项为灰色，此时它是不可用的。当选择"复制"或"剪切"命令时，除执行对剪贴板的存取操作外，还要改变"粘贴"菜单的有效性控制属性，把"有效" (Enabled)属性设为 True，使其成为可执行的命令。

"复制"命令事件过程的程序如下：

```
Private Sub mnuEditCopy_Click()
    If txtT1.SelLength>0 Then
        Clipboard.SetText txtT1.SelText
        mnuEditPaste.Enabled=True
    End If
End Sub
```

"剪切"命令事件过程的程序如下：

```
Private Sub mnuEditCut_Click()
    If txtT1.SelLength>0 Then
        Clipboard.SetText txtT1.SelText
        txtT1.Text=""
        mnuEditPaste.Enabled=True
    End If
End Sub
```

9.3.4　菜单项的复选标记

有些菜单项对应的命令表示的是一种开关状态。所谓"开关状态"，是指该命令只在两种可选的状态之间切换，就像电灯的开关，按一下开关，电灯被打开，再按一下开关，电灯被关闭。

"菜单编辑器"编辑区的"复选"框对应于菜单项的 Checked 属性相关联。当"复选"框被选中，"复选"左侧的方框内出现一个"√"，此时 Checked 属性值为 True，系统会在相应的菜单项的左侧加一个记号。

例如，在"菜单编辑器"窗口中添加一个新的菜单项"清除"，然后单击"复选"框，使方

图 9-26 菜单编辑器窗口

框内出现"√",表示选中。单击"确定",关闭"菜单编辑器"的窗口后,会看到在用户界面的"编辑"下拉菜单中的"清除"菜单项的左侧有一个"√",表示设置为"清除"状态,如图 9-26 所示。如果在程序运行时单击"清除",就会执行清除的操作。如果无此"√",则单击"清除",不会执行清除的操作。

在程序运行时可以对菜单项的"复选"(Checked 属性)进行重新设置。如果开始时"清除"项处于被选中状态(左侧有"√"),在程序运行时单击"清除"就清除两个文本框中的全部文本,同时会去掉左侧的"√"。当再次单击"清除"命令时,由于此时已无"√",所以不做清除操作,只是在"清除"的左侧加上一个"√"记号,表示已设置为"清除"工作状态。为了实现这个要求,相应的程序如下:

```
Private Sub mnuEditCls_Click()
    If mnuEditCls.Checked=True Then
        mnuEditCls.Checked=False
        txtT1.Text=""
        txtT2.Text=""
    Else
        mnuEditCls.Checked=True
    End If
End Sub
```

由于 mnuEditCls. Checked 是开关变量,只有两种可能的状态。因此程序中首先判断 mnuEditCls. Checked 的值,当 mnuEditCls. Checked 的值为 True,则应设为 False,同时清除文本框中的内容;当 mnuEditCls. Checked 的值为 False,则应设为 True。

9.3.5 在程序运行时增减菜单项

有些程序需要隐藏某些菜单项,例如,有的程序菜单条中只有"文件"和"帮助",只有当用户打开或创建一个文件后,其他菜单才能看得见。

要使在"菜单编辑器"中定义的菜单项不显示,可以在"菜单编辑器"中将菜单项的"可见"框的"√"去掉(此时菜单项的 Visible 属性被设置为 False)。程序运行时,由于其 Visible 属性值为 False,故该菜单项不会出现在菜单中。只有当该菜单项的 Visible 属性再次被设置为 True 后,才能使该菜单项可见。

使用上述方法可以使应用程序更方便使用,程序显得更专业一些。

9.3.6 建立弹出式菜单

在各种具有 Windows 风格的软件中,当单击鼠标右键时,会出现一个称为上下文菜单或快捷菜单的弹出式菜单。弹出式菜单是独立于菜单栏而显示在窗体上的浮动菜单,经常被用来快速地在屏幕上显示若干菜单命令,这些命令一般是当前鼠标所指向对象的快捷操作命令。

【例 9-8】 建立弹出式菜单。

在例 9-6 的程序中添加一个快捷的编辑菜单,当用鼠标单击窗体时,弹出这个快捷菜单。

设计弹出式菜单的方法是:

(1)在"菜单编辑器"中建立一个顶层菜单项(没有缩进符号),名称可以任意设定,因为在菜单弹出的时候,不显示顶层菜单项的名称。这里我们将其设为"Edit"。

(2)将顶层菜单的"可见"(Visible)属性设置为 False。这样程序运行时,不显示这个菜单。

(3)单击"下一级"命令按钮,再单击" →"按钮,依次输入弹出式菜单中的各菜单项。各菜单项的属性如表 9-9 所示。完成设计的菜单如图 9-27 所示。

表 9-9　弹出菜单的菜单属性

	标题(P)	名称(M)	内缩符号
弹出菜单项	剪切	mnuPopCut	....
弹出菜单项	复制	mnuPopCopy	....
弹出菜单项	粘贴	mnuPopPaste	....

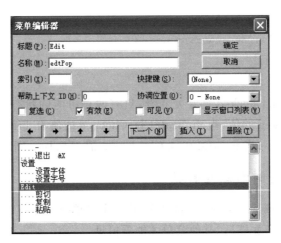

图 9-27　设计弹出菜单

(4)现在要为弹出式菜单编写过程代码。过程如下:

```
Private Sub Form_MouseDown(Button As Integer,Shift As Integer, X As Single,Y As
Single)
    If Button=2 Then
        PopupMenu edtPop
    End If
End Sub
```

一般情况下,不显示弹出式菜单。需要时用 PopupMenu 方法显示弹出式菜单,并指明这个菜单的位置与特点,其语法格式是:

```
[对象].PopupMenu<菜单项>[,Flag[,X[,Y]]]
```

PopupMenu 方法中 Flag 参数及 X、Y 的值能够详细定义弹出式菜单的位置。当 Flag 等于 0 时，为系统的默认状态，此时，Flag 后面的 X 的位置是弹出菜单的左边界；当 Flag 等于 4 时，X 的位置是弹出菜单的中心位置；当 Flag 等于 8 时，X 的位置是弹出菜单的右边界。

运行程序，当用鼠标单击窗体时，执行 txtT1_MouseDown 事件过程，弹出一个快捷菜单。程序中的 Button 表示按下的鼠标按键。Button＝2 表示按下的是鼠标右键。当按下鼠标右键时，用 PopupMenu 方法显示弹出式菜单。

图 9-28　运行例 9-8

为什么题目要求在单击窗体时执行弹出菜单的操作，而这个程序却使用 MouseUp 事件响应鼠标的操作？这是因为 Click 事件是在单击鼠标左键时发生的事件。单击右键，不会触发 Click 事件。而 MouseUp 事件是在鼠标释放时发生的事件，不论是鼠标左键还是右键的操作都会使 MouseUp 事件发生。编写程序代码时再根据系统提供的 MouseUp 事件过程的参数 Button 的值就能判断是哪个鼠标键的动作。图 9-28 是弹出菜单的显示情况。

程序运行时，每次只能显示一个弹出式菜单。若已经显示了一个弹出式菜单，则不再执行其他的 PopupMenu 事件，直到弹出菜单中的一个命令被选中或这个菜单被取消。

当选中弹出菜单中的某个命令时，应执行相应的单击事件过程。例如选中"剪切"，执行 mnuPopCut_Click 事件过程。在这个例题中，mnuPopCut_Click 过程所执行的操作与 mnuEditCut_Click 事件过程相同。程序代码如下：

```
Private Sub mnuPopCut_Click()
    Call mnuEditCut_Click
End Sub
```

"复制"、"粘贴"单击事件过程类似，不再赘述。

9.4　多重窗体的程序

在实际应用中，一个窗体往往不能满足实际应用程序的要求，需要用到多个窗体。利用 VB 能够设计多窗体(Multi-Form)的应用程序。下面通过一个简单的例题来说明多窗体程序设计的基本思路。

9.4.1　建立多重窗体应用程序

【例 9-9】　多重窗体程序。

设计一个程序，程序中包括 3 个窗体，第 1 个窗体为主窗体，显示操作菜单，如图 9-29(a) 所示，第 2 个窗体显示图片，如图 9-29(b)所示，第 3 个窗体显示文本如图 9-29(c)所示。

(a) Form1

(b) Form2

(c) Form3

图 9-29　例 9-9 要求的窗体示意

1. 建立多个窗体

首先建立一个新的工程文件,即建立窗体 Form1。然后选择"工程"→"添加新窗体"命令,能够在同一个工程文件中再建立起一个新的窗体。按照这种方法,能够在一个工程文件中建立多个窗体。按照这种方法建立 Form1、Form2、Form3 3 个窗体。

保存时,每个窗体文件需要单独进行保存,然后选择"文件"→"工程另存为…"命令,保存工程文件,即把多个窗体文件作为一个程序单位保存。

实际上,在 VB 中,一个应用程序中可以包含构成这个应用程序的窗体文件(.frm)、标准模块文件(.bas)、类模块文件(.cls)以及包含 ActiveX 控件的文件(.ocx)等多个文件。这一系列文件的集合就是工程文件。当工程中所有部分的设计都完成后,可以把工程文件编译为可执行文件。

2. 添加控件

按照图 9-29 在各个窗体上添加控件,并按表 9-10 设置各控件的属性。

表 9-10　例 9-9 控件属性设置

窗　体	对　象	属　性	设　置
窗体 1	窗体	(名称)	Form1
		Caption	Form1
	标签	(名称)	lblTitle
		Caption	多重窗体程序
窗体 2	窗体	(名称)	Form2
		Caption	Form2
	图片框	(名称)	Picture1
		Picture	Test. jpg
	命令按钮 1	(名称)	cmdReturn
		Caption	返回
	命令按钮 2	(名称)	cmdExit
		Caption	退出

窗　体	对　象	属　性	设　置
窗体 3	窗体	（名称）	Form3
		Caption	Form3
	文本框	（名称）	txtTest
		Text	（文本）
	命令按钮 1	（名称）	cmdReturn
		Caption	返回
	命令按钮 2	（名称）	cmdExit
		Caption	退出

仔细观察表 9-10 能够看到，窗体 2 和窗体 3 中都有命令按钮"返回"和"退出"，而且"名称"属性也相同。相同的控件名称会混淆吗？不会。因为它们分别属于不同的窗体。也就是说在不同的窗体容器中可以有同名的控件对象。

3. 菜单设计

按照表 9-11 在 Form1 中建立菜单。

表 9-11　例 9-9 的菜单属性设置

标题（P）	名称（M）	内缩符号	标题（P）	名称（M）	内缩符号
操作	menu	无	显示文本	showText	….
显示图片	showPic	….	退出	mnuExit	….

4. 设定启动窗体

在多窗体程序中，如果没有特别设定，应用程序的第一个窗体 Form1 默认为启动窗体，即程序开始运行时，先运行这个窗体。如果要改变系统默认的启动窗体，要在"工程属性"窗口中进行设置。方法是：选择"工程"→"属性"命令，出现图 9-30 所示的对话框。在"通用"选项卡的"启动对象"栏中选择新的启动窗体或 Sub Main。选定后，将以新设定的窗体为启动窗体。

5. 编写程序

在窗体 Form1 中，当选择"操作"菜单中的"显示图片"或"显示文本"菜单项后，需要从 Form1 切换到 Form2 或 Form3，如何在两个窗体之间进行切换呢？

选择"显示图片"菜单项，将 Form1 隐藏并显示 Form2，事件过程如下：

```
Private Sub showPic_Click()
    Form1.Hide
```

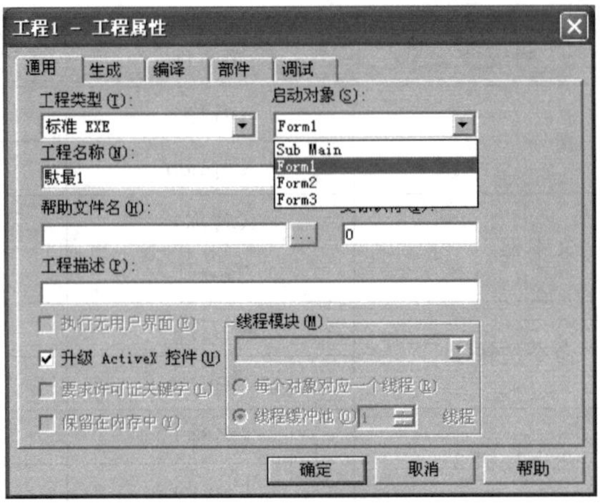

图 9-30　设定启动窗体

```
    Form2.Show
End Sub
```

Hide 和 Show 是在多重窗体程序设计中使用的两个方法。"Hide"方法是将窗体隐藏起来,即不在屏幕上显示。Show 是显示窗体。

选择"显示文本"菜单项,将 Form1 隐藏并显示 Form3,事件过程如下:

```
Private Sub showText_Click()
    Form1.Hide
    Form3.Show
End Sub
```

类似地,在 Form2 中,单击命令按钮"返回",将回到 Form1,即显示窗体 Form1,隐藏窗体 Form2。事件过程如下:

```
Private Sub cmdReturn_Click()
    Form2.Hide
    Form1.Show
End Sub
```

若单击 Form2 的"退出"按钮,则直接结束程序的运行,程序如下:

```
Private Sub cmdExit_Click()
    End
End Sub
```

窗体 Form3 中两个命令按钮的事件过程与 Form2 类似,不再赘述。

9.4.2　多重窗体相关的属性、方法

多窗体应用程序与单窗体应用程序最主要的不同是需要在多个窗体之间进行切换。现在介绍与多窗体程序设计相关的主要方法,包括前面例题中提及的 Hide 和 Show

方法。

1. Load 方法

Load 方法的作用是把指定的窗体装入内存,其一般格式为:

Load<窗体名称>

"窗体名称"是窗体的 Name 属性。执行 Load 命令之后,指定的窗体被加载到内存,这时可以引用该窗体的对象。但是窗体并没有显示在屏幕上。

2. Unload 方法

Unload 方法与 Load 相反,其作用是清除内存中指定的窗体。一般格式如下:

Unload<窗体名称>

3. Show 方法

Show 方法是将窗体显示在屏幕上。其一般格式为:

[窗体名.]Show

如果不指定窗体名称,则显示当前窗体。执行 Show 方法时,若指定的窗体不在内存中,则先将窗体装入内存,再显示窗体,即 Show 方法兼有装载和显示两个功能。

4. Hide 方法

Hide 方法是将窗体隐藏起来,即不在屏幕上显示,但仍在内存中。它的一般格式为:

[窗体名.]Hide

如果不指定窗体名称(默认)指当前窗体。

9.5 多文档界面

前面各章所介绍的 VB 程序都是单文档界面。但在一些应用中,可能使用多文档界面(Multiple Document Interface ,MDI)更合适,更为用户欢迎。多文档界面是 Windows 应用程序的一种典型结构。一个多文档应用程序可以在一个窗口内打开多个窗体,每个窗体具有相同的功能。Windows 中 Word 就是这种多文档界面的实例,可以打开多个文档窗口。

实际上,一个多文档界面的应用程序可以包含三类窗体:MDI 父窗体(简称 MDI 窗体,即主窗体)、MDI 子窗体(简称子窗体)及普通窗体(或称标准窗体)。普通窗体与 MDI 窗体没有直接的从属关系,可以从 MDI 窗体中将普通窗体移动出去。

9.5.1 通过实例了解多文档界面

下面通过例题来了解如何建立多文档界面的应用程序。

【例 9-10】 建立一个具有基本功能的简化写字板。

参照 Windows 中的写字板,建立一个多文档界面的简化写字板。步骤如下:

1. 添加 MDI 窗体

选择"工程"→"添加 MDI 窗体"命令,在打开的"添加 MDI 窗体"对话框中按下"打开"命令按钮,建立新的 MDI 窗体;或把鼠标指向"Microsoft Visual Basic"窗口右侧"工程"窗口中的工程名,单击右键,弹出快捷菜单,选择"添加"→"添加 MDI 窗体"。这时,工程文件中添加了一个 MDI 窗体,即是 MDI 父窗体。从图 9-31 所示的工程窗口中能看到这个新添加的窗体。在 MDI 窗体添加一个通用对话框,用于保存文件。

注意:一个工程文件中只能有含有一个 MDI 父窗体。

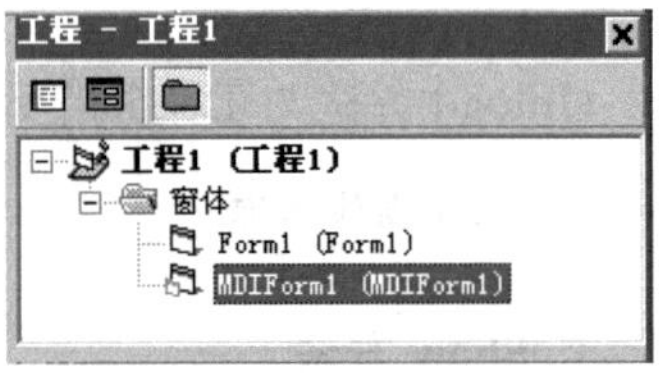

2. 设置 MDI 窗体的子窗体

子窗体原本就是普通的窗体。这个窗体既可以是已经存在的窗体,也可以建立新的窗体。在设计阶段子窗体与 MDI 窗体没有关系,能够单独添加控件,设置属性,编写代码。MDI 子窗体与普通窗体的区别在于其 MDIChild 属性被设置为"真"(True)。也就是说,如果某个窗体的 MDIChild=True,则该窗体作为它所在工程文件中 MDI 窗体的子窗体。

在子窗体中添加一个文本框控件。文本框控件设置为可处理多行文本。各控件的属性设置如表 9-12 所示。

图 9-31　添加 MDI 窗体

表 9-12　例 9-10 控件对象属性设置

对　象	属　性	设　置
MDI 窗体	(名称)	MDIWrite
	Caption	简易写字板
通用对话框	(名称)	CommonDialog11
窗体	(名称)	frmChild
	Caption	编辑区
	MDIChild	True
文本框	(名称)	txtWrite
	Multiline	True
	ScrollBars	2
	Text	空

3. 建立菜单

为初步建成的窗体添加菜单。选中 MDI 窗体,再打开"工具"菜单中的"菜单编辑器"。建立一个主菜单项"文件",包含两个子菜单项"新建"和"退出"。建立了菜单的 MDI 父窗体如图 9-32 所示。其中"新建"菜单命令的名称为 mnuNew,"退出"的名称是 mnuExit。

4. 保存 MDI 应用程序

与普通的工程文件类似,每个窗体(本题有两个窗体:MDI 窗体和它的子窗体)应分别保存为不同的文件,所有窗体文件保存为一个工程文件。

图 9-32 MDI 父窗体

5. 编写 MDI 窗体中的事件过程代码

分别编写两个菜单命令的单击事件过程。代码如下:

```
Private Sub mnuNew_Click()
    '定义新的窗体对象变量
    Dim NewFrm As New frmChild
    NewFrm.Show
End Sub


Private Sub mnuExit_Click()
    End
End Sub
```

上面程序中涉及一些新的概念,先观察一下程序运行的结果,再对上面程序做具体的说明。在程序开始运行后,单击 2 次"新建"菜单项,屏幕上出现 2 个相同的文本编辑区,如图 9-33 所示。每个新窗体对象都与原有窗体具有相同的属性、事件和方法,即继承了 frmChild 对象的属性、事件和方法。每个文本编辑区中都可以单独进行编辑操作,各窗口之间相互独立。

图 9-33 打开两个文本编辑区

现在,讨论事件过程 mnuNew_Click 中的一些问题。

在 mnuNew_Click 中,用变量声明语句"Dim NewFrm As New frmChild"定义了一个新的变量 NewFrm。但这个变量的类型不是我们所熟悉的整型、实型或已学过的其他类型,而是与窗体 frmChild 一样的类型。从表 9-12 中可以看到 frmChild 是例题中 MDI 子窗体的名称。这条语句的作用是声明一个变量,这个变量的类型是一个已定义的窗体的类型。这种变量称为**对象变量**,即它代表一个对象(而不是一个数值)。以上的对象是**特定类型对象**。(即它是一个与特定对象相同的对象,与它有相同的属性。)

声明对象变量与声明普通变量的方式基本相同,一般格式如下:

Dim <变量名> As [New] <对象类型>

例如,Dim NewFrm As New frmChild 语句声明了一个新的对象 NewFrm,这个对象的类型与 frmChild 相同,而 frmChild 是一个窗体,所以 NewFrm 也是一个窗体对象,具有与 frmChild 相同的属性。

注意:

1. 上面的 Dim 语句中的 As New 后面是一个具体的窗体对象名(frmChild)。但 VB 规定,As New 之后只能用窗体对象名,而不能用窗体之外的其他具体的控件名。例如,Dim NewText As New Text1,其中 Text1 是一个文本框的名字。即不能把一个新变量声明为具体的控件对象。

2. 可以在 Dim 语句中 As 后面跟一个对象的类型(如窗体 Form、文本框 TextBox、列表框 ListBox),而不用具体的对象名。但此时 As 后面不能用"New"关键字。

请分析如下声明语句:

(1) Dim anyForm As Form

声明 anyForm 是普通窗体 Form 类型的对象变量。注意其用法与声明一个普通的变量相似(如 Dim a As Integer)。anyForm 代表一个普通的窗体。此语句只声明了变量的类型,并未对其属性赋值。

(2) Dim objText As TextBox

声明一个文本框对象变量 objText。TextBox 是文本框的类型名而不是一个具体的控件的名字。不能写为:

```
Dim objText As Text1                    '设 Text1 是已定义的文本框控件
```

也不能写为:

```
Dim objText As New TextBox
```

(3) Dim objList As ListBox

声明一个列表框对象变量 objList。ListBox 是列表框类型名。不能写为:

```
Dim objList As List1                    '设 List1 是已定义的列表框控件
```

也不能写为:

```
Dim objList As New ListBox
```

（4）如果要声明一个与已有的列表框 List1 相同的控件，应按如下格式定义：

```
Dim objList As ListBox          'ListBox 是列表框类型
Set objList=List1               'List1 是具体的列表框控件
```

上述语句的作用是先声明 objList 为 ListBox 类型的列表框对象变量，再用 Set 语句把一个已经定义的列表框对象 List1 赋值给 objList。这样对象变量 objList 就和列表框 List1 具有相同的属性，objList1.Name 就是 List1.Name。

Set 语句用于为对象变量赋值。语句格式如下：

Set <变量>=<对象>

例如，在窗体上添加一个文本框 Text1，其 Text 属性值为空；一个命令按钮 cmdDisplay。要求当单击命令按钮时，在文本框中显示"Hello!"，并且要求使用控件变量进行有关的操作。命令按钮的事件过程如下：

```
Private Sub cmdDisplay_Click()
    Dim txtVar As TextBox
    Set txtVar=Text1
  txtVar.Text="Hello"
End Sub
```

Text1 是已经添加到窗体上的文本框控件，txtVar 是文本框控件变量。在过程中，既可以用我们熟悉的方法：

```
Text1.Text="Hello"
```

直接为文本框的 Text 属性赋值，也可以用控件变量间接为文本框的 Text 属性赋值，即 txtVar.Text="Hello"。由于 txtVar 与 Text1 具有相同的属性，因此相当于向 Text1.Text 赋值。

但如果将声明语句写成：

```
Dim anyText As Text1
```

则是错误的。

9.5.2 MDI 有关属性、事件

多文档界面应用程序所使用的属性、事件和方法与单文档界面的程序基本相同。但在设计 MDI 应用程序时，会涉及一些专门用于 MDI 的属性、事件和方法。其中有些属性、事件和方法属于 MDI 本身，有些则属于系统或其他的控件，但它们却与 MDI 应用程序密切相关。下面简要介绍有关的内容。

1. MDIChild 属性

在 MDI 应用程序中，可以包含普通的窗体。当普通窗体的 MDIChild 属性被设为真（True），则该窗体成为 MDI 窗体的子窗体。

需要注意的是 MDIChild 属性只能在设计时通过属性窗口设置,不能在程序运行中改变。

2. Arrange 方法

MDI 应用程序中可以包含多个子窗体。当打开多个子窗体时,用 MDIForm 的 Arrange 方法能够使子窗体(或其图标)按一定的规律排列。语法格式如下:

<MDIForm名>.Arrange <参数>

"参数"是一个整数,表示所使用的排列方式,系统提供 4 种选择,如表 9-13 所示。

表 9-13　Arrange 参数值

符 号 常 量	值	说　　明
vbCascade	0	各子窗体按层叠方式排列
vbTileHorizontal	1	各子窗体按水平平铺方式排列
vbTileVertical	2	各子窗体按垂直平铺方式排列
vbArrange	3	各子窗体被最小化为图标时,能够使图标重新排列

3. QueryUnload 事件

QueryUnload 事件在关闭窗体或结束应用程序运行的时候发生。当关闭 MDI 窗体时,首先在 MDI 窗体上发生 QueryUnload 事件,然后在所有的子窗体上发生这个事件。我们可以进行一个简单的测试,建立一个工程文件,包含一个名称为 MDIForm1 的 MDI 窗体和一个名称为 Form1 的 MDI 子窗体。分别编写这两个窗体的 QueryUnload 事件过程,代码如下:

```
Private Sub MDIForm_QueryUnload(Cancel As Integer,UnloadMode As Integer)
    MsgBox "MDIForm_QueryUnload"
End Sub

Private Sub Form_QueryUnload(Cancel As Integer,UnloadMode As Integer)
    MsgBox "SubMDIForm_QueryUnload"
End Sub
```

运行程序后,单击 MDI 窗体的关闭按钮 ☒,则先弹出 MDI 窗体中的消息框,再弹出 MDI 子窗体的消息框,然后,结束程序的运行。

如果在执行 QueryUnload 事件过程时,将参数 Cancel 设为非 0 值,例如:

```
Cancel=1
```

则该事件过程被取消,不再继续执行。如果所有窗体上都没有取消 QueryUnload 事件的操作,则先卸载所有子窗体,再卸载 MDI 窗体。

由于 QueryUnload 事件在窗体关闭之前被调用,因此在窗体卸载前可以在

QueryUnload 事件过程中编写与关闭文件、结束程序运行有关的代码,进行某些如保存文件等操作。

4. Screen 对象和 Screen . ActiveForm 属性

一般情况下,当需要引用一个对象的属性值,应知道对象的名称及所需的属性。在 Windows 环境中,可以同时打开多个窗体,每个窗体中往往有多个控件。如何获得屏幕上当前窗体及当前控件的信息呢? Screen 对象能提供当前窗体或控件的详细特性。Screen 有多个属性,如 ActiveControl、ActiveForm 、ActiveReport 等。

如果屏幕上有多个窗体,通过 Screen 对象的 ActiveForm 属性能够引用当前屏幕上激活窗体的各个属性,无须知道当前窗体对象的具体名称。Screen . ActiveForm 在 MDI 应用程序中尤其有用。

【例 9-11】 完善 MDI 应用程序的功能。

补充例 9-10 的功能,当执行"退出"命令时,应检查是否需要保存文件。我们分析一下这个问题。MDI 窗体的菜单中共有 3 个菜单命令,需要为每个菜单命令编写一段处理程序。

对于普通窗体 frmChild,需要处理的是当用户拖动鼠标扩大或缩小窗体时,应保证窗体中的文本框随之改变其大小。这项工作在普通窗体的 Resize 事件过程完成。我们分别讨论这些事件过程。

1. 设置全局变量

由于允许在 MDI 窗体中创建多个文档窗体(本例约定最多可建立 10 个文档窗体),因此,需要统计"新建"窗体的数量,即需要一个统计窗体数的全局变量。

如果窗体中的文本发生了改变,在"退出"系统时,应能提示保存文档。这需要使用状态变量记录窗体的状态,当状态变量为 1,表示文档发生改变;为 0,则没有变化。因为允许创建 10 个窗体,因此使用一个数组,每个数组元素表示一个窗体的状态。

用全局控件数组创建新的窗体对象。全局变量在模块中定义,其作用范围是整个工程文件。

全局变量定义如下:

```
Public CountForm As Integer            '新建窗体计数
Public FileState(10) As Integer        '窗体状态
Public Document(10) As New frmChild    '窗体对象数组
```

2. MDI 窗体的事件过程

将 MDI 窗体设为启动窗体。当启动程序时,装载 MDI 窗体。这时子窗体并未加载。设子窗体的全局计数变量 CountForm 的值为 1。

```
Private Sub MDIForm_Load()
    CountForm=1
End Sub
```

单击"新建"菜单命令，执行 mnuNew_Click 事件过程。先使新建窗体的 Tag 为窗体的计数值；再为子窗体设置标题，标题由"无标题"3 个字及窗体的序号构成；显示该窗口；最后，使窗口计数加 1。

```
Private Sub mnuNew_Click()
    '创建新的编辑区
    Document(CountForm).Tag=CountForm
    Document(CountForm).Caption="无标题： " & CountForm
    Document(CountForm).Show
    CountForm=CountForm+1
End Sub
```

单击"退出"菜单命令，执行 mnuExit_Click 事件过程。过程首先判断各子窗体的文本是否被修改过。如果文本曾被修改，则提示保存文件，并进行保存文件的操作。这里，为简化程序的描述，省略了保存文件的操作，仅用消息框示意性地表示保存文件的操作。

判断子窗体中文本是否被修改是依据全局变量数组 FileState(i) 的值。当文本框的数据发生变化时，其 FileState(i) 值为 1。关闭窗口或结束程序运行时，判断 FileState(i) 的值，若 FileState(i)=1，则用消息框提示是否保存文件。当进行保存文件的操作后，重新将其值设为 0。

在循环中依次判断各个窗体的状态变量 FileState(i)。用 Select Case 结构判断用户的选择。根据不同的选择进行不同的处理。

```
Private Sub mnuExit_Click()
    Dim strMsg As String
    Dim strFileName As String
    Dim intResponse As Integer
    '判断文本是否被改变
    For i=1 To 10
        strFileName=""
        If FileState(i)=1 Then
            strFileName=Document(i).Caption
            strMsg="[" & strFileName & "]中的文本已经改变"
            strMsg=strMsg & vbCrLf
            strMsg=strMsg & "希望保存吗?"
            intResponse=MsgBox(strMsg,51,MDIWrite.Caption)
            Select Case intResponse
                Case 6
                    If Left(Screen.ActiveForm.Caption,3)="无标题" Then
                        '文件未保存,获取文件名
                        strFileName="无标题.txt"
                        strFileName=GetFileName(strFileName)
                    Else
                        '窗体标题包含打开的文件名
                        strFileName=Screen.ActiveForm.Caption
```

```
                End If
                If strFileName<>"" Then
                        FileState(i)=0
                        MsgBox "这是保存文件的示意!"
                End If
            Case 7                  '选择"否",卸载
            Case 2                  '选择"取消",卸载
        End Select
    End If
    Unload Document(i)              '依次卸载窗体
  Next i
  End
End Sub
```

3. 普通窗体的事件过程

普通窗体中应保证当子窗体的大小改变时（即发生 Resize 事件时），文本框的大小应做相同的改变。

```
Private Sub Form_Resize()
    Text1.Height=ScaleHeight
    Text1.Width=ScaleWidth
End Sub
```

文本编辑器的一个重要设计要求是当退出系统时，应判断文档是否被修改，以确定是否提示保存文件。因此需要用状态变量记载文本框中的文本是否被改变并且没有存盘的情况。每当文本框发生 Change 事件时，都要把当前活动窗体的状态变量 FileState 的值改为 1。

我们知道，文本的改变一定是在当前的窗体中。当前窗体是系统定义的窗体控件数组中的一个数组元素。因此要改变当前窗体的状态变量（数组），应先得到其下标序号。Screen.ActiveForm.Tag 是当前屏幕上活动窗口的标识。所以有如下事件过程：

```
Private Sub Text1_Change()
    FileState(Val(Screen.ActiveForm.Tag))=1
End Sub
```

4. 模块所包含的过程与函数

这个工程的模块中除全局变量外，还有公用函数。其功能是通过通用对话框得到保存文件的文件名，进行保存文件的操作。如果用户在通用对话框中输入了文件名，则函数返回文件名，否则返回一个空串。

函数如下：

```
Function GetFileName(FileName As Variant)
```

```
    '显示"另存为"对话框并返回文件名
    '如果选择"取消",则返回空字符串
    On Error Resume Next
    MDIWrite.CommonDialog11.FileName=FileName
    MDIWrite.CommonDialog11.ShowSave
    If Err<>32755 Then                    '用户选择"取消"
        GetFileName=MDIWrite.CommonDialog11.FileName
    Else
        GetFileName=""
    End If
End Function
```

需要说明的一个问题：MDI 应用程序的菜单既可以建立在 MDI 主窗体上,也可以建立在子窗体上。程序运行时,子窗体上的菜单并不显示在子窗体上,而是显示在 MDI 主窗体上。建议大家自己编写程序,在 MDI 子窗体上建立菜单,并总结 MDI 应用程序中菜单的使用特点。

我们总结一下建立 MDI 应用程序的一般步骤：

(1) 建立 MDI 父窗体,将其保存为一个文件。一个工程文件中只有一个 MDI 窗体。

(2) 建立 MDI 子窗体。把窗体的 MDIChild 属性设为 True。将其保存为一个文件。子窗体建立后,不能在程序运行时立即显示,只有在执行加载窗体等程序之后才能显示。

(3) 把 MDI 窗体设置为启动窗体。

(4) 编写程序代码。

由于本书是入门性的教材,篇幅有限,在本章中只能简要地介绍了 MDI 程序设计的初步知识。有了此基础,读者可以进一步学习和进行实践,举一反三,由简到繁,练习编写 MDI 程序。在需要时可参考有关专门的书籍。

思考与练习

1. 分析一个 Windows 风格应用程序的界面,总结界面设计应注意的问题。

2. 一个工程文件的窗体上有一个通用对话框,在这个程序中,该对话框是否可以既作为"打开"文件对话框,又作为"保存"文件对话框使用?

3. 设计菜单时,"复选"、"有效"、"可见"选项的含义是什么?

4. 如何在菜单中添加分割横线?

5. 如何设计右键的弹出式菜单?

6. 菜单控件数组的设置和使用方式是什么?

7. 多文档界面与多重窗体有什么区别?

8. 怎样建立 MDI 窗体及 MDI 子窗体? 如何区别 MDI 窗体、MDI 子窗体、普通窗体?

9. 什么是多文档界面? 与单文档界面相比较,多文档界面有什么特点?

10. 多文档界面的应用程序中,MDI 主窗体的菜单与 MDI 子窗体的菜单有何关系?

11. 按照自己的学习和使用体会,总结界面设计应该注意的问题。

实验9　界面设计

1. 实验目标

(1) 了解通用对话框的作用,掌握其使用方法。

(2) 掌握菜单、菜单程序的设计方法,了解弹出式菜单的设计。

(3) 了解多窗体、多文档界面程序的设计方法。

2. 实验内容

(1) 设计一个程序,利用通用对话框改变文本框中文本的颜色、字体。窗体外观如图 9-34 所示。单击"改变颜色"按钮时,出现设置颜色的通用对话框,选中某个颜色并按"确定"按钮后,窗体上标签中文字的颜色被设置为选中的颜色。如果单击"改变字体"按钮,则出现设置字体对话框。在该对话框中设置字体名称、字号大小、字体效果后,文本框中文字按新设置的参数显示。

(2) 设计一个具有简单的编辑功能的程序。在窗体上添加 1 个文本框、1 个通用对话框和 6 个命令按钮,界面如图 9-35 所示。文本框中的文本从一个文本文件中读取。

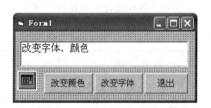

图 9-34　界面设计实验窗体外观 1

图 9-35　界面设计实验窗体外观 2

(3) 窗体上有一个标签,显示一段文字;一个图片框,显示一幅图片。在窗体上建立菜单。菜单栏中有"查看"和"文本"两个菜单项。其子菜单内容如图 9-36 及图 9-37 所示。

图 9-36　界面设计实验窗体外观 3

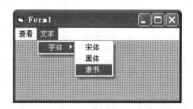

图 9-37　界面设计实验窗体外观 4

当选择"查看"中的"标签信息"命令,隐藏图片框,并显示标签中的文本。若选择"文本"中的"字体",继续选择字体的名称,并按所选的字体类型设置文本框中的字体。

当选择"查看"中的"图片"命令,则隐藏标签,在图片框中显示一幅图片,同时"文本"菜单为不可用(灰色)。

(4) 在窗体上建立弹出菜单。窗体如图 9-38 所示。选中某种字体后,使标签中的文本字体随之变化。

(5) 按图 9-39 建立窗体。当单击"显示在左侧"按钮时,在窗体左侧弹出菜单;单击"显示在右侧"按钮时,在窗体右侧弹出菜单。弹出菜单的内容自行定义。

(6) 设计一个简单的文本编辑器,要求能够打开、编辑、保存文件,并提供简单的编辑功能。建立如图 9-40 所示的窗体。程序的各主菜单、子菜单及功能说明见表 9-14,请按功能说明编写程序。

图 9-38 界面设计实验窗体外观 5

图 9-39 界面设计实验窗体外观 6

图 9-40 界面设计实验窗体外观 7

表 9-14 菜单项说明

主菜单项	子菜单项	功 能 说 明
文件	新建	清空文本框的内容,窗体标题栏中的文字为"新文件"
	打开	使用通用对话框打开一个文本文件,并将文件的内容显示在文本框中
	保存	将文本框中的内容保存到一个文件中
	退出	结束程序。若文本框中的内容尚未保存,应提示
编辑	剪切	将选中的内容放到剪贴板上,并删除所选的内容
	复制	将选中的内容放到剪贴板上
	粘贴	将剪贴板上的内容粘贴到指定的位置
设置	设置字体	使用通用对话框设置文本框中文本的字体
	设置颜色	使用通用对话框设置文本框中文本的颜色

(7) 改进以上程序,建立一个多文档界面的简易编辑器。该编辑器能够建立、编辑文本文件;能够处理剪切、复制及粘贴操作;可以改变字体、颜色;可以按不同的方式排列打开的窗口。MDI 窗体的菜单如表 9-15 所示。

表 9-15 菜单项

主菜单	子菜单	主菜单	子菜单
文件	新建	格式	字体
	打开		颜色
	保存	窗口	水平平铺
	退出		垂直平铺
编辑	剪切		层叠
	复制		
	粘贴		

图形和简单动画

用 VB 不仅能处理文字信息,例如输入和显示信息,还可以处理图形信息,例如在指定的位置放入一幅事先准备好的图片。

本章将介绍用 VB 处理图形和简单动画的方法。

10.1 使用图形控件

10.1.1 用直线控件画线

VB 工具箱中有绘制图形的基本工具,可以用来直接画点、直线、矩形、正方形、圆、椭圆等,并由这些基本元素组成各种图形。

用于画直线工具——直线控件(Line)是基本控件,使用时,可以从工具箱中选择和使用直线控件,其图标为 ╲。

在工具箱中单击直线控件的图标,然后把鼠标移到窗体中所需的位置(直线的起点),按下鼠标左键拖曳到直线的终点,松开鼠标,窗体上就出现一条直线。

直线控件常用的属性有 BorderStyle、BorderWidth 等。

(1) **BorderStyle**:用来指定直线的类型。在属性窗口的属性表中,找到 BorderStyle,单击右端箭头,有一个下拉菜单,列出 7 种类型:

0—Transparent	透明的,即不显示出线来
1—Solid	实线
2—Dash	虚线
3—Dot	点线
4—Dash-Dot	点划线
5—Dash-Dot-Dot	双点划线
6—Inside Solid	内实线

(只有当 BorderWidth 为 1 时才可以用以上 7 种类型的线,如果 BorderWidth 不为 1,则上述 7 种类型中只有 0 和 6 有效。)

(2) **BorderWidth**:用于设置直线的宽度。

(3) **BorderColor**:用于设置直线的颜色。

（4）**x1**、**x2**、**y1**、**y2**：指定直线起点和终点的 x 坐标及 y 坐标。通过改变 x1、x2、y1、y2 的值，能够改变直线的位置。

【例 10-1】 绘制不同线型和颜色的直线。

在窗体上使用直线控件画 7 条实心直线，编写一个事件过程改变这些直线的颜色及类型。窗体设计如图 10-1 所示。

单击工具箱中的 ＼，在窗体上画出一条直线，将其"名称"属性定为 LLine。再画第二条直线，其"名称"属性也定为 LLine，这时会弹出一个消息框，提示"你已有一个名为 LLine 的控件，你是否想建立一个控件数组"，回答"是"，则系统会将该控件作为控件数组 LLine 中的一个元素 LLine(1)，而将第一条直线定为数组元素 LLine(0)。

以相同的方法再画出 5 条直线，名称分别为 LLine(2)～LLine(6)。在窗体上加两个命令按钮，名称分别为 cmdLine 和 cmdExit，它们的 Caption 属性分别设置为"画直线"和"退出"。

按题目要求，单击"画直线"命令按钮，画出不同颜色、不同类型的 7 条线。编写相应的过程代码如下：

```
Private Sub cmdLine_Click()
    For i=0 To 6
        LLine(i).BorderColor=QBColor(i)
        LLine(i).BorderStyle=i
    Next i
End Sub
```

运行程序，单击"画直线"按钮，执行 cmdLine_Click 事件过程。过程中通过一个循环，逐个设置直线控件的 BorderColor 属性及 BorderStyle 属性。QBColor 是颜色函数，当参数 i 为不同值时，对应不同的颜色，把 QBColor 的函数值赋给 BorderColor 属性，改变直线的颜色。BorderStyle 属性对应直线的线型。改变这两个属性的值，各条直线的类型和颜色均发生改变。运行结果如图 10-2 所示。

图 10-1　例 10-1 窗体外观

图 10-2　运行例 10-1

10.1.2　用形状控件画几何图形

形状控件（Shape）在工具箱中的图标为 ⬡。形状控件能够画出矩形、正方形、圆、椭圆等简单的几何图形。

使用形状控件的方法是：单击工具箱中的形状控件图标，然后在窗体上按鼠标左键并在窗体上拖动，在适当的位置释放鼠标，窗体上会出现一个矩形框，就是形状控件。要为该控件设置不同的 Shape 属性，使它呈现出不同的形状。

在属性窗口选择 Shape 属性,并单击该属性右端向下的箭头,显示一个下拉列表,其含义如下：

0—Rectangle	矩形
1—Square	正方形
2—Oval	椭圆形
3—Circle	圆形
4—Rounded Rectangle	圆角矩形
5—Rounded Square	圆角正方形

Shape 属性的默认值为 0(矩形)。若选择 3,则在用 Shape 控件画出的矩形中画出一个圆(圆的直径是矩形的短边,也就是说,圆内切于矩形。请注意：此时矩形的边框不显示出来)。

【例 10-2】 使用 Shape 控件画不同形状的几何图形。

设计如图 10-3 所示的窗体。窗体上有 6 个 Shape 控件、6 个标签以及"设置形状"、"设置颜色"、"填充线条"和"退出"4 个命令按钮。运行时如按"设置形状"命令按钮,将为"形状控件"设置 Shape 属性;按"设置颜色"按钮,用不同的颜色填充各形状控件;按"填充线条"按钮,以不同的线条填充图形。

为便于程序的处理,形状控件和标签控件均为控件数组。

(1) 按下"设置形状"按钮,执行 cmdShape_Click 事件过程。"设置形状"按钮的事件过程 cmdShape_Click 如下：

```
Private Sub cmdShape_Click()
    '为各 Shape 控件设置形状参数
    For i=0 To 5
        Shape1(i).Shape=i
        Label1(i).Caption="i=" & Str(i)
    Next
End Sub
```

过程中通过 For 循环设置各控件的 Shape 属性的值,使这些 Shape 控件呈现不同的外观。由于 6 个 Shape 控件构成一个控件数组,因此在循环中依次为控件数组中各元素的 Shape 属性赋值,使得每个 Shape 控件元素有不同的 Shape 属性值,即有不同的外观。图 10-4 表示执行 cmdShape_Click 事件过程后的结果。图像下面 i 的值对应 Shape 属性值,分别为 0~5。

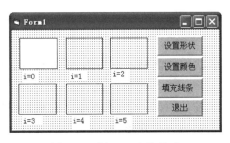

图 10-3　例 10-2 窗体外观

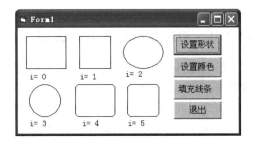

图 10-4　运行例 10-2 设置形状

（2）按下"设置颜色"键，执行 cmdColor_Click 事件过程。

从图中可以看到，几何图形内部原来是没有颜色且透明的（可以看到窗体的背景颜色）。为了能显示出背景的颜色，要设置 BackStyle（背景风格）属性的值。在属性表中，BackStyle 属性有两个值：0——Transparent（透明），1——Opaque（不透明）。默认值为 0。如果着色，显然要将 BackStyle 属性定为"不透明"。然后通过 BackColor 属性设置颜色，将整个图形内填上颜色。当单击"设置颜色"命令按钮，触发下面的事件过程：

```
Private Sub cmdColor_Click()
    '用颜色充满图形
    For i=0 To 5
        Shape1(i).FillStyle=1                '设置填充风格为"透明"
        Shape1(i).BackStyle=1                '设置背景为不透明
        Shape1(i).BackColor=QBColor(i)       '设置背景颜色
        Label1(i).Caption="i=" & Str(i)
    Next i
End Sub
```

注意：为图形填充背景颜色时，应该避免图形的前景颜色覆盖了背景颜色。为此先将图形的 FillStyle 属性（填充风格）值设置成 1（透明），使填充的图案是透明的，否则前景颜色可能遮盖了背景颜色，达不到为图形背景着色的目的。读者可以试一下，将图形的 FillStyle 属性设为 0（实心，不透明），并将 FillColor 属性（填充颜色）设为蓝色，此时不论 BackColor（背景颜色）为何种颜色，都被前景颜色（蓝色）所覆盖而看不见背景色。如果将 FillStyle 改为 1（透明），则图形内显示出背景颜色。

（3）在为背景着色之后，要在背景上画不同形式的线条图案。为此按下"填充线条"按钮，执行 cmdFill_Click() 事件过程。

形状控件的 FillStyle 属性值所对应的含义，除了 FillStyle＝1 对应"透明"外，该属性还可以有其他取值。FillStyle 属性的取值和含义如下：

0——Solid	实心
1——Transparent	透明
2——Horizontal Line	水平线
3——Vertical Line	垂直线
4——Upward Diagonal	向上对角线
5——DownWard Diagonal	向下对角线
6——Cross	交叉线
7——Diagonal Cross	对角交叉线

FillStyle 意思是"填充的风格"，即用什么样式的线条来填充图形。如果 FillStyle 是不透明的（即值不为 1），就需要用 FillColor 属性确定所填充线条的颜色，默认值为 0（黑色）。

单击"填充线条"按钮，用不同的线条填充图形。注意，FillStyle 属性有 8 个有效的值。本例的窗体中有 6 个形状控件，我们所关心的是所画线的形状。FillStyle＝0 及

FillStyle＝1分别对应"实心"和"透明"两种情况,对本例显然不适用。因此,对于 Shape1 (0)～Shape1(5)等 6 个控件,分别设置其 FillStyle 属性为 2～7,即 Shape1(i).FillStyle 属性值为 i＋2。过程编写如下:

```
Private Sub cmdFill_Click()
    '用不同的线形填充图形
    For i=0 To 5
        Shape1(i).FillStyle=i+2
        Label1(i).Caption="i=" & Str(i+2)
    Next
End Sub
```

执行改变形状的事件过程后,再执行以上 cmdFill_Click 事件过程,各个 Shape 控件呈现不同的填充效果,如图 10-5 所示。

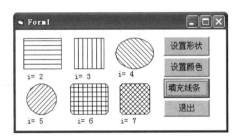

图 10-5　填充线条

形状控件还有一些其他属性:

(1) BorderColor 属性:指定图形边界颜色。

(2) BorderWidth 属性:指定图形边界宽度。

(3) BorderStyle 属性:指定边界线的类型 (其值为 0～6,其含义与直线控件中介绍的相同)。

在 VB 中,既可以使用图形控件(如用 Line 控件、Shape 控件)画图,也可以使用系统提供的图形方法(如使用 Line 方法、Circle 方法等)画图。使用图形控件所需要的系统资源比较少,有利于提高 VB 应用程序的性能。另外,使用图形控件创建图形时所编写的代码比图形方法用的代码要少。

使用图形控件需要注意以下几个问题:

(1) 图形控件不能在运行时获得焦点。

(2) 不能作为其他控件的容器。

(3) 不能出现在其他控件之上,除非是容器控件,如图片框。

10.2　绘图方法

除了使用控件在窗体上画线、圆、矩形等图形,还可以使用窗体的绘图方法实现类似的功能。

10.2.1　用 PSet 方法画点

在窗体上画点的方法是 PSet。例如:

```
PSet (100,150)
```

这条语句的作用是在窗体上坐标为(100,150)的位置画出一个点。PSet 方法也可以在图片框中画点,其一般格式为:

[对象名.]PSet(x,y)[,颜色]

"对象名"指窗体或图片框,默认为窗体。例如,执行下面语句:

```
Picture1.PSet(1500,1000)
```

则在图片框 Picture1 的(1500,1000)坐标处画一个点。

如果没有特别的声明,所画点的颜色就是对象的前景色,即由 ForeColor 属性值设置的颜色值。如果要使用其他颜色,直接在 PSet 方法中指定即可。颜色可以用 RGB 函数表示。例如:

```
PSet(500,1000),RGB(255,0,255)
```

RGB 是一个颜色函数,"R"代表 Red(红),"G"代表 Green(绿),"B"代表 Blue(蓝),由这三种颜色组成各种颜色。RGB 函数有 3 个参数,分别代表红、绿、蓝三者的比例,每个参数的值范围为 0~255。例如 RGB(255,0,255)表示红和蓝成分相等,无绿色的成分,其效果为紫红色。这 3 个参数不同值的组合可以产生许许多多种颜色。表 10-1 列出了其中部分颜色的组合。

表 10-1　RGB 颜色效果

RGB 函数	返 回 值	颜　色	RGB 函数	返 回 值	颜　色
RGB(0,0,0)	&H0	黑色	RGB(0,255,255)	&HFFFF00	青蓝色
RGB(255,0,0)	&HFF0	红色	RGB(255,0,255)	&HFF00FF	紫红色
RGB(0,255,0)	&HFF00	绿色	RGB(255,255,0)	&HFFFF	黄色
RGB(0,0,255)	&HFF0000	蓝色	RGB(255,255,255)	&HFFFFFF	白色

颜色也可以用 QBColor 函数来表示,并用颜色号 0~15 代表 16 种颜色。VB 中用 QBColor(i)代表一种颜色,如 QBColor(2)代表绿色。不同 i 值所对应的颜色见表 10-2。

表 10-2　QBColor 函数颜色效果

i 值	颜　色	i 值	颜　色	i 值	颜　色
0	黑色	6	黄色	12	亮红色
1	蓝色	7	白色	13	亮粉红色
2	绿色	8	灰色	14	亮黄色
3	青色	9	亮蓝色	15	亮白色
4	红色	10	亮绿色		
5	粉红色	11	亮青色		

【例 10-3】　使用窗体的 PSet 方法在窗体中随机地显示若干彩色的点。

在窗体画两个名称分别为 cmdPoint 和 cmdExit 的命令按钮,标题分别为"画点"和"退出"。单击"画点"按钮时,执行画点的事件过程 cmdPoint_Click,代码如下:

```
Private Sub cmdPoint_Click()
    For i=1 To 3000
        r=Int(256 * Rnd)
        g=Int(256 * Rnd)
        b=Int(256 * Rnd)
        x=Rnd * Width
        y=Rnd * Height
    PSet (x,y),RGB(r,g,b)
    Next
End Sub
```

运行时,单击"画点"命令按钮,执行上面的过程,在窗体上显示出 3000 个各种颜色的点。Rnd 是随机函数,其函数值在(0,1)区间内,Int 是取整函数,因此 r、g 和 b 的值在 [0,255]区间内。这些点的位置是随机的,范围都在窗体内。

单击"退出"按钮,结束程序的运行。

【例 10-4】 使用 PSet 方法画一些彩色点,然后把它们擦除。要求按"开始"按钮后,在窗体上先画出一个圆,再将此圆抹去,再画出一个半径稍大的同心圆……,如此一共画出 16 个圆。

擦去一个已经显示出彩色点的方法,也是用 PSet 方法。在同一点处用背景色再画一个点,显然其作用相当于使这个点"消失"。

在窗体上添加一个名称为 cmdStart、标题为"开始"的命令按钮,并将窗体的背景颜色设置为白色。

程序代码如下:

```
Private Sub cmdStart_Click()
    c=1
    r=100
    y0=Height/2
    x0=Width/2
    Do
        For i=0 To 2 * 3.1415926 Step 0.01
            y=Sin(i) * r+y0
            x=Cos(i) * r+x0
            PSet (x,y),QBColor(c)
            For j=1 To 2000
            Next j
        Next i
        For i=0 To 2 * 3.1415926 Step 0.01
            y=Sin(i) * r+y0
            x=Cos(i) * r+x0
            PSet (x,y),QBColor(15)
            For j=1 To 2000
            Next j
```

```
        Next i
        c=c+1
        r=r+100
    Loop Until c=16
End Sub
```

在第一个 For 循环中的"PSet(x,y),QBColor(c)"语句的作用是：用指定的蓝颜色 (QBColor(1)为蓝色)显示出一个点，执行完第一个 For 循环后，蓝色点组成了一个半径为 r 的圆。在第二个 For 循环中，语句"PSet(x,y),QBColor(15)"在原来的轨迹上再显示出一圈白色的点。因窗体的背景色已设置为白色，所以给人的感觉是"擦去"原来的圆，实际上是在背景为亮白色的窗体上又绘制了一个白色的圆。然后半径增加 100，再作第二个圆。第二个圆为绿色(因为 QBColor(2)为绿色)。然后再将此圆擦去。每绘制一个彩色圆后立即用同一个圆心和同一个半径画一个白色圆，即"擦去"了所画的彩色圆，共循环 16 次。程序运行结束时，窗体上画的圆都被清除掉。

10.2.2　用 Line 方法画线和矩形

在两点之间绘制一条直线，除了使用直线控件外，还可以使用窗体的 Line 方法在窗体上绘制一条直线。例如：

```
Line (1000,1000)-(2200,2200)
Line -(3000,3000)
Picture1.Line(100,500)-Step(1000,350)
Form1.Line Step(200,200)-Step(800,1000)
```

上述 4 行命令都是使用 Line 方法绘制直线。

第 1 行是在起点(1000,1000)与终点(2200,2200)之间绘制一条直线。

第 2 行(Line －(3000,3000))中只有直线的终点坐标，没有起点坐标。VB 规定，如果没有指定起始坐标，则以"当前点"作为直线的起始坐标。如果前面未执行过 Line 或 PSet 方法，则以坐标原点(0,0)作为"当前点"。由于此前已经执行过一次 Line 方法，所以"当前点"的坐标应当是前一次用 Line 方法画直线的终点坐标，即(2200,2200)。执行"Line －(3000,3000)"方法时，将从(2200,2200)到(3000,3000)画一条直线。

第 3 行(Picture1.Line(100,500)－Step(1000,350))是在图片框 Picture1 上的(100,500)与(1100,850)之间画一条直线。可以看到在它的第 2 个坐标之前有一个"Step"，表示其后的一对坐标是相对于第一个坐标的偏移量，所以终点坐标应为起点坐标与偏移量之和，即(100＋1000,500＋350)，也就是(1100,850)。

第 4 行是在名称为 Form1 的窗体上画一条直线，给出两点的坐标为(200,200)和(800,1000)。两个坐标的前面都有 Step 参数。第 1 个坐标前面的 Step 参数，表示 Step 后面的一对坐标是相对于当前坐标的偏移量。请注意，这个当前坐标是针对窗体 Form1 的，也就是在执行第 2 行命令(而不是第 3 行命令)后的终点坐标(3000,3000)。所以起点坐标为(3000＋200,3000＋200)，即(3200,3200)，而终点坐标则为(3200＋800,3200＋1000)。

从以上几个例子可以知道 Line 方法的一般格式为：

[对象.]Line[[Step](x1,y1)]-[Step](x2,y2)[,颜色]

其中对象是指窗体、图片框等，默认的对象是窗体。第 1 个 Step 表示它后面的一对坐标是相对于当前坐标的偏移量，第 2 个 Step 表示它后面的一对坐标是相对于第一对坐标的偏移量。以上几个例子没有为所绘直线指定颜色。如果不指定颜色则使用该控件的前景色作为直线的颜色。当然也可以为直线指定其他颜色，例如：

```
Line(500,300)-(3000,2500),QBcolor(12)
```

其作用是在(500,300)与(3000,2500)两个点之间绘制一条红色的直线。

【例 10-5】 画线程序。

设计一个程序，当单击窗体时，用 Line 方法画一个如图 10-6 所示的图形。

这些直线具有相同的终点坐标，起点坐标在水平方向是相同的。根据这个特点，我们使用循环画出以上图形。程序如下：

```
Private Sub Form_Click()
    Dim i As Integer
    DrawWidth=2
    ForeColor=QBColor(4)
    For i=0 To 6000 Step 500
        Line (i,400)-(2700,2800)
    Next i
End Sub
```

以上事件过程中设置了线条宽度属性 DrawWidth 和前景色 ForeColor。循环变量 i 对应于各直线起点坐标的 x 值，每次循环增加 500。起点的 y 坐标保持不变(400)。终点坐标为(2700,2800)。

从名称上看，Line 方法是用来绘制直线的。而实际上，Line 方法也可以绘制矩形。具体方法就是在 Line 方法中加一个"B"参数即可("B"的含义是 Box)。例如：

```
Line (400, 400)-(3000, 2000),,B
```

此语句执行的结果如图 10-7 所示。（图中坐标的数值是为了便于读者理解而加上的，执行上述 Line 方法时屏幕上不显示这些坐标的值。）

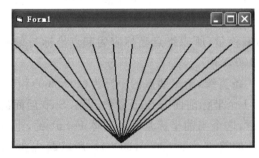

图 10-6　运行例 10-5

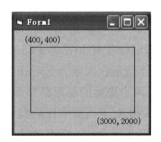

图 10-7　语句执行结果

从图中可以看到：用带参数 B 的 Line 方法画矩形时,两点坐标(400,400)和(3000,2000)分别指定了矩形的左上角和右下角坐标。在参数 B 前面有两个逗号,这是因为省略了 Color(颜色)参数。

用 Line 方法画矩形的一般语法格式如下：

[对象.]Line[[Step](x1,y1)]-[Step](x2,y2)[,颜色],B[F]

(x1,y1)与(x2,y2)是矩形的左上角和右下角的坐标,参数 B 表示要画一个矩形,参数 F 指定画一个实心的矩形。注意 F 与 B 两个参数之间没有逗号。

注意：使用 Line 方法时,可以省略某些参数。但是,与参数有关的分隔符(逗号)不能省略,也就是说,用于分隔参数的逗号不能省略。

例如：

```
Line(500,500)-(2500,2500),,BF
```

这个命令的作用是画出一个实心矩形,它的左上角坐标为(500,500),右下角坐标为(2500,2500)。如果想为此矩形填充指定的颜色,则可写为：

```
Line (500, 500) - (2500, 2500),QBColor
(10),BF
```

此时画出一个内部填充为亮绿色的实心矩形。(QBColor(10)代表亮绿色,详见表 10-2。)

除了用"颜色"填充图形外,还可以用前面介绍过的 FillStyle 属性填充图案。

【例 10-6】 为矩形填充不同的图案。

设计用户界面如图 10-8 所示。

属性设置见表 10-3。

图 10-8 例 10-6 窗体外观

表 10-3 例 10-6 对象属性设置

对　象	属　性	设　置
窗体	Caption	用 FillStyle 属性填充图案
图片框	(名称)	Picture1
标签 1	(名称)	Label1
	Caption	FillStyle＝0 实心
标签 2	(名称)	Lable2
	Caption	FillStyle＝1 透明
标签 3	(名称)	Lable3
	Caption	FillStyle＝2 水平线
标签 4	(名称)	Lable4
	Caption	FillStyle＝3 垂直线

对　象	属　性	设　置
标签 5	（名称）	Lable5
	Caption	FillStyle＝4 左斜对角线
标签 6	（名称）	Lable6
	Caption	FillStyle＝5 右斜对角线
标签 7	（名称）	Lable7
	Caption	FillStyle＝6 水平垂直交叉线
标签 8	（名称）	Lable8
	Caption	FillStyle＝7 对角交叉线

在窗体上添加图片框,其大小比窗体略小一点。运行时,单击图片框,执行下面的事件过程:

```
Private Sub Picture1_Click()
    Picture1.BackColor=QBColor(0)
    For i=0 To 7
        Picture1.FillStyle=i
        Picture1.FillColor=QBColor(i+7)
        i1=i+1
        Picture1.Line (300 * i1,400 * i1)-(110 * i1,220 * i1),QBColor(12),B
    Next i
End Sub
```

第 1 行命令将图片框的背景色设置为黑色。然后执行 For 循环,循环变量 i 由 0 到 7,共执行 8 次循环体,分别画出 8 个大小不同、填充图案不同的矩形。当 i＝0 时,执行第 1 次循环体,先设图片框的 FillStyle 属性值为 0(FillStyle＝0 为实心),FillColor 属性值为 QBColor(7),白色。然后使 i1＝i+1,即 i1＝1,以(300,400)和(110,220)为对角线画一个白色实心矩形,边线色为 QBColor(12)(即亮红色)。当第 2 次循环时,i＝1,图片框

的 FillStyle 属性值为 1(透明),因此 FillColor 属性虽然设置为 QBColor(8)(灰色),但不起作用。再执行 i1＝i+1＝2,以 (300 * 2,400 * 2) 和 (110 * 2,220 * 2)(即 (600,800) 和 (220,440)) 为对角线在第一个矩形的右下方再画一个矩形,边线仍为亮红色。当 i＝2,第 3 次执行循环体,FillStyle 属性为 2(填充水平线),FillColor 属性值为 QBColor(9),亮蓝色。在第 2 个矩形的右下方再画一个矩形,矩形内填充了蓝色水平线。以下类似。程序运行的结果见图 10-9。

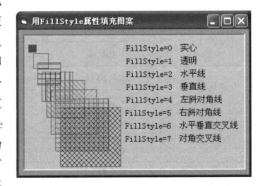

图 10-9　运行例 10-6 的窗体外观

10.2.3 用 Circle 方法画圆、椭圆和圆弧

窗体的 Circle 方法能够绘制出圆、椭圆、圆弧及扇形。例如，有如下使用 Circle 命令画圆的命令：

```
Circle (2000,1000),500
Circle Step (200,300),800
Picture1.Circle (500,400),200,QBcolor(12)
```

上述第 1 行的作用是以(2000,1000)为圆心，以 500 为半径在**窗体**上画一个圆。

第 2 行仍然是使用 Circle 方法画圆，区别在于使用了 Step，表示圆心坐标以当前坐标值为基准增加一个 Step 所标记的增量。假设当前坐标为(2000,1000)，则圆心坐标为(2000+200,1000+300)，即(2200,1300)。以此为圆心，以 800 为半径画一个圆。

第 3 行是以(500,400)为圆心，以 200 为半径，在名称为 Picture1 的**图片框**上画一个亮红色的圆。通过以上例子可知画圆 Circle 方法的一般格式为：

[对象.]Circle [Step] (x,y),半径,[,颜色]

其中的"对象"可以是窗体，也可以是图片框等。Step 后面的一对数字表示相对于当前坐标的位置偏移量。

【例 10-7】 用 Circle 方法画圆。

使用 Circle 方法在窗体上画圆，并由用户来选择圆的颜色及填充的样式。按照题目的要求设计用户界面如图 10-10 所示。各控件属性值的设置见表 10-4。

图 10-10　例 10-7 窗体外观

表 10-4　例 10-7 对象属性设置

对　象	属　性	设置属性值
窗体	Caption	Circle 方法的使用
标签 1	（名称）	Lable1
	Caption	选择填充风格(0—7)
标签 2	（名称）	Lable2
	Caption	选择图形颜色(0—15)
文本框 1	（名称）	txtStyle
	Text	置空
文本框 2	（名称）	txtColor
	Text	置空

对　象	属　性	设置属性值
命令按钮 1	（名称）	cmdCircle
	Caption	画圆
命令按钮 2	（名称）	cmdCls
	Caption	清除
命令按钮 3	（名称）	cmdEnd
	Caption	结束

由于题目要求颜色和填充格式可以由用户设定，因此用文本框 1 和文本框 2 分别接收用户输入的填充样式和颜色。单击命令按钮"画圆"时，执行事件过程 cmdCircle_Click，按照用户在文本框中输入的数据画圆。过程如下：

```
Private Sub cmdCircle_Click()
    Form1.FillStyle=Val(txtStyle.Text)
    col=Val(txtColor.Text)
    x=Width
    y=Height
    For i=1 To 10
        r=(x*0.1)*Rnd                   '圆的半径 r 始终小于窗体宽度的 1/10
        Circle (Rnd*x,Rnd*y),r,QBColor(col)
    Next i
End Sub
```

运行此过程，分别在窗体顶部两个文本框中输入数值，分别作为文本框 1（名称为 txtStyle）和文本框 2（名称为 txtColor）的 Text 属性值。txtStyle.Text 决定圆中填充的图案样式，txtColor.Text 决定圆的颜色。用函数 Val 将填充样式 txtStyle.Text 的值转换成数值赋给 FillStyle 属性值。用 Val 函数将 txtColor.Text 中的颜色值转换成数值赋给变量 col。col 将要在 Circle 语句中作为 QBColor 函数的参数（颜色值）。x 和 y 的值分别等于窗体的宽和高，画圆时半径 r 始终小于窗体宽度的 1/10，Rnd 是 (0,1) 范围内的一个随机小数，因此每次画圆时的半径是不同的。圆心为 (Rnd * x, Rnd * y)，绝不会超出窗体的范围。在每一次 For 循环中，半径和圆心都是随机变化的。例如，在第一个文本框中输入值 2，然后使光标移到第 2 个文本框内，输入值 10（代表绿色），单击"画圆"命令按钮，执行 10 次循环体，画出 10 个大小不等的圆。这些圆是绿色的，圆内用黑色水平线填充（因未指定 FillColor 属性，默认值为 0，黑色），圆的位置是随机的。再单击一次"画圆"按钮，又画出 10 个大小不等的圆。改变"填充风格"和"颜色"，可以画出不同样式的图案。程序运行结果见图 10-11，这是连续按下几次"画圆"

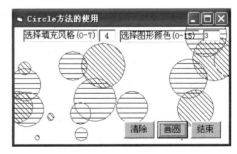

图 10-11　运行例 10-7

命令按钮(而未按"清除"按钮)的执行结果。

按下"清除"命令按钮,将窗体上所显示的图形清除掉。"清除"按钮的事件过程如下:

```
Private Sub cmdCls_Click()
    Cls
    txtStyle.Text=""
    txtColor.Text=""
End Sub
```

cmdCls_Click 过程中的 Cls 方法用于清除窗体上显示的内容。这个方法的一般格式是:

[对象.] Cls

其中"对象"指窗体、图片框等,默认为窗体。

按"结束"按钮,则结束程序。相应的事件过程如下:

```
Private Sub cmdEnd_Click()
    End
End Sub
```

Circle 方法不仅能够绘制圆形,通过设置一个参数还能够绘制出椭圆或圆弧等。例如:

```
Circle (1000,1200),800,QbColor(12),,,2
Circle (800,500),800,,,,0.5
```

第一条语句中最后的参数 2 和第二条语句中的 0.5 分别是两个椭圆的纵横两个轴长之比,这个比值又称为纵横比。纵横比的值决定了椭圆的形状。如果纵横比的值大于 1,绘制出的椭圆为细而高的形状,如果纵横比的值小于 1,绘制出的椭圆是扁平状,如果纵横比等于 1,就绘制出一个圆。用 Circle 方法绘制椭圆的一般格式为:

[对象.] Circle [Step] (x,y),[,颜色],,,纵横比

【例 10-8】 使用 Circle 方法画椭圆。

在窗体上画有一个名称为 Picture1 的图片框。编写一段程序,当单击窗体时,在图片框中画出若干个形状和颜色不同的椭圆。画椭圆可使用 Circle,只是需要指明长宽比。

单击窗体的事件过程代码如下:

```
Private Sub Form_Click()
    x=Picture1.Width
    y=Picture1.Height
    Picture1.FillStyle=0
    Picture1.FillColor=QBColor(12)
    For i=1 To 10
        r=(x * 0.1) * Rnd
        b=i * 0.3
```

```
        Picture1.Circle (x * Rnd, y * Rnd), r, QBColor(i), , , b
    Next i
End Sub
```

过程中将 FillStyle 属性值设置为 0(实心)。For 循环的作用是画出 10 个大小、形状、颜色各不相同的椭圆。变量 r 是一个随机数,表示圆的半径。变量 b 代表纵横比,其值是循环变量乘以一个小数(0.3),让 b 的值在一个小数与一个整数(0.3～3)之间变化,画出的椭圆有扁平的,也有细高的。将窗体的 FillColor 属性值定为 QBColor(i),i 的值由 1 变化到 10,以 r 为半径画出 10 个椭圆,椭圆中被 FillColor 指定的颜色所充满,即 QBColor(1)～QBColor(10)。而边线的颜色由 Circle 方法所指定的颜色 QBColor(i)决定。运行程序,单击窗体,执行 Form_Click 事件过程,在窗体上画出 10 个椭圆;再次单击窗体,再次执行 Form_Click,继续在窗体上画椭圆。运行结果如图 10-12 所示。

图 10-12　运行例 10-8

Circle 方法不仅可以画圆、椭圆,还可以画圆弧、扇形。用 Circle 方法画圆弧的一般格式为:

[对象.]Circle [Step] (x,y),半径 [,颜色][,起始角][,终止角]

当指定起始角和终止角时,当纵横比为 1 时,画出来的是一段圆弧,当纵横比不等于 1 时,画出一段椭圆弧。下面举例说明圆弧及扇形的画法。

【例 10-9】　单击窗体时,在窗体上显示若干圆弧。

圆弧是圆的一部分,可以很容易地使用画圆的 Circle 方法画圆弧,只要加上起始角和终止角即可。

程序要求在单击窗体时,在窗体上画出若干个圆弧。圆弧的半径和起始、终止角度没有具体指定,单击窗体的事件过程如下:

```
Private Sub Form_Click()
    pi=3.1415926
    angle1=0
    c=1
    DrawWidth=1
    For r=500 To 1500 Step 200
        angle2= (angle2+ (pi/2)) Mod (2 * pi)
        Circle (1800,1300), r, QBColor(c), angle1, angle2
        angle1=angle1+ (pi/4)
        c=c+1
        DrawWidth=DrawWidth+1
    Next r
End Sub
```

分析上述程序。设变量 angle1 为起始角,c 是颜色号,DrawWidth 是圆弧线的宽度。angle2 为终止角,如果 angle2 的值大于 2π,则对 2π 取模(例如,angle2 为 3π 时,则使它改

为 $3\pi-2\pi=\pi$）。

For 循环体执行 6 次。以(1800,1300)为圆心,r 为半径,angle1 为起始角,angle2 为终止角,画出一段圆弧,然后使 angle1 的值加 $\pi/4$,c 的值加 1,DrawWidth(线宽度)值加 1。（修改这三个值,实际上设定下一个圆弧的起始角、颜色和线宽。改变的目的是为下一个循环作准备。）

开始运行程序后,单击窗体,在窗体上画出 6 个不同颜色、不同位置、不同宽度的圆弧。运行结果如图 10-13 所示。如果将过程中的"Circle (1800,1300),r, QBColor(c),angle1,angle2"改成" Circle (1800,1300),r, QBColor(c),angle1,angle2,2",就是说使纵横比不等于 1,所画的弧都变为椭圆弧,结果如图 10-14 所示。

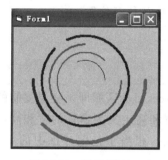

图 10-13　运行例 10-9

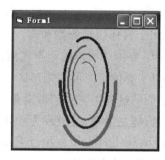

图 10-14　纵横比不等于 1 时

若起始角和终止角均为负值时,Circle 方法画出一个扇形。读者可以自己试一下。

10.3　使用 PaintPicture 方法

前面已经介绍了加载、显示图片的方法。VB 中的 PaintPicture 方法能够从一个窗体或图片框中向另一个窗体或图片框复制指定矩形区域内的像素。

【例 10-10】　将图片框中的一个图形复制到窗体上。

题目要求对图片进行复制操作,即首先建立一个窗体,窗体上有一个名称为 picSource 的图片框,并将其 Picture 属性值设置为一个图片文件的文件名,此时图片就显示在图片框内,如图 10-15 所示。

单击窗体时,将图片框 picSource 中的图片复制放大到窗体上。过程如下:

```
Private Sub Form_Click()
    Form1.PaintPicture picSource.Picture,0,0,ScaleWidth,ScaleHeight
End Sub
```

可以看到,完成图片复制只使用一条语句,即 PaintPicture 方法,其作用是将"源对象"上的图片放到"目标对象"上。过程运行效果如图 10-16 所示。

PaintPicture 方法的语法格式如下:

<目标对象>.PaintPicture<源对象>,dx,dy,[dw],[dh],[sx],[sy],[sw],[sh]

图 10-15 例 10-10 窗体外观

图 10-16 运行例 10-10

由以上命令格式可以看到,PaintPicture 方法有多个参数。各参数的含义是:

dx,dy:目标区域左上角的坐标,可以是目标对象中的任意位置。

dw,dh:目标区域的宽和高。

sx,sy:要传送图形的矩形区域的左上角坐标。

sw,sh:要传送图形的矩形区域的宽和高。

在上面的过程中,指定"源对象"为图片框 picSource,目标区域即是将要复制的位置,今指定为窗体左上角,其坐标为(0,0)。目标区域的宽和高定义为窗体的宽和高,也就是 ScaleWidth、ScaleHeight。执行 PaintPicture 方法之后,相当于把图片框中的小图片复制、放大为充满整个窗体。

如果将图形的宽度设置为负数,则出现水平方向翻转的图形,如果将图形的高度设置为负数,则出现上下方向翻转的图形。读者可以试一下怎样对图形进行翻转处理。

10.4 窗体和控件的图形属性

窗体和控件都有与图形有关的一些属性。本节将简单讨论这些属性的作用和使用方法。

1. AutoRedraw 属性

每个窗体和图片框都有 AutoRedraw 属性。AutoRedraw 属性的功能是重新绘制窗体或图片框中的图形。通过下面的例题可以了解 AutoRedraw 属性的作用。

【例 10-11】 AutoRedraw 属性的作用及使用方法。

建立一个工程文件,包括两个窗体 Form1 和 Form2。当单击 Form1 时,在窗体上画一个实心圆,同时显示 Form2。

按照题目的要求在 Form1 的 Form_Load 事件过程中添加如下代码:

```
Private Sub Form_Click()
    FillStyle=0                    '实心
    Circle (800,800),500           '画圆
    Form2.Show                     '显示 Form2
End Sub
```

运行程序，单击 Form1 后，在坐标为（800，800）的位置画一个半径为 500 的圆，Form1 的外观如图 10-17(a)所示，同时显示 Form2。

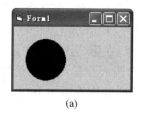 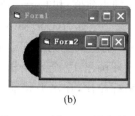 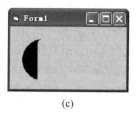

(a)　　　　　　　　(b)　　　　　　　　(c)

图 10-17　例 10-11 运行结果

如图 10-17(b)所示那样，移动 Form2 使它与 Form1 重叠，然后再将 Form2 移开。此时 Form1 上被遮盖部分的图形没有恢复，如图 10-17(c)所示。如果希望 Form2 移走后，仍能恢复原来的图形，就要将窗体的 AutoRedraw 属性设为 True，其含义是能够自动重新绘制图片或窗体。也就是说，系统在将窗体或图形框中的文本或图形显示在屏幕上的同时也自动把它存放在内存中，它称为图形在内存的映像。当需要重新显示它时，根据内存中保存的图形映像对窗体或图片框实现重绘。例如，对于例 10-11 的题目，增加一条语句：

```
Form1.AutoRedraw=True
```

那么，移走遮盖住图形的窗体 Form2 后，原来所画的图形不受影响。

需要说明的是：当改变窗体的尺寸或重新显示被其他对象隐藏的窗体或图片框时，AutoRedraw 属性的值只对由窗体或图片框控件的 Circle、Cls、Line、Point、Print 和 PSet 方法产生的图形及文字起作用。换句话说，窗体上由图形控件生成的图形不受 AutoRedraw 属性值的影响。例如，用 Shape 、Line 控件在窗体上画的图形，不论 AutoRedraw 属性值为真还是为假，总是显示在窗体上，即使窗体暂时被隐藏，也不需要进行重画处理。

2. CurrentX、CurrentY

CurrentX 和 CurrentY 属性能够设置图形的当前坐标，也可以自动获得图形的当前坐标。

图 10-18 的窗体中显示了 10 个半径相等、圆心不同的圆。绘制这幅图形的过程如下：

```
Private Sub Form_Click()
    CurrentX=800
    CurrentY=800
    For i=1 To 10
        Circle (CurrentX+100,CurrentY+100),500
    Next
End Sub
```

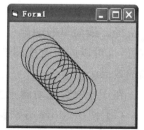

图 10-18　连续画圆

过程中首先设置当前坐标位置 CurrentX、CurrentY 的值(800,800),在第 1 次循环中用 Circle 方法画圆,圆心为(CurrentX+100, CurrentY+100),即(900,900)。由于圆心的当前 坐标是(900,900),因此 CurrentX(X 的当前值)和 CurrentY(Y 的当前值)也自动获得了该当 前值(都是 900)。在第 2 次循环中,圆心坐标为(CurrentX+100, CurrentY+100),即(1000, 1000)。此时 CurrentX 和 CurrentY 的值又变为 1000。同理,在第 3 次循环中,圆心坐标 为(1100,1100)……。执行 10 次循环画出 10 个半径相等而圆心坐标不断变化的圆。下 一个圆心坐标的值与前一次圆心坐标相比,在水平和垂直方向分别都增加 100。

3. BorderWidth 及 BorderStyle 属性

BorderWidth 及 BorderStyle 属性指明使用图形对象绘图时,边框线的宽度和边框 风格。

4. FillColor 及 FillStyle 属性

FillColor 及 FillStyle 属性用于确定窗体和图片框中填充图形的外观风格和填充颜 色。在图形中可以画出(即填充)斜线、网格线等。FillStyle 属性是设定在图形中填充的 样式,例 10-8 已说明了 FillStyle 属性的使用方法和效果。

5. BackColor、ForeColor、BorderColor 及 FillColor 属性

VB 中许多控件都有与颜色有关的属性,与颜色有关的常用属性主要有 BackColor、 ForeColor、BorderColor 和 FillColor。

BackColor 属性用来设置窗体或控件的背景颜色。

ForeColor 属性用来设置窗体或控件的前景颜色。

BorderColor 属性用来设置 Shape 控件边框的颜色。

FillColor 属性用来指定填充的图形的颜色。注意它只能用于填充由 Circle 方法或 Line 方法绘制的封闭区域,不能用于不封闭的"开口"区域。

10.5 设计简单动画

人们常常希望在屏幕上出现动画效果,例如汽车向前行驶,地球围绕太阳旋转,火箭 升空等。最简单的动画可以是一个图像连续地在屏幕上改变位置。当然除了改变图像的 位置,也可以同时改变图像的形状和尺寸,还可以将若干图片连续显示,在视觉上形成动 画的效果。

在 VB 中实现动画主要有如下几种方法:

(1) 使用 Move 方法移动控件或图片;

(2) 改变图像的位置和尺寸,达到动画的效果;

(3) 在不同的位置显示不同的图片。

不论使用何种方法,都可以用计时器控件定时触发有关动画的事件过程,用计时器的 Interval 属性控制图像移动或变换的速度。

用 Move 方法移动对象的一般形式为：

对象名.Move Left,Top[,Width,Length]

其中 Left 表示对象的左边界与窗体左边框的距离，Top 表示对象的顶部与窗体顶部之间的距离，Width 和 Length 代表对象的新宽度和新高度。

【例 10-12】 以蓝天白云为背景，显示地球围绕太阳旋转的动画画面。

设计此动画的思路如下：建立一个图片框，它的大小与窗体相同，调入蓝天白云图形作为背景。再添加两个图像框，分别装入太阳和地球的图形。用计时器的 Timer 事件来控制地球作圆周运动。各控件的属性设置如表 10-5 所示。

表 10-5　例 10-12 控件对象属性设置

对　象	属　性	设　置
计时器	（名称）	Timer1
	Interval	100
图片框	（名称）	picSky
	Picture	E:\yuanVB\clouds. bmp
图像框 1	（名称）	imgEarth
	Stretch	True
	Picture	E:\yuanVB\earth. ico
图像框 2	（名称）	imgSun
	Stretch	True
	Picture	E:\yuanVB\sun1. ico

计时器的 Interval 属性值定为 100（单位为毫秒，即 0.1 秒），目的是每 0.1 秒钟使地球移动一次位置。

图片框中调入的图形为：C:\yuanVB\clouds. bmp，是蓝天白云图形。图像框 1 和图像框 2 的 Stretch 属性设置为 True，以便使图形充满图像框。图像框 1 中的图像为地球，图像框 2 中的图像为太阳。窗体设计如图 10-19 所示。

这个程序有两个事件过程，一个是初始装载程序 Form_Load()，还有一个是计时器的事件过程 Timer1_Timer()。

图 10-19　例 10-12 窗体外观

在程序开始运行装入窗体时，执行 Form_Load 事件过程，其代码如下：

```
Private Sub Form_Load()
    imgSun.Top=Height/2-imgSun.Height/2
    imgSun.Left=Width/2-imgSun.Width/2
End Sub
```

程序运行时,要把图像框 imgSun 放到窗体(实际上是用作背景的图片框)的中心位置。背景图片框和图像框的大小在设计阶段已经确定。用以下方法使图像框 imgSun 位于背景图片框的中间位置:使图像框 imgSun 上边界与背景图片框上边界的距离(imgSun. Top)=(窗体高度/2)－(图像框 imgSun 的高度/2)。imgSun. Left 的求法与此类似。

计时器事件过程的程序如下:

```
Private Static Sub Timer1_Timer()
    r=1000
    x=Cos(i) * r+Width/2
    y=Sin(i) * r+Height/2
    ImgEarth.Move x,y
    i=i+0.1
End Sub
```

程序开始运行后,计时器每0.1秒钟触发一次 Timer 事件。使 x 和 y 的值不断变化。太阳圆心坐标为(Width/2,Height/2),r 为地球旋转的圆周半径。开始时,i 的初始值为0,y 的值为 Height/2,x 的值为 Width/2,即 p(x,y)的位置为 0 度(在水平线上)。

imgEarth. Move x, y 表示将图像框 imgEarth(地球)的位置移到所指定位置。然后使 i 增值0.1。由于事件过程为 Static(静态)类型,所以第二次触发 Timer 事件执行 Timer1_Timer 过程时,i 的初值是上次执行该过程结束时 i 的值,即为0.1,因此 x 的值为 Cos(0.1) * r＋Width/2,y 的值为 Sin(0.1) * r＋Height/2,p(x,y)位置为围绕太阳按逆时针方向移动了0.1弧度。如此重复着移动地球位置的操作,使地球作圆周运动。

以上的程序能使地球运动,但若仔细观看,地球的运动并不是以太阳为中心,有些偏离背景图片框的中心位置,原因是用 Move 方法时,x 和 y 不是代表图像框中心点的坐标,x 是图像框左边框的横坐标,y 是图像框上边框的纵坐标。p(x,y)实际上是图像框左上角坐标。因此要使地球准确地进行圆周运动,应将程序修改如下:

```
Private Static Sub Timer1_Timer()
    r=1000
    x=Cos(i) * r+Width/2-imgEarth.Width/2
    y=Sin(i) * r+Height/2-imgEarth.Height/2
    imgEarth.Move x,y
    i=i+0.1
End Sub
```

运行情况如图 10-20 所示。

在这个例题中,利用计时器定时触发相应的事件过程,不断地改变图片的位置,实现动画的效果。

除了改变图片的位置,还可以通过交替显示多个不同的图片产生动画效果。

图 10-20　运行例 10-12

【例 10-13】 通过变换图片,实现动画效果。

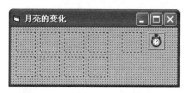

图 10-21 例 10-13 窗体外观

设计一个程序,要求在淡蓝色背景的窗体上,有一个月亮,由缺到圆、再由圆到缺,并且自左向右移动。

月亮的移动可以通过移动月亮所在图像框的位置来实现,而月亮的圆缺则通过轮流显示 8 个不同状态月亮图片来实现。8 个图像框的作用是不同月亮形状图片的容器,而且它们的 Visible 属性被设置 False,即图像框被设为不可见。窗体如图 10-21 所示。

控件的属性设置如表 10-6 所示。

表 10-6 例 10-13 对象属性设置

对 象	属 性	设 置	对 象	属 性	设 置
窗体	Caption	月亮的变化	图像框 2	(名称)	Image2
	BackColor	&H00FFFFC0&		Visible	False
计时器	(名称)	Timer1	⋮	⋮	⋮
	Interval	1000	图像框 8	(名称)	Image8
图像框 1	(名称)	Image1		Visible	False
	Visible	False	图像框 9	(名称)	imgMain

本程序有两个事件过程:初始事件过程 Form_Load()将所用到图片装载到各图像框中;计时器每 0.1 秒触发一次 Timer1_Timer()事件过程,移动月亮并改变月亮的状态行。

Form_Load()事件过程如下:

```
Private Sub Form_Load()
'为 8 个不可见的图像框装载不同状态月亮的图片
    Image1.Picture=LoadPicture("D:\TanVB6\Figure \moon01.ico")
    Image2.Picture=LoadPicture("D:\TanVB6\Figure \moon02.ico")
    Image3.Picture=LoadPicture("D:\TanVB6\Figure \moon03.ico")
    Image4.Picture=LoadPicture("D:\TanVB6\Figure \moon04.ico")
    Image5.Picture=LoadPicture("D:\TanVB6\Figure \moon05.ico")
    Image6.Picture=LoadPicture("D:\TanVB6\Figure \moon06.ico")
    Image7.Picture=LoadPicture("D:\TanVB6\Figure \moon07.ico")
    Image8.Picture=LoadPicture("D:\TanVB6\Figure \moon08.ico")
'设置可见图像框的参数
    imgMain.Picture=LoadPicture("d:\vb_example\moon01.ico")
    imgMain.Top=300
    imgMain.Left=300
End Sub
```

在程序中使用 8 幅月亮的图片,分别表示月亮的 8 种外观。第 9 个图像框是可见的,其中初始图像是 moon01.ico。执行 Timer1_Timer 事件过程时,依次显示这 8 个图片完成一个变化周期,然后重新开始新的变化周期。8 个图像框作为承载 8 种不同状态(缺、圆、亏、盈等)月亮的图片的容器,这8个月亮图片仅在需要时才显示,因此,初始时 Visible 属性都设置为 False。月亮的移动变化过程如下:

```
Private Sub Timer1_Timer()
    '自左向右移动月亮,每次移动 100
    Static Counter As Integer
    imgMain.Move imgMain.Left+100
    '轮流使用 8 幅图片
    Counter=Counter+1
    If Counter=9 Then Counter=1
    Select Case Counter
        Case 1
            imgMain.Picture=Image1.Picture
        Case 2
            imgMain.Picture=Image2.Picture
        Case 3
          imgMain.Picture=Image3.Picture
        Case 4
          imgMain.Picture=Image4.Picture
        Case 5
          imgMain.Picture=Image5.Picture
        Case 6
          imgMain.Picture=Image6.Picture
        Case 7
          imgMain.Picture=Image7.Picture
        Case 8
          imgMain.Picture=Image8.Picture
        End Select
End Sub
```

月亮的变化包括移动和图片的改变。月亮的移动是通过 Move 方法移动 imgMain 控件完成的。

Counter 是计数器,每 0.1 秒显示一个图片,Counter 加 1。Select Case Counter 语句根据 Counter 的值将不同形状的月亮图片赋给 imgMain.Picture。当执行了 8 次 Timer1_Timer 过程后,Counter 的值变成 9,即完成了月亮由缺到圆、再由圆到缺的变化周期,Counter 重新置 1,开始新的周期。

读者可参照以上思路,自己设计简单的动画,如球在地面滚动,气球升空等。

思考与练习

1. 绘图方法与绘图控件的使用有何异同?
2. 简述使用 Line 控件与 Line 方法绘制直线的异同。
3. 使用 Line 方法绘制直线时,坐标位置的表达方式是什么?

4. 总结使用 Circle 方法绘制圆、椭圆、圆弧、扇形时,各参数的设置要求。

5. VB 中如何实现动画程序?

实验 10　图形和动画程序设计

1. 实验目标

(1)了解形状控件的作用,掌握其使用方法。

(2)了解窗体和相关控件的图形方法及属性,能够使用这些方法设计程序。

(3)掌握动画程序的设计思路和一般方法。

2. 实验内容

(1)在窗体上画一幅明月高挂、群星闪烁的画面。要求在程序开始运行时,将一个月亮的图形装入到图像框中。窗体上有一个计时器,其 Interval 属性值为 500,因此计时器每隔 0.5 秒发生一次 Timer 事件。Timer 事件事件过程中,在随机产生的 500 个(x,y)坐标处以白色"点亮"该点。因此出现 500 个亮点,然后以 Cls 方法清除屏幕。在下一次 Timer 事件发生时,又出现另外 500 个点,然后又清屏。如此反复就出现"群星闪烁"的效果。

(2)用画圆的方法在图像框中画一个太极图,如图 10-22 所示。

(3)在窗体上画出如图 10-23 所示的若干扇形。扇形的各个参数可自行定义。

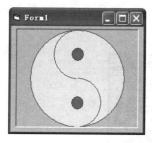

图　10-22

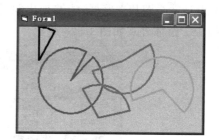

图　10-23

(4)用 Circle 方法画一个圆球,如图 10-24 所示。

(5)编写一个程序,实现对图形的翻转。效果如图 10-25 所示。

图　10-24

图　10-25

(6) 窗体上有一个图片框和一个滚动条。在图片框中装入一个图片。通过单击滚动条的操作,改变图片框的大小。窗体如图 10-26 所示。滚动条的变化范围为 0~10。每次单击滚动条时,图片框增加或缩小的尺寸为 30(缇)。

(7) 在窗体上画一个图片框,加载一个图片。再画 4 个命令按钮,分别表示向 4 个方向移动(如果找不到合适的图片,也可以使用文字),如图 10-27 所示。单击某个方向按钮,图片框将在该方向上移动一段距离(移动距离自己确定)。当图片移动到窗体的边界时,相应方向的按钮变为不可用。例如,不断地按下按钮 ⬆,图片向上移动。当图片框到达窗体上部边界,该按钮变灰,不起作用。当按下 ⬇ 按钮,使图片向下移动,离开窗体的上边界时,按钮 ⬆ 重新可用。

图 10-26　窗体

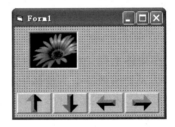

图 10-27　添加按钮后的界面

说明:将命令按钮的 Style 属性设为 Graphical,使命令按钮呈现图像方式,这时再通过命令按钮的 Picture 属性将图片加到命令按钮上。

(8) 设计一个图片浏览器,能够列出驱动器、目录及文件,并将选中的图形文件显示在图片框中。窗体外观如图 10-28 所示。

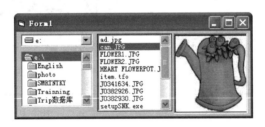

图 10-28　窗体外观

(9) 利用图片框和计时器设计一个动画。内容、图片自定。通过定时器和图片交替实现动画。

(10) 设计一个动画程序。一个球从窗体顶部落下,触底反弹,反弹的高度不断减小,最后静止在窗体底部,每次反弹的高度自行设定。

第11章

建立和访问数据库

计算机的应用系统几乎都会涉及数据的保存与使用。第8章已经介绍了使用文件保存数据的方法。还有一种应用更广泛的保存和管理数据的技术——数据库技术。数据库技术是计算机应用技术中的一个重要领域。使用数据库管理大量的数据，比使用文件具有更高的效率及更有效的管理方式。VB提供了强大、方便使用的数据库编程接口，因此常被作为数据库应用程序的开发工具。本章将通过简单的示例介绍基本概念和简单的使用方法。

11.1　概述

首先，要了解什么是数据库。**数据库是按一定方式组织、存储和处理相互关联的数据的集合**。如何理解这个定义？可以先分析在Word中所处理的文档，每个文档都没有固定的格式，文档的长短和格式都不相同。而数据库中的数据则是按一定的方式进行组织的。数据库中数据的组织形式可以有多种。如表11-1是以表格方式表示的通讯录，包含姓名、住址、电话号码等数据项。通讯录中所记录每个人的信息都包含这几项数据。这种用表格形式组织数据的数据库称为**关系数据库**。实际上现在普遍使用的数据库大多是关系数据库。

表11-1　通讯录

姓　名	住　址	电　话
张军	北京市海淀区东大街10号	65432112
王涛	北京市朝阳区北四环东路97号	12345678
李丽	北京市东城区东单北大街10号	23456789

在关系数据库中，用以保存数据的数据结构是一个或多个表（Table），每个表具有某种特定的结构。例如，通讯录表定义了姓名、住址和电话等数据项。这个表中每一行（即一个人的信息）称为"记录"（Record），即一条记录就是表中的一行。表的列称为"**字段**"（Field），同一个字段的数据具有相同的数据类型。例如，姓名字段的数据都是字符型

数据。

VB 系统本身包含了一个完整的数据库系统。这个数据库是在系统的后台运行的，这种方式称为**数据库引擎**(Database Engine)。数据库引擎提供了数据库的全部功能，但是从界面上看不到这个引擎。

VB 使用的数据库引擎与 Microsoft Access 数据库管理系统的后台引擎是相同的，它们具有相同的文件格式，数据库文件的扩展名都是.mdb，也就是说，在 Microsoft Access 中创建的数据库可以在 VB 中直接打开和使用。

注意：数据库只是一个"容器"，在这个"容器"中包含了所使用的数据和查询检索这些数据的程序。

用 VB 建立数据库应用程序的工作主要包括：分析实际问题；定义并建立数据库；编写 VB 访问和处理数据库中的数据的程序。由于本课程的重点不是数据库的建立和开发，因此，仅介绍数据库的基本概念和在 VB 中建立数据库应用程序的思路。

11.2　使用可视化数据管理器

VB 中包含一个"可视化数据管理器"，这是一个提供数据创建和维护等基本功能的工具。"可视化数据管理器"实际上是一个独立于 VB 的程序，但只能在 VB 的环境中运行。

11.2.1　创建数据库

怎样在 VB 程序中使用数据库呢？必须先建立一个数据库，才能使用它。

建立一个新数据库的方法是：选择 VB 菜单栏中"外接程序"→"可视化数据管理器"命令，打开一个称为"VisData"的窗体(VisData 是"可视化数据管理器"的缩写)，如

图 11-1 所示，这就是可视化的数据库管理工具。这个窗体打开后，可以用"文件"→"新建"命令建立一个新的数据库(具体操作随后介绍)，也可以选择"文件"→"打开数据库"命令，打开一个已存在的数据库。这些已存在的数据库既可以是在 VB 中建立的.mdb 数据库，也可以是在 MS Access 中建立的.mdb 数据库。

图 11-1　VisData 窗体

建立数据库只是建立了一个"容器"。
还需要对此容器的结构进行设计。正如建立一个学校，光有校名和校园是不够的，还要设计它的组织结构(有哪些学院、哪些班级等，否则就不成为一所学校)。前面所说的把数据保存在数据库中，实际上是把数据保存在数据库的各个表中。一个数据库中能够容纳多个表。在一般情况下，人们习惯把围绕着一个任务建立的一个或多个表放在同一个数据库中。

在建立一个新的数据库之前，要根据实际任务的需要确定数据库应建立哪些表，各个

表的结构怎样,也就是要确定构成表的字段、各字段的数据类型等。例如,定义通讯录的表结构如表 11-2 所示。

表 11-2　通讯录的表结构

字 段 说 明	字 段 名	数 据 类 型	字 段 长 度
姓名	Name	字符型	20
住址	Address	字符型	50
电话	TelNum	字符型	20

"字段说明"是字段的实际含义。"字段名"是字段在计算机中的表示,在编程时要使用字段名。字段名既可以与"字段说明"相同,也可以不同。"数据类型"是字段所对应的数据类型,如整型、字符型等;如果是数值型数据,其字段长度是由系统统一规定的,不必用户指定;如果是字符型数据,应该指明字段的长度。

根据上面确定的表的结构,需要在 VB 程序中建立一个包含此通讯录表的数据库。在 VisData 窗口中,选择"文件"→"新建"→Microsoft Access →Version 7.0 MDB,此时会出现一个窗口,要求输入新建立的数据库名,今输入"AddressList",创建一个名为"AddressList"的数据库。注意:目前只是有了一个数据库名,还未定义表的结构,也未装入数据。

图 11-2　数据库窗口

新建的数据库中有许多默认的特征参数,图 11-2 中显示了部分属性参数。在一般简单的应用中,许多属性也没有必要改变。本书不准备详细介绍这些参数。

11.2.2　创建表

在创建了一个数据库 AddressList 后,需要在其中建立新的表,方法是:在"数据库窗口"(参看图 11-2)中单击鼠标右键,在随之出现的快捷菜单中选择"新建表"命令,出现"表结构"窗口。在该窗口上部有"表名称(N)",在这一栏中输入表名,设通讯录表的名称是 TelBook,如图 11-3 所示。

确定表的名称后,单击"添加字段"按钮,出现"添加字段"窗口。按照表 11-2 的定义,在"名称"栏中填写第一个字段("姓名"字段)的字段名"Name",数据类型为"Text",长度为 20 个字符,如图 11-4 所示。

单击"确定"按钮后,继续按表 11-2 的定义添加其余的 Address 和 TelNum 字段的信息。完成字段的定义后,单击"关闭"按钮,关闭"添加字段"窗口。刚刚建立的 TelBook 表的各字段会显示在表结构窗口中的"字段列表(F)"栏内,见图 11-5。单击该窗口中"生成表"按钮,名称为 TelBook 的表就建立成功了。表的名称显示在"数据库窗口"(图 11-2 所示的窗口)中。

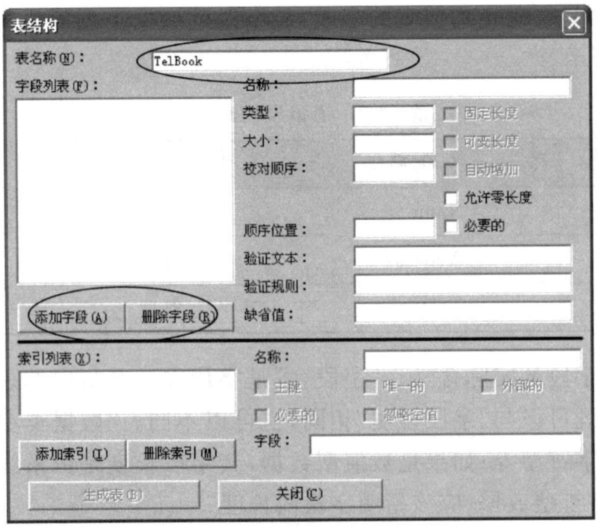

图 11-3　添加表名称

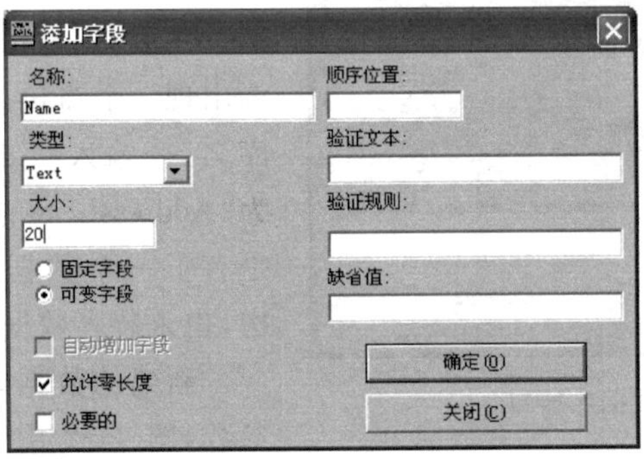

图 11-4　输入 Name 字段信息

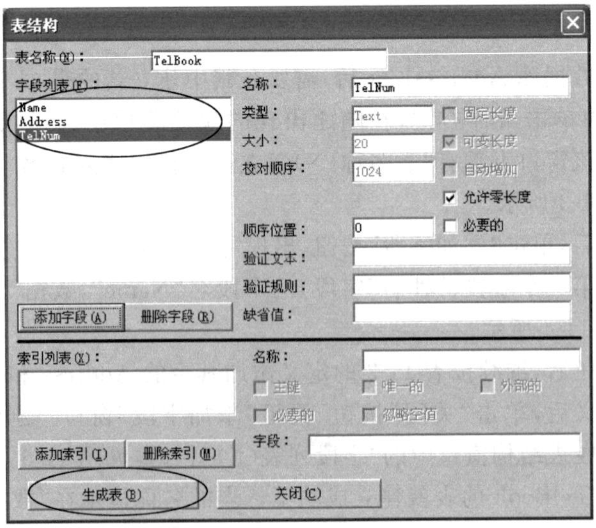

图 11-5　TelBook 表的各个字段

表结构建立后,还可以根据需要再添加或删除已有的字段。这类操作称为编辑表结构。编辑表结构的方法是,在"数据库窗口"中(见图 11-2)找到要编辑的表,单击鼠标右键,在弹出的快捷菜单中选择"设计"命令,再次打开"表结构"窗口。按"添加字段"按钮,则可在表中添加新的字段。按"删除字段"按钮,则把当前光标所指的字段删除。

注意:在 VisData 中不能直接修改字段的定义,例如字段的名称、数据类型等都不能直接修改。如果要修改字段的定义,只能是先删除原有的字段,再重新添加一个新的字段。

在这个例题中,数据库 AddressList 中只有一个表 TelBook。如果需要建立多个表,继续使用"新建表"命令建立更多的表。一个数据库中允许建立多个数据表。

11.2.3 输入和编辑数据

完成了 TelBook 表结构的定义之后,就可以向表中输入数据。在"数据库窗口"中用鼠标右键单击 TelBook 表,选择"打开"命令,出现如图 11-6 所示的窗口。在这个窗口中有 8 个命令按钮,主要功能是按已经定义的表结构进行数据的输入、编辑和删除等操作。

除了这些命令按钮,窗口中列出了打开的 TelBook 表已定义的所有字段。如果要输入数据,按"添加"按钮,出现如图 11-7 所示的窗口,直接在各字段名所对应的输入栏中输入各个字段的数据。输入完毕,按"更新"按钮,把输入的数据保存到表中。

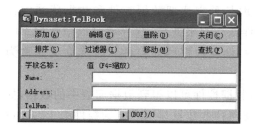

图 11-6　编辑数据

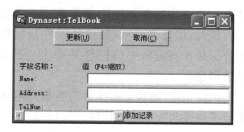

图 11-7　选择"添加"按钮后的输入数据窗口

改变(更新)表中现有数据的操作类似于输入数据。先在如图 11-6 所示的窗口中,通过移动窗口底部的滚动条找到要修改的记录,再按"编辑"按钮,进行有关的编辑操作。完成编辑操作后,单击"更新"按钮,保存对数据的更新。

如果要查询表中的数据,在"VisData"窗口中选择"实用程序"→"查询生成器"进行数据查询。这方面的内容不再详细介绍。

11.3　用数据控件访问数据库

对于不懂数据库技术的用户而言,通过 VisData 数据库窗口检索、使用数据库中保存的数据,有一定的困难(对其他大型数据库亦如此)。实际的数据库应用系统都是用一种高级语言编写数据访问的程序,用户通过这些程序访问数据库中的数据。VB 就是其中一种常用的语言。

VB 提供了一些访问数据库的手段,包括数据控件(Data Control)、数据访问对象

（DAO——Data Access Object）、Active 数据对象（ADO——Active Data Object）、远程数据对象（RDO——Remote Date Object）等。其中数据控件使用方便，不需要编写复杂的程序，就能读取和利用数据库中的数据。而 DAO、ADO、RDO 等则是控制数据库的完整编程接口。在设计比较复杂的应用程序时，使用 DAO、ADO 或 RDO 将使程序更灵活，性能更好。限于篇幅，我们只介绍使用数据控件访问数据库的方法。

11.3.1 浏览数据

数据控件是 VB 中的基本控件，能够直接从工具箱中引用。工具箱中数据控件的外观为 ■。把数据控件添加到窗体上，其控件的外观为 |◄|◄|Data1|►|►|，默认的控件名是 Data1。

数据控件的主要作用是将数据库和窗体上的其他控件连接起来。可以利用数据控件去访问数据库，但不能在数据控件上显示数据库的数据。人们常常希望把数据库中的某些数据显示在文本框中，有什么办法呢？可以采用以下的方法：

（1）通过设置数据控件的一些属性，使数据控件与指定的某一数据库文件相链接，这时数据控件就可以访问数据库了。

（2）可以利用数据感知（Data Aware）控件来显示数据库中字段的内容。VB 中的文本框、标签框、图片框、复选框等控件被称为具有数据感知功能的控件。那么这些控件怎样能得到数据控件中的数据呢？需要采取某种方法把数据控件和数据感知控件二者挂勾，即建立关联，把这些控件与数据控件结合起来使用，这样就可以把数据库中的数据显示在窗体中的控件界面上。把数据控件和数据感知控件二者建立关联称为**数据绑定**。

也就是说，通过数据控件与数据库的连接，数据控件可以得到数据库表中的数据，如果数据控件与数据感知控件已绑定，就可以直接将这些数据显示在感知控件中了。通过例 11-1 可以了解怎样实现以上的想法。

数据库、数据控件、数据感知控件的关系如图 11-8 所示。

【例 11-1】 建立通讯录。

为了显示前面建立的通讯录数据库中的数据，设计如图 11-9 的窗体。用 3 个标签分别显示"姓名"、"住址"和"电话"提示信息，再以 3 个文本框用来显示姓名、住址和电话的值。各控件相关的属性设置如表 11-3 所示。

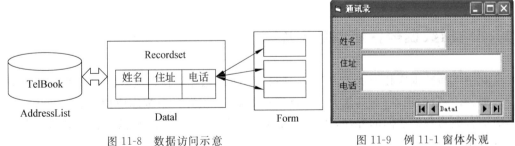

图 11-8　数据访问示意　　　　　　　　　图 11-9　例 11-1 窗体外观

表 11-3　例 11-1 窗体控件的属性设置

对　象	属　性	设　置	说　明
窗体	Caption	通讯录	
数据控件	（名称）	Data1	数据控件
	DatabaseName	AddressList	连接的数据库名
	RecordSource	TelBook	连接的表名
标签 1	（名称）	lblName	
	Caption	姓名	
标签 2	（名称）	lblAddr	
	Caption	住址	
标签 3	（名称）	lblTel	
	Caption	电话	
文本框 1	（名称）	txtName	
	Text	空	
	Connect	Access	指明数据库类型
	DataSource	Data1	指明绑定的控件
	DataField	Name	指明绑定的字段
文本框 2	（名称）	txtAddr	
	Text	空	
	Connect	Access	指明数据库类型
	DataSource	Data1	指明绑定的控件
	DataField	Addr	指明绑定的字段
文本框 3	（名称）	txtTel	
	Text	空	
	Connect	Access	指明数据库类型
	DataSource	Data1	指明绑定的控件
	DataField	TelNum	指明绑定的字段

按属性表设置各控件的属性。数据控件是数据库与 VB 界面程序之间的连接桥梁。利用数据控件对数据库的数据进行访问的方法是分别指明数据控件所连接的数据库和窗体上的控件。具体方法是：

（1）把数据控件与一个数据库相连接。

通过数据控件的属性 DatabaseName 和 RecordSource 把数据控件与指定的数据库和其中的表连接起来。

在数据控件的属性窗口中,设置 Connect 属性为 Access,即指明所连接的数据库类型是由 Access 建立的数据库。然后设置 DatabaseName 属性,单击属性名右侧的矩形框,出现 ⬜ 按钮。单击该按钮,打开"DatabaseName"窗口,选择已存在的数据库 AddressList,按"打开"命令后,确定所连接的数据库。一般情况下,一个数据库中往往有多个表,因此在确定了数据控件所连接的数据库后,还应该指定连接的表。设置 RecordSource 属性的值,就能指定与数据控件相连接的表名。单击 RecordSource 属性框的下拉箭头,列出 AddressList 数据库中所有的表。当然,目前只有 TelBook 表,选中这个表即可。

(2) 把数据感知控件连接到数据控件上(即数据绑定)。

数据库中的表与数据控件连接后,还要把数据控件与 3 个文本框连接起来,也就是具体指定哪个文本框控件显示哪个字段的数据。例如在表 11-3 中看到:文本框 1 的 DataSource 属性的值是 Data1,DataField 属性的值是 Name,表示把文本框 1 与数据控件 Data1 中的 Name 字段绑定,这样就会在文本框 1 中显示 Name 字段的内容(某一人的姓名)。同理,在文本框 2 中显示 Address 字段的内容(地址),在文本框 3 中显示 TelNum 字段的内容(电话)。

图 11-10　显示表中的数据

运行程序后,窗体如图 11-10 所示。

从图中可以看到,在数据控件中自左而右有 4 个带箭头的按钮。操作这几个按钮,能够依次浏览表中的各个记录。单击 ⏮ 按钮,显示 TelBook 表中第一条记录。单击 ◀ 按钮,显示当前记录的前一个记录,如果当前记录已经是表中的第一个记录,则不改变显示的记录。单击 ▶ 按钮,显示当前记录的下一个记录,如果当前记录已经是表中的最后一个记录,则所显示的内容不变。单击 ⏭ 按钮,显示最后一条记录。由此,我们可以看到,使用数据控件与窗体中的数据感知控件,不需要编程,就能很方便地浏览数据库表中的数据。

11.3.2　更新数据库中的数据

【例 11-2】　把 AddressList 数据库中通讯录表 TelBook 中张军的电话改为 13998765432。

修改数据库中现有数据的方法是:首先从数据库中找到要修改的记录并显示在相应的数据感知控件中,然后直接修改这些数据,最后再把控件中数据更新到数据库中。具体做法是:

(1) 运行程序,移动数据控件的相应箭头按键,找到姓名为"张军"的记录。这时要修改的数据记录显示在数据感知控件中。

(2) 直接在"电话"栏中修改张军的电话号码。

(3) 移动数据控件的任何一个箭头按键,数据被自动保存到数据表中。

【例 11-3】　在数据库表中增加数据记录。

增加数据记录就是在数据表中添加一个新的记录。例如,增加一个人的通讯录信息,

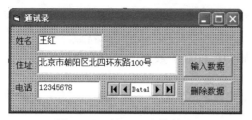

图 11-11　例 11-3 窗体外观

姓名：李磊，住址：北京市海淀区远大路400号，电话：66554433。

修改例 11-1 的窗体外观，增加"输入数据"（控件名为 cmdInput）、"删除数据"（控件名为 cmdDelete）的命令按钮，如图 11-11 所示。

增加新记录首先要在数据表中增加一个空白记录，然后在文本框等数据感知控件中输入数据。"输入数据"命令按钮的事件过程如下：

```
Private Sub cmdInput_Click()
    Data1.Recordset.AddNew
    Data1.Recordset.Update
    Data1.Recordset.MoveLast
End Su
```

Recordset 是数据控件 Data1 的一个属性，它的值是数据表中数据的集合，即可以把它看作是数据对象。对数据表的操作实际上对这个对象的操作。

程序中的第 1 条语句是在数据控件 Data1 存放数据对象的 Recordset 属性中添加一个空白记录，第 2 条语句是把上述操作的内容更新到数据库中，即数据库中增加了一个空记录；第 3 条语句的作用是把指向数据记录的指针指向最后一条记录。执行上述事件过程后，窗体上各文本框中的内容为空白。这个空白对应数据表中指针当前指向的最后一条记录（空记录）。然后，直接在文本框中输入数据，再移动数据控件的箭头按钮，此时可以看到数据已经被添加到数据库中。

【例 11-4】　删除数据库表中的记录。

删除数据表中记录的方法是：

（1）选中要删除的记录。

（2）执行数据控件的删除记录方法，删除所选定的记录。

对图 11-11，"删除数据"命令按钮的事件过程如下：

```
Private Sub cmdDelete_Click()
    Data1.Recordset.Delete
    Data1.Recordset.MoveLast
End Sub
```

思考与练习

1. 理解数据库、表、字段、记录等术语的含义。

2. 使用 Visual Basic 建立数据库应用程序有哪些主要工作？

3. 使用数据控件访问数据库有哪些优点和局限？

4．使用可视化数据管理器创建数据库的步骤是什么？

5．如何使用数据控件访问数据库？

6．什么是数据感知控件？如何使用数据感知控件显示数据库表中的数据？

实验 11　访问数据库

1．实验目标

（1）了解数据库、表和字段的概念。

（2）掌握 VB 中建立数据库、表的方法，掌握向数据表中添加数据的方法。

（3）掌握数据感知控件的概念和使用方法，能够使用数据感知控件、数据控件编写简单的数据库访问程序。

2．实验内容

（1）利用"可视化数据管理器"建立学生成绩数据库。在数据库中建立学生成绩表，包括姓名、高等数学成绩、普通物理成绩、英语成绩等字段，并输入若干学生的信息。

建立如图 11-12 所示的窗体，利用数据控件访问学生成绩表的数据。

图 11-12　实验第(1)题的窗体

（2）将第 8 章实验 8 中的第(5)题改为使用数据库管理图书信息。图书信息包括有：书号、书名、作者、出版社、单价、出版日期等。编写程序，能够浏览数据库中的图书信息，并能够添加、删除图书信息。请自行设计程序界面，编写处理程序。

（3）设计一个学生基本信息登记、浏览程序。学生的基本信息包括学号、姓名、性别、出生年月、专业等。界面及程序的功能由读者自行定义，并设计实现。

第12章

Visual Basic 应用实例

通过前面各章的学习,读者已经全面地了解了 VB 程序设计语言及编程方法。在此基础上,还要通过编写具有一定规模的程序,以达到熟练掌握并运用的目的。

初学者在设计较大规模的程序时,有时不知如何着手开展工作。其实,用程序解决问题的过程与思路与我们平时解决问题的一般步骤类似。例如,要求在某个确定的位置建造一所房子。首先要确定房子的用途(住宅、商铺还是办公用房),资金投入情况,环境条件,与周边其他设施的关系等,然后开始进行工程设计、工程施工,最后工程验收,投入使用等。

程序设计的一般步骤也是这样。先分析问题,确定要完成的任务;再进行系统设计,确定系统的基本处理流程、结构、模块划分、使用的数据结构、与其他系统的接口等;然后编写程序代码;最后进行程序的调试、测试等。

第 2 章我们曾提及设计 VB 应用程序主有两个主要工作:设计界面和编写代码。这两项工作实际上包含了上面所说的程序设计的一般步骤。设计界面时必须要明确程序要解决的问题,以及解决问题的基本思路和步骤,确定需要几个窗体,每个窗体使用哪些控件,如何布局等。在编写代码时,需根据要处理的问题设计数据结构,进行算法设计,编写代码,进行程序的调试和测试等。

本章通过两个综合练习帮助读者进一步学习和掌握 VB 程序设计的基本方法。本章还介绍使用 VB 集成开发环境进行程序调试的技术。

12.1 设计图片浏览器

通过设计一个图片浏览器,了解设计 VB 应用程序的步骤和方法。

12.1.1 功能定义及界面设计

【例 12-1】 设计图片浏览器程序。

图片浏览器程序的功能定义如下:

(1)图片浏览器应提供选择计算机磁盘驱动器、选择文件夹的功能,然后将所选文件夹中的所有图形文件以缩略图形式显示出来。

(2)当单击窗体上的向前、向后等按钮,能够改变当前选中的图片。当前图片以蓝色背景标识。

（3）如果所选文件夹中的图片比较多，不能在一个显示框中显示，则出现垂直滚动条，以便浏览所有的图片。

按照上述要求，程序应该具备选择驱动器和文件夹的功能，并能列出某文件夹中所有图形文件。设计窗体如图 12-1 所示。

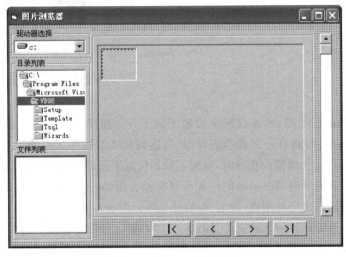

图 12-1　例 12-1 窗体外观

窗体上的控件主要包括选择磁盘驱动器、文件夹的文件系统控件、显示图片的控件和一组命令按钮。

（1）文件系统控件

在窗体中添加一个驱动器列表框控件 drvList、目录列表框控件 dirList 及文件列表框控件 filList。为了使文件列表框中只显示图形文件，将 filList 的 Pattern 属性设置为 *.bmp；*.ico；*.wmf；*.jpg；*.gif。

为了使界面更清晰，用 3 个框架控件 Frame1、Frame2 和 Frame3 分别标明各文件系统控件的作用。

（2）与图片浏览相关的控件

在窗体上添加框架控件 Frame4。在该框架中添加一个图片框控件 picBK，其作用是一个容器。容器中是当前文件夹中所有图形文件的缩略图。然后在 picBK 中添加一个图片框控件 picArray，作为显示一个图形文件缩略图的容器。picArray 设置为控件数组。程序运行时，根据所选文件夹中图形文件的数目动态地创建图片框控件。

在窗体上添加一个垂直滚动条控件，名称为 VScroll1。当所选目录中图形文件数目较多时，可以通过滚动条拖动预览所有图片。

（3）控制图片浏览的命令按钮

在窗体上添加 4 个命令按钮，名称分别是 cmdForward、cmdNext、cmdFirst 和 cmdEnd，分别对应预览图片时选择文件的前一张、后一张、第一张和最后一张的操作。

窗体及各控件的名称及属性设置如表 12-1 所示。

表 12-1　例 12-1 对象属性表

对　象	属　性	设　置	对　象	属　性	设　置
窗体	（名称）	frmMain	图片框 2	（名称）	picArray
驱动器列表框	（名称）	drvList		Index	0
目录列表框	（名称）	dirList	命令按钮 1	（名称）	cmdFirst
文件列表框	（名称）	filList		Caption	|<
框架 1	（名称）	Frame1	命令按钮 2	（名称）	cmdForward
	Caption	驱动器选择		Caption	<
框架 2	（名称）	Frame1	命令按钮 3	（名称）	cmdNext
	Caption	目录列表		Caption	>
框架 3	（名称）	Frame1	命令按钮 4	（名称）	cmdEnd
	Caption	文件列表		Caption	>|
框架 4	（名称）	Frame1	滚动条	（名称）	vScroll1
	Caption	（置空）		Max	200
图片框 1	（名称）	picBK		Min	0

按照上述界面以及功能的设计，可以实现图片的浏览要求。

12.1.2　代码设计

（1）定义窗体级变量

每个文件夹中可能有多个图形文件。我们设置一个变量窗体级变量，用于记录当前文件夹中图片的个数，也就是控件数组元素的个数。

在浏览图片的程序中，需要记住当前光标所指向的图形文件。对此，设置一个 curIndex，用于保存当前图片控件数组元素的下标。

```
Dim graphCount As Integer
Dim curIndex As Integer
```

（2）Form_Load 事件过程

picArray 是用于显示图形文件缩略图的控件数组。由于图片的数量不确定，因此，无法确定图片的数量。使用 picArray 控件数组，能够很好地解决这个问题，可以根据图片的数量确定图片控件数组元素的数量。

程序开始运行时，还没有加载图片，将 picArray 控件设为不可见，即在 Form_Load 事件过程中，将控件数组变量 picArray(0) 设为不可见。

```
Private Sub Form_Load()
    picArray(0).Visible=False
End Sub
```

（3）文件系统控件的同步

本程序使用了驱动器列表框、目录列表框和文件列表框等文件系统控件。需要保持这 3 个控件的同步。drvList_Change、dirList_Change 两个事件过程建立了驱动器列表框、目录列表框和文件列表框之间的同步。

```
Private Sub drvList_Change()
    dirList.Path=drvList.Drive
End Sub
```

在保持文件列表框与目录列表框同步的同时,把文件列表框中的图形文件显示在窗体右侧的图片框中。

把所选文件夹中的图形文件以缩略图的形式显示出来,首先要建立图片框控件数组,把每个图形文件加载到图片框控件数组,作为一个控件数据元素。当文件夹改变时,文件夹中的文件也随之改变。这时,需要先卸载原来的图片框控件数组各元素,再创建新的控件数组。因此,在改变目录列表框的事件过程 dirList_Change 中,先卸载原来的控件数组,然后,根据文件夹中是否有图形文件分别进行不同的处理。若文件夹中有图形文件,则构建控件数组,把每个图形文件加载到控件数组中,并逐行排列显示。xPoint、yPoint 两个变量用于定位每个图片框控件数组元素的位置。程序如下:

```
Private Sub dirList_Change()
    Dim xPoint, yPoint As Integer
    Dim pathUser As String

    filList.Path=dirList.Path                        '设置控件同步
    For i=1 To graphCount                            '卸载图片框控件
        Unload picArray(i)
    Next i
    If Right(filList.Path, 1)="\" Then
        pathUser=filList.Path
    Else
        pathUser=filList.Path & "\"
    End If
    If filList.ListCount>0 Then                       '文件夹中有图形文件
        xPoint=10
        yPoint=10
        graphCount=filList.ListCount
        Screen.MousePointer=vbHourglass
        For i=1 To filList.ListCount
            If xPoint>picBK.ScaleWidth-picArray(0).Width Then
                xPoint=10
                yPoint=picArray(0).Height+yPoint+15
            End If
            Load picArray(i)
```

```
            picArray(i).Left=xPoint
            picArray(i).Top=yPoint
            picArray(i).Picture=LoadPicture(pathUser & filList.List(i-1))
            picArray(i).Visible=True
            xPoint=xPoint+picArray(0).Width+5
        Next i
        Screen.MousePointer=0
        If yPoint>picBK.ScaleHeight-picArray(0).Height-15 Then
            vScroll.Visible=True
            picBK.Height=yPoint+picArray(0).Height+5
            picBK.ScaleHeight=picBK.Height
            vScroll.Min=0
            vScroll.Max=picBK.Height-picArray(0).Height
            vScroll.LargeChange=picArray(0).Height
            vScroll.SmallChange=picArray(0).Height+5
        Else
            vScroll.Visible=False
        End If
        filList.ListIndex=0
        cmdFirst.Enabled=True
        cmdForward.Enabled=True
        cmdNext.Enabled=True
        cmdEnd.Enabled=True
    Else                                          '文件夹中没有图形文件
        vScroll.Visible=False
        cmdFirst.Enabled=False
        cmdForward.Enabled=False
        cmdNext.Enabled=False
        cmdEnd.Enabled=False
    graphCount=0
    End If
End Sub
```

（4）命令按钮的事件过程

窗体上有 4 个命令按钮，用于移动光标，改变当前选中的图片。这些事件过程的操作主要是改变当前控件数组元素的背景，记录当前控件数组元素的下标，即为 curIndex 变量赋值。

命令按钮 |◄ 的事件过程如下：

```
Private Sub cmdFirst_Click()
    If filList.ListCount=0 Then Exit Sub
    picArray(filList.ListIndex).BackColor=vbWhite
    filList.ListIndex=0
    picArray(filList.ListIndex).BackColor=vbBlue
```

```
    curIndex=filList.ListIndex
End Sub
```

命令按钮 `>|` 的事件过程如下：

```
Private Sub cmdEnd_Click()
    If filList.ListCount=0 Then Exit Sub
    picArray(filList.ListIndex).BackColor=vbWhite
    filList.ListIndex=filList.ListCount-1
    picArray(filList.ListIndex).BackColor=vbBlue
    curIndex=filList.ListIndex
End Sub
```

命令按钮 `<` 的事件过程如下：

```
Private Sub cmdForward_Click()
    If filList.ListCount=0 Then Exit Sub
    If filList.ListIndex >0 Then
        filList.ListIndex=filList.ListIndex-1
        picArray(filList.ListIndex).BackColor=vbBlue
        curIndex=filList.ListIndex
        picArray(filList.ListIndex+1).BackColor=vbWhite
    Else
        filList.ListIndex=filList.ListCount-1
        picArray(filList.ListIndex).BackColor=vbBlue
    End If
End Sub
```

命令按钮 `>` 的事件过程如下：

```
Private Sub cmdNext_Click()
    If filList.ListCount=0 Then Exit Sub
    If filList.ListIndex<filList.ListCount-1 Then
        filList.ListIndex=filList.ListIndex+1
        picArray(filList.ListIndex-1).BackColor=vbWhite
    Else
        filList.ListIndex=0
    End If
    picArray(filList.ListIndex).BackColor=vbBlue
    curIndex=filList.ListIndex
End Sub
```

当单击某一个图片时，将该被选中的图片背景变为蓝色。

```
Private Sub picArray_Click(Index As Integer)
    picArray(curIndex).BackColor=vbWhite
    picArray(Index).BackColor=vbBlue
```

```
    curIndex=Index
End Sub
```

当滚动条发生改变时,使图片框中所显示的图片随之移动。

```
Private Sub VScroll_Change()
    picBK.Top=0-vScroll.Value
End Sub
```

以上程序存在有待完善的地方。例如,文件列表框中文件名与图片没有直接对应。当选中其中某个文件名时,不能改变当前所选中的图片,使之背景变为蓝色。请读者在运行以上程序的基础上,根据需要,使之完善。

12.2 设计拼图游戏

我们知道 VB 应用程序的界面主要由控件构成。在 VB 集成开发环境中,工具箱里有命令按钮等一些控件,这些控件称为标准控件,又称内部控件。标准控件可以直接使用。设计界面时,直接从工具箱中取用即可。

在设计比较复杂的界面时,仅仅使用标准控件往往难以满足要求。例如,工具栏、网格等。VB 中,除工具箱中的标准控件之外,还有一些控件不在工具箱中。这些控件以单独的文件存在,文件的扩展名是.ocx 。这类控件称为 ActiveX 控件。ActiveX 控件是对 VB 工具箱的扩充。这些控件能够添加到工具箱中,也能从工具箱中删除。ActiveX 控件的使用方法与标准控件完全一样。在程序中加入 ActiveX 控件后,它就成为开发和运行环境的一部分。

ActiveX 可以是系统提供的,或是由软件厂商提供,也可以是用户自己开发的。在软件开发中,使用 ActiveX 控件,一方面能够节约大量的开发时间,加快开发的进程;另一方面,由于许多 ActiveX 控件是作为产品提供的,经过测试和许多用户的使用,其正确性和可靠性都有很大提高。本例介绍使用 ActiveX 控件设计程序的方法。

12.2.1 功能定义及界面设计

【例 12-2】 拼图游戏。

拼图游戏是先把一个图形分成若干小块,并随机排列。然后要求玩游戏者移动小图片,使重现原来的图形。

首先,定义系统的功能:

(1)游戏分为初级、中级、高级三个难度级别,分别对应把一幅图形分为 2×2、3×3 及 4×4 个小图片的情况。

(2)每个游戏级别对应各自的游戏高手榜。同一级别中,按照完成拼图所移动图片的次数确定成绩,次数最少者为游戏高手。

(3)用户可以使用游戏提供的图形进行拼图游戏,也可以选择自己喜欢的图形进行拼图游戏。

我们把上述功能分类，并以菜单定义的方式体现出来。具体的菜单项定义见表 12-2。

表 12-2　例 12-2 的菜单属性设置

标题（P）	名称（M）	内缩符号	复选（C）	标题（P）	名称（M）	内缩符号	复选（C）
游戏选项	mnuPlay	无	（空）	—	mnuPBar	….	（空）
游戏开始	mnuP1	….	（空）	结束	mnuP4	….	（空）
图像装载	mnuP2	….	（空）	成绩榜	mnuList	无	（空）
游戏难度	mnuP3	….	（空）	游戏成绩榜	mnuL1	….	（空）
初级	mnuP31	…. ….	√	—	mnuLBar	….	（空）
中级	mnuP32	…. ….	（空）	说明	mnuL2	….	（空）
高级	mnuP33	…. ….	（空）				

设计拼图游戏，需要解决的一个重要问题是把一个图形分割为多个图片，以及把多个图片还原为一个图形。用前面章节所介绍的与图形有关的控件来解决这个问题有一定的难度。遇到这样的问题，可以尝试利用互联网、联机手册、数字图书馆等资源，学会通过查找有关资料，利用已有知识，快速掌握新的知识、方法、技术，解决自己的问题。

通过在互联网上搜索资料，会发现有不同的解决问题的方法。一种方法是将一个完整的图形分为多个小图片，赋值给相应的多个标准控件（如图片框），通过移动这些控件进行拼图。还有一种方法是使用 TilePuzzle 控件解决这个问题。TilePuzzle 控件不是 VB 自带的控件，而是一个其他厂商提供的第三方控件，作用是控制图形的切割和移动。在互联网上可以找到该控件的文件，下载到本地后可以直接使用。经分析，决定使用 TilePuzzle 控件设计拼图游戏。

下面介绍把 TilePuzzle 控件添加到工具箱中的方法。选择"工程"→"部件"命令，或者用鼠标右键单击工具栏，选择"部件"命令，打开"部件"对话框。单击其中的"浏览"按钮，打开"添加 ActiveX 控件"窗口，如图 12-2 所示。

图 12-2　添加 ActiveX 控件

在图 12-2 的窗口中选择已经下载的 TilePuzzle 控件文件 TILEPUZ.OCX，按"打开"

命令按钮,TilePuzzle 控件被添加到当前工程中,并返回到"部件"对话框。其中的 "Project1"被选中,并且有相应的加载文件的定位提示,如图 12-3 所示。按"应用"或"确 定"按钮,把 TilePuzzle 控件添加到工具箱中。

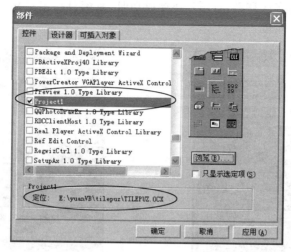

图 12-3　添加 TilePuzzle 控件

图 12-4 是工具箱中的 TilePuzzle 控件,以及把该控件添加到窗体时的窗体外观。

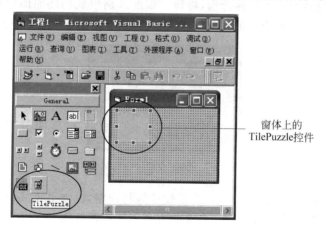

图 12-4　工具箱及窗体上的 TilePuzzle 控件

窗体的控件及属性设置见表 12-3。

表 12-3　例 12-2 Form1 控件属性设置

对 象	属 性	设 置
窗体	(名称)	Form1
图像框	(名称)	Image1
通用对话框	(名称)	CommonDialog1
TilePuzzle 控件	(名称)	TilePuzzle1

程序运行的初始界面如图 12-5 所示。

图 12-6 是选择"初级"难度,并单击"游戏开始"菜单命令时的游戏界面。开始拼图游戏,若单击某小图片,该小图片就会移动到相邻的空白区域。若不存在相邻的空白区域,则不移动图片。通过多次移动,将图片还原成功时,系统自动记录移动图片的次数,并且游戏自动进入下一级难度。

图 12-5 初始界面和游戏难度菜单

图 12-6 初始界面及游戏难度选择

系统中还设置游戏高手的排行榜,将每一难度级别中成功还原图片且移动次数最少的用户进行记录。在工程中添加一个窗体 Form2,用于显示成绩榜,如图 12-7 所示。

图 12-7 游戏成绩榜窗体外观

窗体控件的属性设置见表 12-4。为了便于编写程序,设立 lblCount 和 lblName 两个标签控件数组,分别对应初级、中级、高级的成绩和游戏者名称。

表 12-4 例 12-2 Form2 控件属性设置

对 象	属 性	设 置	对 象	属 性	设 置
窗体	(名称)	Form2	命令按钮 2	(名称)	cmdOK
	Caption	游戏成绩榜		Caption	确定
框架	(名称)	Frame1	标签 1	(名称)	lblTitle1
	Caption	成绩榜		Caption	初级
命令按钮 1	(名称)	cmdRestart	标签 2	(名称)	lblTitle2
	Caption	重新记分		Caption	中级

对　象	属　性	设　置	对　象	属　性	设　置
标签3	（名称）	lblTitle3	标签7	（名称）	lblName
	Caption	高级		Caption	匿名
标签4	（名称）	lblCount		Index	1
	Caption	（置空）	标签8	（名称）	lblName
	Index	1		Caption	匿名
标签5	（名称）	lblCount		Index	2
	Caption	（置空）	标签9	（名称）	lblName
	Index	2		Caption	匿名
标签6	（名称）	lblCount		Index	3
	Caption	（置空）			
	Index	3			

按照上述图和表，完成窗体外观的设计。

12.2.2　代码设计

按照上面的设计，工程文件中有两个窗体，一个是游戏程序的主体，一个记录、显示成绩的成绩榜。

首先设计 Form1 的程序。

定义两个窗体级变量。程序需要记录图片移动的次数，用变量 StepCount 作为移动计次。对同一个图片可以分为初级、中级、高级三个级别。初级难度把一个图片分为 2×2 个小图片；中级难度把一个图片分为 3×3 个小图片；高级难度把一个图片分为 4×4 个小图片。用变量 n 对应各个级别的图片分割的行（列）数。

```
Option Explicit
Dim StepCount As Integer
Dim n As Integer
```

运行程序，执行 Form1 的 Form_Load 事件过程，加载窗体。确定 TilePuzzle1 在窗体的位置，将图像框中的图片赋值给 TilePuzzle1 的 Picture 属性。设置难度为初级（$n=2$）。事件过程如下：

```
Private Sub Form_Load()                    '加载窗体
    TilePuzzle1.Top=Image1.Top
    TilePuzzle1.Left=Image1.Left
    Set TilePuzzle1.Picture=Image1.Picture
    n=2
End Sub
```

在菜单中可以设置游戏的难度等级。选择不同游戏等级的操作实际上是设置 n 的值。对应游戏的初级、中级、高级难度，n 的值分别为 2、3、4。相应菜单的事件过程如下。

"游戏选项"→"游戏难度"→"初级"的单击事件过程：

```
Private Sub mnuP31_Click()
    n=2
    mnuP31.Checked=True
    mnuP32.Checked=False
    mnuP33.Checked=False
End Sub
```

"游戏选项"→"游戏难度"→"中级"的单击事件过程：

```
Private Sub mnuP32_Click()
    n=3
    mnuP31.Checked=False
    mnuP32.Checked=True
    mnuP33.Checked=False
End Sub
```

"游戏选项"→"游戏难度"→"高级"的单击事件过程：

```
Private Sub mnuP33_Click()
    n=4
    mnuP31.Checked=False
    mnuP32.Checked=False
    mnuP33.Checked=True
End Sub
```

单击"游戏选项"→"游戏开始"菜单命令时，要根据选定的游戏难度确定 TilePuzzle1 控件的行数和列数。然后执行 TilePuzzle1 控件的 Randomize 方法，使分割的小图片随机排列，并设置计数变量的初值，准备开始计数。事件过程如下：

```
Private Sub mnuP1_Click()
    Set TilePuzzle1.Picture=Image1.Picture
    TilePuzzle1.Cols=n
    TilePuzzle1.Rows=n
    Image1.Visible=False
    TilePuzzle1.Randomize
    TilePuzzle1.Visible=True
    mnuP1.Caption="重新开始"
    StepCount=0
End Sub
```

每次移动小图片，都触发 TilePuzzle1 的 Move 事件过程，记录移动的次数。具体的事件过程如下：

```
Private Sub TilePuzzle1_Moved()
    StepCount=StepCount+1
    Me.Caption="拼图游戏,共走"+Format$ (StepCount)+"步"
End Sub
```

当移动各小图片完成拼图时,触发 TilePuzzle1 控件的 Solved 事件过程。这个过程中,首先要根据当前的 n 值,重新确定游戏等级。若 $n＝2$,则设置菜单项的"中级"被选中。若 $n＝3$,则设置菜单项的"高级"被选中。然后读取文件中保存的各级别成绩,若本次游戏移动图片的次数比文件中保存的次数少,则将本次游戏的次数保存到文件中,否则不保存。过程 SaveScore 的作用是把执行次数保存到文件中。

```
'TilePuzzle 的 Solved 的事件处理
Private Sub TilePuzzle1_Solved()
    Dim intCount As Integer
    Dim temp, FileFlag As String
    Dim rec As String
    If n=2 Then
        mnuP32.Checked=True
        mnuP31.Checked=False
        mnuP33.Checked=False
    End If
    If n=3 Then
        mnuP32.Checked=False
        mnuP31.Checked=False
        mnuP33.Checked=True
    End If

    FileName="level" & Trim(Str(n-1))+".txt"
    FileFlag=Dir(FileName)
    If FileFlag="" Then
        SaveScore
    Else
        Open FileName For Input As#1
        Line Input#1, rec
        intCount=Left(rec, InStr(1, rec, "!")-1)
        Close#1
        If CInt(intCount) >StepCount Then SaveScore
    End If
    Me.Caption="拼图游戏"
    n=n+1
    TilePuzzle1.Cols=n
    TilePuzzle1.Rows=n
    TilePuzzle1.Randomize
End Sub
```

SaveScore 是通用过程,用于保存当前游戏者的成绩(移动次数)和名号。程序代码如下:

```
Private Sub SaveScore()
    Dim pName As String
    pName=InputBox("祝贺,请输入名号!")
    Open FileName For Output As#1
    Print#1, Str(StepCount)+"!"+pName
    Close#1
End Sub
```

其中的 FileName 是相应的文件名,被定义为全局变量:

Public FileName As String

在默认情况下,已经为拼图游戏设置了一个图片。如果游戏者想换一幅图片,则可以选择"游戏选项"→"图像加载"命令,执行相应的事件过程,将选中图片换作拼图游戏的图片。程序如下:

```
Private Sub mnuP2_Click()
    Dim picName As String
    CommonDialog1.Filter="Jpg(*.jpg)|*.jpg|Gif(*.gif)|*.gif"
    CommonDialog1.ShowOpen
    picName=CommonDialog1.FileName
    If picName<>"" Then
        Image1.Picture=LoadPicture(picName)
        TilePuzzle1.Visible=False
        Image1.Visible=True
        n=2
        Me.Caption="拼图游戏"
    End If
End Sub
```

当选择"成绩榜"→"说明"菜单项时,显示提示信息,事件过程如下:

```
Private Sub mnuL2_Click()
    MsgBox "不要使用太大的图像,建议使用 220*300 的图像!"
End Sub
```

当选择"成绩榜"→"游戏成绩榜"菜单项时,显示窗体 Form2。事件过程如下:

```
Private Sub mnuL1_Click()
    Form2.Show
    Me.Enabled=False
End Sub
```

窗体 Form2 是显示当前各个级别的成绩。加载窗体时,执行如下事件过程:

```
Option Explicit
Dim FN(1 To 3)  As String
'加载窗体
Private Sub Form_Load()
    Dim i As Integer
    Dim FFlag, strCount As String, strName As String, strText As String

    For i=1 To 3
        FN(i)="level" & Trim(Str(i))+".txt"
        FFlag=Dir(FN(i))

        If FFlag<>"" Then
            Open FN(i) For Input As#1
            Line Input#1, strText
            strCount=Left(strText, InStr(1, strText, "!")-1)
            strName=Right(strText, Len(strText)-InStr(1, strText, "!"))
            Close#1

            lblCount(i).Caption=strCount+"步"
            lblName(i).Caption=strName
        End If
    Next
End Sub
```

单击窗体 Form2 的"重新积分"命令按钮,则清除保存在文件中的成绩榜数据。其事件过程如下:

```
Private Sub cmdRestart_Click()
    Dim i As Integer
    Dim a As String
    For i=1 To 3
        If Dir(FN(i))<>"" Then Kill FN(i)
        lblCount(i).Caption="尚无记录"
        lblName(i).Caption=""
    Next
End Sub


Private Sub cmdOK_Click()
    Form1.Enabled=True
    Unload Me
End Sub
```

12.3 程序的调试

12.3.1 程序中的错误

一般来说,初学时编写的程序很难一次运行通过。可以说,调试程序是程序设计过程中的一个重要阶段。调试程序是发现、修改程序中错误的过程。VB 提供了简便实用的程序调试工具。使用这些调试工具不仅能够方便地查找程序中的错误,还有利于了解程序的执行方式,帮助修改程序中的错误。

程序中的错误大致可以分为如下 3 种类型。

1. 语法错误

程序设计语言都有严格的语法规范。如果程序中的语句不符合相关的语法规范,就会出现语法错误。例如,关键字拼写不正确;函数的使用不符合规定;属性、对象的使用不合语法规定等。在安装 VB 系统后,自动设置了"自动语法检查"。在编程时,系统会及时发现不符合语法规则的错误。例如,在图 12-8 中,若输入 If 语句时,没有输入 Then 就按回车键,"自动语法检查"就会根据错误的类型,给出提示。

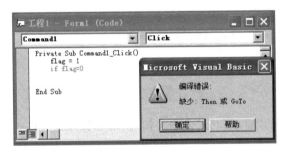

图 12-8　语法错误的提示

设置"自动语法检查"选项的方法是:选择"工具"→"选项"命令,显示"选项"窗口,在"编辑器"选项卡中,使"自动语法检查"前面的方框有"√"标记,如图 12-9 所示,这样在编辑程序时系统会自动进行语法检查。

VB 成功安装后,系统自动设置"自动语法检查"为选中。

2. 逻辑错误

有的程序没有语法错误,编译时没有出错,程序能运行,但是,得不到预期的运行结果。例如,想在 a 和 b 两个数中找出其中的大者,若写成"If a<b Then Print a",显然得不到正确结果。这是程序的逻辑不正确,称为逻辑错误。

逻辑错误多是由于如下原因造成:(1)算法写得不正确,计算机执行错误的算法,当然得不到正确的结果。(2)算法正确,但编写代码时由于不小心写错了。程序错了,结果当然不正确。例如,忘了对变量赋值(此时变量的值默认为 0),或条件表达不正确等,都

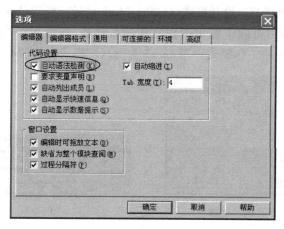

图 12-9　设置"自动语法检查"

会造成程序流程错误。

3. 运行错误

即使程序没有语法错误和逻辑错误，也不能保证运行结果是正确的。例如，在程序运行时，试图对某些控件的只读属性进行赋值或修改操作，就会造成程序运行出错。

又如有以下过程：

```
Private Sub Command1_Click()
    Dim x, y As Integer
    x=80
    If Text1.Text<>"" Then
        y=Val(Text1.Text)
    Print "x/y=";  x / y
    End If
End Sub
```

程序要求用户在文本框 Text1 中输入变量 y 的值，然后单击命令按钮 Command1，这时在窗体上会输出 x/y 的值，如果在文本框中输入 10，则变量 y 的值为 10，输出"x/y＝8"，结果正确。但是如果在文本框中输入 0，则运行出错，无法执行 80/0 的运算，程序中断。在屏幕上显示出错信息，如图 12-10 所示。这种在运行时发生的错误称为运行错误。

运行错误多数情况下是在运行时出现数据不对，包括数据本身不合适以及数据类型不匹配等。这些错误在编译阶段是无法发现的，程序的逻辑也没有问题，只有在程序运行时执行到相关指令时才发现错误。

以上三种错误中，语法错误比较容易发现和纠正，逻辑错误和运行错误较难发现和纠正。VB 提供的调试工具能够帮助我们跟踪程序的运行，检查每一步的运行情况，从而可以发现程序在哪一处出错。

12.3.2　Visual Basic 的三种工作模式

VB 集成开发环境包括了程序的编辑、编译和运行等功能。按照程序处于不同的工作状态,可以分为三种模式:设计模式(Design Mode)、运行模式(Run Mode)和中断模式(Break Mode)。标题栏上除了显示工程文件的名称外,还显示了当前的工作模式。由此,能够直接获知系统的工作模式。图 12-11 为"设计"模式的标题栏。

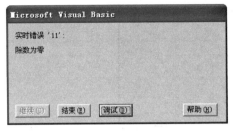

图 12-10　运行时错误示例

图 12-11　设计模式

1. 设计模式

进入 VB 集成开发环境,设计窗体、编写代码等工作都处于设计模式。设计模式下,程序没有运行,自然也不能使用程序调试工具。执行"运行"→"启动"命令,程序开始执行,进入运行模式。

2. 运行模式

在运行模式下,程序处于运行状态。在这种状态下,能够查看程序代码,但是不能修改代码。如果需要观察程序的运行情况,或在程序运行过程中修改代码,需要进入中断模式。

3. 中断模式

选择"运行"→"中断"命令,能够使程序处于挂起状态,即中断模式,程序在当前状态下终止执行。当然,程序中发生错误时,系统自动进入中断模式。

在中断模式下,不仅能够阅读程序代码,还能够修改程序代码,而且可以使用各种调试工具调试程序。程序的跟踪和调试就是在这种状态下进行的。

结束中断状态的方法是:选择"运行"→"结束"命令或单击工具栏上的快捷按钮■,可以结束程序的运行,即结束运行模式。

12.3.3　主要调试方法

当程序的运行结果与预期结果不一致,即程序中出现逻辑错误时,首先应大致估计出现错误的范围,然后重点检查这些可能出现问题的地方。利用 VB 提供的简单易用的程序调试环境和工具,选择程序的执行方式,能够方便地跟踪程序的执行过程,检查程序执行过程中变量的变化情况,发现程序中的错误。

1. 设置断点

为了调试程序,在程序中人为地加入一些暂停运行的观察点。程序运行到这些观察点时,就暂停运行,以便检查有关变量的值以及程序的执行等情况。这类观察点就是断点。

在程序中设置断点的方法是:

① 在程序代码窗口中,将光标移到欲中断的语句上

② 用鼠标单击代码窗口左侧的空白处,出现一个暗红色的圆点。这就是断点。如图 12-12 所示。

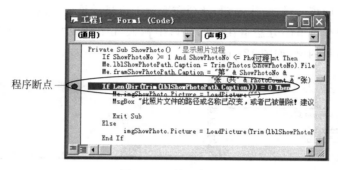

图 12-12　设置断点

当程序执行到断点时,程序暂时停止运行,进入中断模式。在中断模式下,可以查看中断发生前所有变量的值,也可以中止程序的运行。

若要清除已经设置的断点,只需用鼠标单击已经设置的断点,就可将其清除。如果程序中设置了多处断点,需要全部清除,选择"调试"→"清除所有断点"命令,就可以清除全部断点。

2. 利用"立即"窗口

在 VB 窗口的"视图"→"立即窗口"命令,会出现一个用于观察变量当前值的"立即"窗口。"立即"窗口中显示当前正在调试的语句所产生的信息。

有两种方法可以在"立即"窗口中看到所有需要的内容:在程序中使用 Debug. Print 语句,或在"立即"窗口中输入"?"或"print ",就能在"立即"窗口中显示需要查看的变量值。

例如,若需要知道变量 op2 的当前值,在程序中适当的位置添加语句"Debug. Print op2"。运行程序,"立即"窗口中就会显示变量 op2 的值,如图 12-13 所示。

使用 Debug 命令,要修改程序,若需要在程序中监视多个变量的取值,使用 Debug 命令会很麻烦。另一种简单的使用"立即"窗口的方法是在程序中需要观察数据的地方设置"断点"。运行程序后,程序暂停在断点处。在"立即"窗口中输入"?"或"print ",再输入变量名,如"? op1"、"print op2",按回车键后,变量的当前值显示在"立即"窗口中,如图 12-14 所示。

图 12-13　使用 Debug 命令的"立即"窗口实例

图 12-14　在"立即"窗口中使用 print

3．单步执行程序

程序的单步执行就是逐语句执行程序，即每次执行一条语句。单步执行每条语句时，可以通过查看应用程序的窗体或调试窗口来观察运行的情况。使用单步执行方式时，系统会执行程序中的每一条语句，包括所调用的过程中的每条语句。

单步执行程序时，能够检查程序中各变量的实际值。检查单个变量值的最简单方法是将鼠标指针指向该变量，略作停顿，就会在变量下方显示该变量的值，如图 12-15 所示。

另一种检查变量值的方法是在立即窗口中输入"print"或"?"及变量名，立即窗口中就能显示出该变量的值，如图 12-16 所示。

图 12-15　单步跟踪——快速查看变量值

图 12-16　显示变量的值

使用单步执行方式，可以很方便地查看程序的执行过程，特别便于检查程序流程是否符合要求，循环程序是否正常进行，程序能否正常终止等。

单步执行的操作方法是选择"调试"→"逐语句"命令，或按"F8"键，执行一条程序语句，不断重复上述操作，逐条执行程序语句。

4．逐过程执行程序

逐过程执行时逐条执行每个语句，遇到过程调用时，把被调用的过程当作一个语句执行，即把一个过程作为一个整体。不显示该过程中的每一条语句。这也是逐过程执行与单步执行的主要区别。

选择"调试"→"逐过程"命令，或按下 Shift＋F8 键，逐过程地执行程序。

5．跳跃执行程序

若在程序调试时发现某一段程序代码中有错误，但又暂时不想马上修改这段代码，希望暂时跳过这部分代码，先跟踪程序代码的其他部分，可以使用跳跃执行。当然，这种跳跃执行的前提是出错的代码对后面代码没有影响。

跳跃执行的方法是：

① 在中断模式下，把光标移到下一次要执行的代码行处；

② 选择"调试"菜单下的"设置下一条语句"命令；

③ 选择"运行"→"重新启动"命令，继续程序的执行。通过"设置下一条语句"，可以选择下一次将执行哪行代码。

6. 利用监视窗口

在运行或中断模式下,如需要了解程序的运行情况,可以通过监视窗口查看程序的执行情况。

添加"监视"窗口的步骤如下:

① 在程序中添加断点;

② 运行程序,停在断点处,即程序处于中断状态;

③ 执行"调试"→"添加监视"命令,显示监视对话框,如图 12-17 所示。窗口中的"表达式"框内写入需要查看的变量或表达式。在程序运行过程中,可以根据"监视类型"决定具体的处理方式。

监视表达式可以是变量、属性、函数调用或其他的合法表达式。

图 12-17 使用监视对话框

"监视类型"指明发生何种情况时,Visual Basic 执行有关的监视操作。各类型的含义如下:

① "监视表达式":监视"表达式"框中表达式的值是否正确;

② "当监视值为真时中断":当表达式的值为真时,程序中断执行;

③ "当监视值改变时中断":当表达式或是参数值发生变化时,程序中断执行。

实验 12　综合练习

1. 实验目的

(1) 通过练习,了解并掌握设计 VB 应用程序的一般方法。

(2) 学习、掌握 VB 程序调试的一般方法。

2. 实验内容

(1) 设计一个简易文本编辑器。具有文件打开、保存等功能,能够对文本进行剪切、复制、粘贴的功能;能够设置文本的字体、字号、文字,要求使用工具栏、状态栏等控件。

(2) 设计五子棋游戏。游戏双方是计算机和人。

(3) 设计一个通讯录,包括联系人的姓名、类别(家人、朋友、同学等)单位、移动电话、办公电话、邮件地址等。可以使用数据库或文件保存通讯录的内容。

(4) 设计一个计算器,能够进行加、减、乘、除等简单的算术运算。

参 考 文 献

[1] 谭浩强,袁玫,薛淑斌.Visual Basic 程序设计(第二版).北京：清华大学出版社,2004
[2] 谭浩强,袁玫,薛淑斌.Visual Basic 程序设计学习辅导(第二版).北京：清华大学出版社,2006
[3] 刘炳文.Visual Basic 程序设计教程(第 4 版).北京：清华大学出版社,2009
[4] 龚沛曾,陆慰民,杨志强.Visual Basic 程序设计与应用开发教程.北京：高等教育出版社.2004